船舶与海洋工程规划教材

海岸工程水文学

喻国良　李艳红
庞红犁　王协康　编

上海交通大学出版社

内 容 提 要

本书共分 8 章,主要阐述河口与海岸工程所涉及的水文学的基本原理与方法。内容有入海河口、海岸与海洋的基础知识,降水的时空分布特征,水文信息采集方法与设备,水文分析计算基础知识,径流形成的过程和影响因素,产流汇流计算方法,洪水和降雨量特征的区域分析方法,明渠的洪水演算方法,海岸工程设计的水文要素计算内容与方法,我国近岸海流的特点,近岸波浪流系统及海岸工程设计中的近岸海流特征值等。

本书适宜作为港口、航道与海岸工程专业本科教材,也可供从事水利工程和市政工程的技术人员参考。

图书在版编目(CIP)数据

海岸工程水文学/喻国良等编. —上海:上海交通大学出版社,2009
ISBN978-7-313-05845-4

Ⅰ. 海... Ⅱ. 喻... Ⅲ. 海岸工程—工程水文学—高等学校—教材 Ⅳ. P753

中国版本图书馆 CIP 数据核字(2009)第 084978 号

海岸工程水文学

喻国良 等编

上海交通大学出版社出版发行

(上海市番禺路 951 号 邮政编码 200030)
电话:64071208 出版人:韩建民
上海锦佳装潢印刷发展公司 印刷 全国新华书店经销
开本:787mm×1092mm 1/16 印张:14.75 字数:361 千字
2009 年 8 月第 1 版 2009 年 8 月第 1 次印刷
印数:1~2 030
ISBN978-7-313-05845-4/P 定价:38.00 元

前　言

我国有长达 18 000km 的海岸线,得到合理利用的长度不到 4%。目前,港口建设与海岸开发正成为我国国民经济发展的巨大动力。海岸开发与保护,包括圈围造地、油气资源开发与输送、水资源开发利用、农业与渔业资源利用、滨海城市建设、滨海旅游资源综合开发等都需要海岸工程水文学知识。

由于海岸带的地理、气候、地质、地貌、水相与海洋和大陆均不同,所以,海岸带的水文规律有着自身的特点,其内容涵盖既不同于海洋水文,也有别于陆地水文。海岸工程水文学是水文学的一个分支,是专门介绍河口与海岸工程规划设计、施工建设及运行管理所涉及的水文知识的一门学科,其主要内容包括河口、海岸与海洋基础知识,降水的时空分布特征,水文信息采集方法与设备,水文分析计算基础知识,径流形成的过程和影响因素,产流汇流计算方法,洪水和降雨量特征的区域分析方法,明渠洪水演算方法,海岸工程水文要素计算内容与方法,我国近岸海流的特点,近岸波浪流系统及海岸工程设计中的近岸海流特征值等。

目前,我国的水文学著作基本上都是陆地水文学、工程水文学,尚缺乏专门针对海岸带的水文学书籍。本书旨在弥补此缺陷,为港口、航道与海岸工程专业提供本科教材,也可供从事水利工程和市政工程的技术人员参考。

本书是在综合国内陆地水文学、工程水文学和海洋水文学的相关书籍,以及《海港水文规范》等相关规范的基础上,紧密围绕海岸工程规划设计、施工建设及运行管理需要,并翻译吸取国外相关著作的精华内容编写而成的。

本书在编写过程中得到了上海交通大学船舶海洋与建筑工程学院,上海交通大学出版社,上海交通大学港口、航道与海岸工程系全体老师和 2005 级研究生的支持,在此表示感谢!

编　者
2009 年 1 月

目　　录

1　水文基础知识

1.1　河川与海洋

河川及海洋环境是生物栖息的重要环境,也是民众休息娱乐的重要场所。人类追求文明社会与物质生活的行为,已对环境产生重要影响。水作为大地之母,滋养万物众生,是有限而不可替代的民生必需品,也是急需保护的珍贵资源。

1.1.1　河川

河流分为外流河与内流河。我国境内河流众多,大小河流总长度达 4.2×10^5 km,流域面积在 $1\,000$ km² 以上的多达 $1\,500$ 余条。注入海洋的外流河,流域面积约占我国陆地总面积的 64%,太平洋流域面积约占全国总面积的 56.7%,长江、黄河、黑龙江、珠江、辽河、海河、淮河等向东流入太平洋;分布于青藏高原东南部、南部和西南一角的外流河主要有怒江、雅鲁藏布江和印度河等。西藏的雅鲁藏布江向东流出国境再向南注入印度洋,新疆的额尔齐斯河则向北流出国境注入北冰洋。流入内陆湖或消失于沙漠、盐滩之中的内流河,流域面积约占我国陆地总面积的 36%。我国主要河川与湖泊分布如图 1.1 所示,主要河流及其特征如表 1.1 所示。

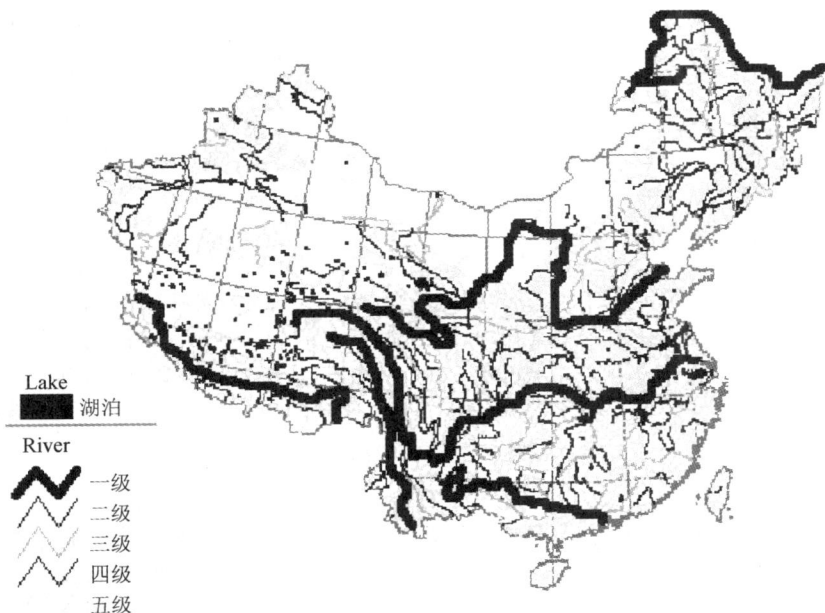

图 1.1　我国主要河川与湖泊分布

表 1.1　我国主要河流及其特征

名　称	流经地域	主要参数	主要支流	备　注
长江 Yangtze River	发源于青海省,干流流经青、藏、川、滇、渝、鄂、湘、赣、皖、苏、沪等 11 个省市、自治区,最后注入东海	干支流通航里程 7×10^4 km,流域面积总面积 1.8×10^6 km²,干流长 6 300 km,年均径流量 9.7×10^{11} m³	主要支流有雅砻江、岷江、嘉陵江、乌江、湘江、汉江、赣江	世界第三长河,我国第一大河
黄河 Yellow River	发源于青海省,干流流经青海、四川、甘肃、宁夏、内蒙古、陕西、山西、河南、山东九个省区,最后于山东省东营垦利县注入渤海	流域面积 7.52×10^5 km²,干流河道全长 5 464 km,年均径流量 5.92×10^{10} m³	主要支流有白河、黑河、天丑河、湟水、祖厉河、清水河、大黑河、窟野河、无定河、渭河、汾河等	世界著名的多沙河流,河长为我国第二、世界第五
淮河 Huaihe River	发源于河南省桐柏山的主峰太白顶,蜿蜒于长江、黄河之间。一路东行,过洪泽湖,分别流入长江或黄海	流域面积 2.69×10^5 km²,干流全长 1 000 余千米,年均径流量 6.11×10^{10} m³	主要支流有白露河、洪河、汝河、史河、灌河、颖河、涡河、沱河、安河等	中部的主要河流,我国七大江河之一
海河 Haihe River	流经天津、北京、河北、山西、山东、河南、内蒙古和辽宁八个省市、自治区,最终流入渤海	流域面积 3.18×10^5 km²,干流长 1090 km,年均径流量 2.28×10^{10} m³	主要支流有漳卫河、子牙河、大清河、永定河、潮白河、北运河、马颊河等	华北地区主要河流,我国七大江河之一
珠江 Pearl River	干流流经云南、贵州、广西、湖南、江西、广东等省	年均径流总量为 3.36×10^{11} m³	主要支流有西江、北江、东江	又称粤江,我国七大江河之一
辽河 Liaohe River	发源于河北平泉县七老图山脉的光头山,流经河北、内蒙古、吉林、辽宁四省、自治区	流域面积 2.19×10^5 km²,全长 1345 km,年均径流量 1.48×10^{10} m³	主要支流有招苏台河、清河、柴河、泛河、柳河等	东北地区主要河流,我国七大江河之一
黑龙江 Heilongjiang River	它穿越我国、俄罗斯和蒙古	从海拉尔河河源算起在我国境内的长度为3474 km,流域面积 8.87×10^5 km²。年径流总量达 2.7×10^{11} m³,仅次于长江、珠江,居全国第三位	主要支流有结雅河、布列亚河、呼玛河、逊河、松花江、乌苏里江等	重要的国际界河,长度仅次于长江、黄河,我国七大江河之一
松花江 Songhuajiang River	分南北两源,南发源于长白山,北发源于大兴安岭。流经黑龙江省、吉林省、内蒙古自治区、辽宁省	区间流域面积 5.568×10^5 km²,干流长 2 309 km,年均径流量 7.42×10^{10} m³	主要支流有拉林河、呼兰河、蚂蚁河、牡丹江、倭肯河、汤旺河、梧桐河等	黑龙江的最大支流

1.1.1.1 长江

长江是我国第一大河,全长 6 300 余千米,仅次于非洲的尼罗河和南美洲的亚马逊河,为世界第三长河。长江水系发达,其中雅砻江、岷江、嘉陵江和汉江等大支流流域面积都超过 1.0×10^5 km²。支流流域面积以嘉陵江为最大,年径流量、年平均流量以岷江最大,长度以汉江最长。

长江干流宜昌以上为上游,长 4 504 km,占长江全长的 70.4%,控制流域面积 1.0×10^6 km²。宜宾以上称金沙江,长 3 464 km,落差约 5 100 m,约占全江落差的 95%,河床比降大,滩多流急,主要支流有雅砻江;宜宾至宜昌长 1 040 km,主要的支流:北岸有岷江、嘉陵江;南岸有乌江。宜昌至湖口为中游,长 955 km,流域面积 6.8×10^5 km²。主要支流:南岸有清江及洞庭湖水系的湘、资、沅、澧四水和鄱阳湖水系的赣、抚、信、修、饶五水;北岸有汉江,该河段枝城至城陵矶为著名的荆江。湖口以下称为下游,长 938 km,面积 1.2×10^5 km²。主要支流有南岸的青衣江、水阳江水系、太湖水系和北岸的巢湖水系。

长江是我国东西水上运输大动脉,长江干线的上海、南通、苏州、镇江、南京、马鞍山、芜湖、安庆、九江、黄石、武汉、岳阳、荆州、宜昌、重庆、泸州等主要港口有"黄金水道"之称。在交通部 2006~2020 年的规划中,长江水系高等级航道布局方案为"一横一网十线"。"一横"是指长江干线;"一网"是指长江三角洲高等级航道网[以长江干线和京杭运河为核心,三级航道为主体,四级航道为补充,由 23 条航道组成"两纵六横"高等级航道网,两纵是指京杭运河—杭甬运河(含锡澄运河、丹金溧漕河、锡溧漕河、乍嘉苏线),连申线(含杨林塘);六横是指长江干线(南京以下),淮河出海航道—盐河、通扬线,芜申线—苏申外港线(含苏申内港线),长湖申线—黄浦江—大浦线,赵家沟—大芦线(含湖嘉申线),钱塘江—杭申线(含杭平申线)];"十线"是指岷江、嘉陵江、乌江、湘江、沅水、汉江、江汉运河、赣江、信江、合裕线。长江水系主要港口布局方案为 16 个:泸州港、重庆港、宜昌港、荆州港、武汉港、黄石港、长沙港、岳阳港、南昌港、九江港、芜湖港、安庆港、马鞍山港、合肥港、湖州港、嘉兴内河港。

1.1.1.2 黄河

黄河为我国第二大河,干流河道全长 5 464 km,仅次于长江,为我国第二长河,世界第五长河。黄河流域面积为 7.52×10^5 km²,若包括鄂尔多斯内流区面积,则为 7.94×10^5 km²。黄河的河段长和流域面积,因泥沙淤积,河口延伸而处于不断变化之中。黄河断流的情况近年来不断加剧,断流时间也不断延长,这对黄河流域下游地区,对海河流域和淮河流域的社会发展和经济建设带来了巨大损害和威胁。

1.1.1.3 黑龙江

黑龙江是我国北部的大河,它是一条重要的国际界河,它穿越我国、俄罗斯和蒙古,从海拉尔河河源算起,全长 4 374 km,流域总面积 1.843×10^6 km²。在我国境内的长度为 3 474 km,流域面积 8.87×10^6 km²。黑龙江的长度,在我国仅次于长江、黄河而居第三位。年径流总量达 2.7×10^{11} m³,仅次于长江、珠江,居全国第三位。

在交通部 2006~2020 年的规划中,黑龙江和松辽水系高等级航道布局为"二线":黑龙江、松花江。黑龙江和松辽水系主要港口布局方案为两个:哈尔滨港、佳木斯港。

1.1.1.4 珠江

珠江是我国南方的一条大河,横贯华南大地,全长 2 214 km,是我国七大江河之一。珠江跨越云南、贵州、广西、广东、湖南、江西等省(自治区),总面积为 4.536×10^5 km²,珠江流域在

我国境内面积为 4.421×10^5 km^2,另有 1.1×10^4 km^2 在越南境内。

珠江年均河川径流总量为 3.36×10^{11} m^3。径流年内分配极不均匀,汛期 4～9 月约占年径流总量的 80%,6、7、8 三个月则占年径流量的 50% 以上。珠江流域洪水特征是峰高、量大、历时长。每年的暴雨洪水多出现在 6、7、8 月。

珠江流域枯水期一般为 10 月至第二年 3 月,枯水径流多年平均值为 8.03×10^{10} m^3,仅占全流域年径流量的 24% 左右。西江梧州站枯水期出现的最小流量为 720 m^3/s,北江角石为 130 m^3/s,东江博罗站为 31.4 m^3/s。

珠江属少沙河流,多年平均含沙为 0.249 kg/m^3,年平均含沙量 8.872×10^7 t。据分析,每年约 20% 的泥沙淤积于珠江三角洲网河区,其余 80% 的泥沙分由八大口门输出到南海。

在交通部 2006～2020 年的规划中,珠江水系高等级航道布局为"一横一网三线"。"一横"是指西江航运干线;"一网"是指珠江三角洲高等级航道网[以海船进江航道为核心,以三级航道为基础,由 16 条航道组成"三纵三横三线"高等级航道网(三纵是指西江下游出海航道,白坭水道—陈村水道—洪奇沥水道,广州港出海航道;三横:东平水道,潭江—劳龙虎水道—莲沙容水道—东江北干流,小榄水道—横门出海航道;三线是指崖门水道—崖门出海航道,虎跳门水道,顺德水道];"三线"是指右江,北盘江—红水河,柳江—黔江。珠江水系主要港口布局方案为五个:南宁港、贵港港、梧州港、肇庆港、佛山港。

1.1.1.5 其他河流

新疆南部的塔里木河是我国最长的内流河,全长 2179 km。

除天然河流外,我国还有一条著名的贯穿南北的人工大运河。它始凿于公元 5 世纪,北起北京,南抵浙江杭州,沟通海河、黄河、淮河、长江、钱塘江五大水系,全长 1801 km。

此外,我国台湾有河川 115 个水系,除了供应饮用水之外,还有灌溉、水力发电、游息、教学等功能。河流河身短、坡度大、水流急,最长的浊水溪长仅 186 km。枯水期的时候水量小,洪峰流量大,河流含沙量大,不适合航行。

1.1.2 海洋

全球海洋的总面积为 3.61×10^8 km^2,占地球表面积的 70.8%,平均深度 3729 m,最深处是西太平洋的马里亚纳海沟(11034 m)。

1.1.2.1 海和洋的区分

广阔的海洋,从蔚蓝到碧绿,美丽而又壮观。海和洋不完全相同。

洋是海洋的中心部分,是海洋的主体。世界大洋的总面积,约占海洋面积的 89%。大洋的水深一般在 3000 m 以上,最深处可达一万多米。大洋离陆地遥远,不受陆地影响。它的水文特征和盐度的变化不大。每个大洋都有自己独特的洋流和潮汐系统。大洋水色蔚蓝,透明度大,水中的杂质少。世界共有四个大洋,即太平洋、印度洋、大西洋、北冰洋。

海在洋的边缘,是大洋的附属部分。海的面积约占海洋的 11%,海的水深比较浅,平均深度从几米到两三公里。海临近大陆,受大陆、河流、气候和季节的影响,海水的温度、盐度、颜色和透明度都存在明显的变化。夏季海水变暖,冬季水温降低,有的海域甚至结冰。在大河入海的地方或多雨的季节,海水会变淡。河流夹带着泥沙入海时,造成近岸海水混浊。海没有自己独立的潮汐与海流。海可分为边缘海、内陆海和地中海。边缘海不仅是海洋的边缘,也临近大陆前沿;这类海与大洋联系广泛,一般由一群海岛把它与大洋分开。我国的东海、南海就是太平洋的边缘海。内陆海,即位于大陆内部的海,如欧洲的波罗的海等。地中海是几个大陆之间的海,水深一般比内陆海深些。世界主要的海接近50个。太平洋最多,大西洋次之,印度洋和北冰洋差不多。

1.1.2.2　海洋的形成

现在的研究证明,大约在50亿年前,从太阳星云中分离出一些大大小小的星云团块,它们一边绕太阳旋转,一边自转。在运动过程中,互相碰撞,有些团块彼此结合,由小变大,逐渐成为原始的地球。星云团块碰撞过程中,在引力作用下急剧收缩,加之内部放射性元素蜕变,使原始地球不断受到加热增温,当内部温度达到足够高时,地内的物质包括铁、镍等开始熔解。在重力作用下,重的下沉并趋向地心集中,形成地核;轻者上浮,形成地壳和地幔。在高温下,内部的水分汽化与气体一起冲出来,飞升入空中在地球周围成为气水合一的圈层。

位于地表的一层地壳,在冷却凝结过程中不断地受到地球内部剧烈运动的冲击和挤压,因而变得褶皱不平,有时还会被挤破,形成地震与火山爆发,喷出岩浆与热气。大约在45亿年前,地壳经过冷却定形之后,地球表面皱纹密布,凹凸不平,形成了高山、平原、河床、海盆等各种地形。

在很长的一个时期内,天空中水气与大气共存于一体,浓云密布。随着地壳逐渐冷却,大气的温度也慢慢地降低,水气以尘埃与火山灰为凝结核,变成水滴,越积越多。由于冷却不均,空气对流剧烈,形成雷电狂风,暴雨浊流。滔滔的洪水,通过千川万壑,汇集成巨大的水体,这就是原始的海洋。

原始的海洋,海水不咸,而是带酸性且缺氧的。水分不断蒸发,反复地形云致雨,重又落回地面,把陆地和海底岩石中的盐分溶解,不断地汇集于海水中,经过亿万年的积累融合,才变成了大体均匀的咸水。同时,由于大气当时没有氧气,也没有臭氧层,紫外线可以直达地面,靠海水的保护,生物首先在海洋里诞生。大约在38亿年前,海洋里就产生了有机物,先有低等的单细胞生物。在6亿年前的古生代,有了海藻类,它们在阳光下进行光合作用,产生了氧气,慢慢积累,逐渐形成了臭氧层。

1.2　水资源

水资源对于保持经济繁荣和社会稳定以及国家的可持续发展至关重要。目前世界上许多国家,包括发达国家和发展中国家,都面临着水资源短缺的严峻考验,社会和经济的发展受到制约。在我国沿江沿海地区,由于人口的过度集中和经济的迅猛发展,工业废水和城市污水被大量排放,从而导致了地表水污染、地下水资源破坏和水域生态系统退化等诸多环境问题。

1.2.1　我国水资源现状

我国的淡水资源总量为 $2.8 \times 10^{12} \, m^3$,占全球水资源的 6%,仅次于巴西、俄罗斯和加拿大,名列世界第四位。但是,我国的人均水资源量只有 $2\,300 \, m^3$,仅为世界平均水平的 $1/4$,是全球人均水资源最贫乏的国家之一。

从水资源对社会经济发展的支撑能力上讲,我国是一个中度缺水的国家。据统计,我国目前缺水总量估计为 $4.0 \times 10^{10} \, m^3$,每年受旱面积 $2.0 \times 10^6 \sim 2.6 \times 10^6 \, km^2$,影响粮食产量 $1.5 \times 10^{10} \sim 2.0 \times 10^{10} \, kg$,影响工业产值 $2\,000$ 多亿元,全国还有 $7\,000$ 万人饮水困难。

从人口和水资源分布统计数据可以看出,我国水资源南北分配的差异非常明显。长江流域及其以南地区人口占了我国的 54%,但是水资源却占了 81%。北方人口占 46%,水资源只有 19%,北方资源性缺水日益严重。南方地区由于不注意污水的处理,把未经处理的污水大量排到天然河道,污染了水体,影响了水资源的有效性,造成"有水不能用"的现象,水质性缺水状况严重。

我国是世界上用水量最多的国家,用水量逐年增长。仅 2002 年,全国淡水取用量达到 5.497×10^{11} m³,大约占世界年取用量的 13%,大约是美国 1995 年淡水供应量 4.7×10^{11} m³ 的 1.2 倍。1949~2002 年,全国总用水量增加了 4 000 多亿立方米,大约每 10 年增加 1.0×10^{11} m³,年平均增加约 1.0×10^{10} m³。1980 年以后,全国总用水量的增长幅度略有下降,但年平均增长量仍在 6.2×10^{9} m³ 左右。

1.2.2　滨海城市的水资源问题

滨海城市地区虽然相对于大陆内部有较丰富的地表径流和地下水资源,但由于径流量在时间和空间分布上的不均匀性,尤其是随着沿海资源的开发,对水资源的需求量日益增加,大连、秦皇岛、天津、青岛、温州、厦门、北海市等相继出现缺水和水质恶化现象,成为影响滨海城市和地区经济发展的重要限制因素。

大连,位于辽东半岛的南端,三面环海,拥有着丰富的海水资源,却面临着淡水资源严重匮乏的困扰。中水是指各种排水经处理后达到规定的水质标准,可在生活、市政、环境等范围内杂用的非饮用水。为了节约水资源,大连市凡建筑面积在 2.0×10^{4} m² 以上的大型公建,必须建设独立的中水处理装置,以保证该公建的污水资源化。此外。大连市鼓励企业直接利用海水,以缓解大连市淡水资源的不足。

天津市是一个水资源严重短缺的滨海城市。近年来,该市水利部门以"建设节水型城市、发展大都市水利"为治水目标,开展节水灌溉工程建设。天津市节水灌溉工程的快速发展,取得了显著的经济和社会效益。

紧贴长江与东海的上海,有水,但缺的是好水。环境部门曾对上海主要河道的断面监测,发现上海符合饮用水水源国家标准的地表水仅剩下 1%,劣 V 类水质却占到 68.6%。同时,又因黄浦江是潮汐型河流,咸潮入侵使得黄浦江下游污水上溯,对城区的水厂取水口造成极大威胁。

位于浙江省东部的舟山市是严重缺水的城市,为了解决生产和生活用水,当地政府不得不花费巨大的成本大规模进行海水淡化。

珠江三角洲水网密布,但是从 20 世纪 80 年代中后期开始,江河水污染日益严重,城市河道几乎有河必污,水生态环境恶化。

为了应对水质型缺水的困境,一些地方因为长期超采地下水,引起了区域性地面沉降与地裂缝等地质灾害。如长三角地区 1/3 范围内累计沉降已超 200 mm,面积近 1.0×10^{4} km²,其中上海市区,江苏苏、锡、常地区,浙江杭、嘉、湖等地已经形成三个区域性沉降中心,最大累计沉降量分别达到 2.63 m、1.08 m 和 0.82 m。

1.3　入海河口、海岸与湿地

1.3.1　入海河口

入海河口是河流入海的交汇处，简称河口，河流与海洋相互作用显著，主要由径、潮流相互作用和咸、淡水混合控制。河口段处于河海连接、过渡的特殊位置，常成为人口密集、经济发达地区。我国的主要河口包括长江口、黄河口、珠江口、鸭绿江口、辽河口等，成为内地对外交流的主要门户。

河口地区又有其特殊性：一方面，咸、淡水混合时产生异重流；另一方面，上游来沙到河口多为细颗粒泥沙，细颗粒泥沙在遇到海水入侵时，易发生絮凝，产生淤积，从而堵塞航道。

人类活动也不断改变着我国河口地区的自然演化。如在江河上兴建大规模水利工程，使得入海泥沙大量减少，大量的营养物质流失；围海造田改变了河口地区的自然状况；另外，生活与工业污水的排放使得入海污染物急剧增加，从而引起水体的富营养化，破坏河口地区的生态平衡；大规模的渔业发展使得生物的多样性减少；挖沙则加重了水土的流失。由此导致生态系统退化、海滨湿地大量减少、自然灾害加重。例如，随着黄河上游来水来沙量的减少，洪峰流量也大幅度削减，近年来黄河口断流现象频繁发生，破坏了生态环境；长江河口则扩大了拦门沙的范围，加剧了咸潮入浸问题；珠江口的过度挖沙也人为造成了河床的不均匀增深。

1.3.2　海岸

海岸带是指海洋与陆地相互交接、相互作用的过渡地带，包括潮间带、潮上带、潮下带三部分。联合国经济与社会理事会（1988）认为，海岸带的一般定义是陆地与海洋相互作用的地带，它包括向陆部分、大陆架被淹没的土地及其上覆水域。这个定义对海岸带向陆一侧的范围界线是模糊和不明确的，向海一侧范围可扩大陆架和专属经济区，而海岸线向海和陆延伸一定距离所形成的区域作为海岸带，具体范围全世界尚无统一规定，我国于 20 世纪 80 年代中将由海岸线向海至 -5 m 等深线，向陆 10 km 的范围称为海岸带。有时根据海岸带区域的特点和海洋产业开发状况，将平均低潮线到 -10 m 等深线之间的浅海区域规定为潮下带。

测绘学采用的海岸带概念与此类似，如《1∶5 000、1∶10 000 地形图航空摄影测量外业规范》规定，海洋与陆地的接壤部分称为海岸带，海岸带由沿岸地带、潮浸地带及浅海地带所组成。

我国是一个海陆并存的国家，拥有广阔的海疆。北起鸭绿江口，南至北仑河口，我国的海岸线长达 18 000 km，其间纵跨寒带、温带、亚热带、热带四个不同的气候区，由于受波浪、潮汐、海流、台风、海平面的变化等因素对海岸的作用，从而形成复杂多样的海岸地貌，因此也具备了众多的海岸带资源：

我国海岸带的滩涂资源约 $2.170 4 \times 10^6$ hm²，目前仅利用 20% 左右。

我国近海蕴藏着丰富的油气资源。普查勘探发现，在海岸带和沿海大陆架上有十几个大型沉积盆地，预计油气资源量可达数百亿吨，是环太平洋巨大含油气带西部的主要分布区之一。

能源资源为海洋能，海洋能有潮汐能、波浪能、海流能、温差能和盐差能等。我国海洋能资源丰富,据普查资料估算,我国沿海海洋能总蕴藏量至少在 1.0×10^9 kW 以上。

水产资源为海洋水产,是我国主要传统海洋产业之一。我国近海已发现鱼类一千五百多种,重要经济鱼类约七十多种,是世界上的重要渔场之一。

港湾资源为海湾,被称为国家的咽喉,港口建设、沿海城市发展、水产养殖、滩涂利用以及盐场的开发等都要利用海湾。我国共有 105 个海湾,绝大多数常年不冻,除河口地区外,大部分不淤或很少淤积,具有良好的建港自然条件。

化学资源为海水中的化学资源。我国海水中的化学资源极为丰富,目前我国已能从海水和海盐中生产出食盐、淡水和钾、溴、镁等多种产品。

滨海砂矿是指海岸地带由于河流、波浪和海流作用使矿物聚积而形成的矿床,这些矿床中含有重要的稀有和稀土元素、贵金属等,因而具有很高的开采价值。我国滨海砂矿主要分布在胶辽和华南沿海两大成矿带,种类达 60 种以上。

我国沿海旅游资源丰富,岸线绵延曲折,滨海地貌类型繁多,气候多样,自然景观、名胜古迹等丰富多彩,适宜发展不同季节、不同类型、不同方式的滨海旅游活动。

1.3.3　湿地

湿地是地球自然生态系统的重要组成部分,是具有多功能的独特生态系统,是自然界生物多样性最丰富的生态系统和人类最重要的生存环境之一,它不仅为人类的生产、生活提供多种资源,而且有巨大的环境功能和效益,在抵御洪水、调节径流、蓄洪防旱、降解污染、调节气候、控制土壤侵蚀、促淤造陆、美化环境等方面具有其他系统不可替代的作用,被誉为地球之肾。同时它与森林、海洋并称为全球三大生态系,受到世界各国的广泛关注。

1971 年,18 个国家的代表签订了《关于特别作为水禽栖息地的国际重要湿地公约》,简称《湿地公约》。《湿地公约》将湿地的定义为:"不问其为天然或人工,长久或暂时性,静止或流动,淡水、半咸水、咸水体的沼泽地、泥炭地或水域地带,包括低潮时水深不超过 6 m 的水域"。可见,湿地不仅仅是传统认识上的沼泽、泥炭地、滩涂等,还包括河流、湖泊、水库、稻田以及退潮时水深不超过 6 m 的海水区。

1992 年,我国正式成为该公约缔约国,同年,我国有七 块湿地列入名录,截至 2005 年 2 月,我国已有 30 块湿地被列入《湿地公约》"国际重要湿地名录",面积达 3.43×10^6 hm²,占全国自然湿地总面积的 9.4%。图 1.2 为我国主要湿地分布。国家林业局和各有关部门 2004 年制定了《全国湿地保护工程规划》,到 2030 年,我国湿地自然保护区要达到 713 处,国际重要湿地达到 80 处,90% 以上的天然湿地得到有效保护,完成湿地恢复工程 1.4×10^6 hm²,建成 53 个国家湿地保护与合理利用示范区,形成较为完善的湿地保护管理和建设体系。

1.3.4　河口海岸湿地

我国滨海湿地主要分布于沿海的 11 个省区和港澳台地区。海域沿岸约有 1500 多条大中河流入海,形成浅海滩涂生态系统、河口湾生态系统、海岸湿地生态系统、红树林生态系统、珊瑚礁生态系统、海岛生态系统等六大类、三十多个类型。包括黄河三角洲湿地、辽河三角洲湿地、大沽河河口湿地、莱州湾湿地、天津滨海湿地、鸭绿江口湿地、连云港湿地、江苏盐城湿地、长江口湿地、钱塘江口—杭州湾湿地、晋江口—泉州湾湿地、珠江口河口湿地和北部湾滨海湿地等 14 片国内外著名的重要湿地和沿海一系列潮间带和潮下带(0～-6 m)湿地。

图 1.2　我国主要湿地分布

陆健健(1998)将河口滨海湿地划分为两个子系统：

子系统 1：潮下带湿地,包括基岩质滨海湿地、淤泥质(河口)滨海湿地、生物礁滨海湿地、藻床滨海湿地。

子系统 2：潮间带和沙洲离岛湿地,包括滩涂湿地(海草和芦苇潮滩湿地,又称草本植物潮滩湿地)、红树林潮滩湿地(又称灌木潮滩湿地)、高盐碱潮滩湿地、泥沙质滩涂湿地、岩基海岸湿地、离岛湿地、沙洲湿地。

海滨、湖滨、河流沿岸主要为芦苇沼泽分布区。滨海地区的芦苇沼泽主要分布在长江以北至鸭绿江口的淤泥质海岸,集中分布在河流入海的冲积三角洲地区。

滨海湿地以杭州湾为界,分成杭州湾以北和杭州湾以南的两个部分。杭州湾以北的滨海湿地除山东半岛、辽东半岛的部分地区为岩石性海滩外,多为沙质和淤泥质型海滩,由环渤海滨海和江苏滨海湿地组成。黄河三角洲和辽河三角洲是环渤海的重要滨海湿地区域,其中辽河三角洲有集中分布的世界第二大苇田(为盘锦苇田),面积约 7.0×10^4 hm²。环渤海滨海尚有莱州湾湿地、马棚口湿地、北大港湿地和北塘湿地,环渤海湿地总面积约 6.0×10^6 hm²。江苏滨海湿地主要由长江三角洲和黄河三角洲的一部分构成,仅海滩面积就达 5.5×10^5 hm²,主要有盐城地区湿地、南通地区湿地和连云港地区湿地。

　　杭州湾以南的滨海湿地以岩石性海滩为主。其主要河口及海湾有钱塘江口-杭州湾、晋江口-泉州湾、珠江口河口湾和北部湾等。在海湾、河口的淤泥质海滩上分布有红树林,在海南至福建北部沿海滩涂及台湾岛西海岸都有天然红树林分布区。热带珊瑚礁主要分布在西沙和南沙群岛及台湾、海南沿海,其北缘可达北回归线附近。目前对浅海滩涂湿地开发利用的主要方式有:滩涂湿地围垦、海水养殖、盐业生产和油气资源开发等。

　　海岸湿地是由低地、滩涂与生物群落组合的海岸环境。我国海岸湿地环境受季风波浪、潮汐与大河影响的河海交互作用为特征,地跨 39 个纬度带,其面积约占我国湿地总面积的 1/5。按成因与表相可分为三种类型:河口芦苇、草滩湿地,平原海岸草滩盐沼湿地及在华南隐蔽港湾顶部红树林沼泽湿地。这三种湿地均具有潮上带、潮间带与潮下带分带特性。海岸湿地是珍贵的新生空间资源,但由于滥伐垦殖、外来生物种属入侵危害、陆源水沙减少及海平面上升招致海岸侵蚀、盐潮入侵与内涝频繁等灾害影响,海岸湿地环境质量下降,面临着解决海岸湿地生态保护与沿海人民生计这一新生矛盾问题。

　　海岸湿地处于海陆相交的区域,受到物理、化学和生物等多种因素的强烈影响,是一个生态多样性较高的生态边缘区。它不仅对保护岸线和维持生态功能有积极意义,而且是当地资源开发的基础。赵焕庭等在海岸湿地组成和成因基础上分潮上带、潮间带和潮下带三类湿地论述,并从沉积学、地貌学和生态学角度考虑,将我国海岸湿地划分为七种类型,即淤泥质海岸湿地、砂砾质海岸湿地、基岩海岸湿地、水下岸坡湿地、泻湖湿地、红树林湿地和珊瑚礁湿地。

　　兰竹虹等(2006)按各种海岸湿地类型的地理相似性将其分为五种类型,即河口水域、潮间带、潟湖、浅海水域和基岩海岸。各类型湿地分布如表 1.2 所示。南中国海湿地多样复杂,主要类型可分为 11 大类:海草滩涂生态系统、河口湾生态系统、海岸湿地生态系统、潮间带砂质海岸生态系统、潮间带淤泥质海岸生态系统、红树林生态系统、珊瑚礁生态系统、海岛生态系统、海洋性潟湖生态系统、港口生态系统和人工湿地生态系统等。海岸湿地处于海陆的交错地带,是脆弱的生态敏感区。目前,由于受人口增加和经济发展的巨大压力,南中国海湿地破坏严重,退化趋势明显。

表 1.2　南中国海海岸湿地分类(单位: km^2)

湿地类型	广东	香港	澳门	广西	海南	合计
河口水域	3 974.56	28.08	11.97	403.31	160.28	4 578.20
潮间带	1 582.03	11.10	0.00	853.72	392.73	2 839.57
潟湖	119.67	20.25	0.00	0.00	245.29	385.21
浅海水域	4 502.66	20.25	61.24	1 390.87	933.13	7 183.49
基岩海岸	374.63	295.59	0.00	2.30	12.98	407.29
合计	10 553.55	372.39	73.21	2 650.20	1 744.40	15 393.75

1.4 径流形成过程及其主要影响因素

1.4.1 径流的概念

径流指降落到流域表面上的降水(雨和雪,包括冰雹),由地面与地下注入河川,最后流经出口断面的全过程。

流域的径流产生是和降雨或降雪一一对应的,一次较显著的降雨或降雪,河流中的水位就有起伏变化,也就是有一个相应的流量过程。

径流是形成河川水流的那部分降水,包括表面径流、壤中流及地下径流。地表径流也称简单径流或地表直接径流,径流中来自地面的表面流动部分。它涉及地球表面小溪、聚水沟、小河以及河川中河道流动或者薄层水流的流动。地表径流是一个持续的过程,在重力作用下水通过地表径流从高处往低处流动。多股小水流汇聚形成大水流最终流入河川中。

地表流动是有效降水的产物,即为总降水量减去水文吸收量。地表径流有在相对较短时间内产生较大流动量的能力。因此,地表径流对洪水形成起主要作用。

壤中流是地表下流动,也就是发生在地表以下不饱和土壤中的流动。壤中流由水体和湿气向低处的横向流动组成,并且还包括一些渗透造成的降水吸收。壤中流是一个比较缓慢的过程,但是壤中流最终流入小溪或者河流中。

地下流发生在地下层,通过淤积沉积物或者地幔下其他含水层中的渗透流动的形式表现出来。地下流包括通过土壤上的渗透达到地下水位的渗透量的那一部分。与壤中流类似,地下流也是一个缓慢的过程。与表面径流一样,地下流是一个持续的过程,水不断地向低处流动,最终流入海洋。地下水位与地表很接近的地方,地下水可能被小溪或者河流拦截并流入小溪和河流中。

常用的径流表示方法有以下几种,作为定量描述径流的依据。

1)流量

流量指单位时间内通过某一过水断面的水量,常用 m^3/s 表示。把某河道断面各时刻所测得的流量按时序绘出的连续曲线称为流量过程线。流量通常随时间变化,因此它任意时刻的值是瞬时流量。通过在时段内对流量求平均值可以得到该时段内流量平均值。通过在一个时段内对流量求积分可以得到该时段总的径流流量。在实际工作中常采用平均流量的概念,平均流量有日平均流量、月平均流量、年平均流量和多年平均流量等形式,它们分别表示在这些时段内通过该河断面的径流水量与时段长度的比值。

径流量:指降雨量或融雪量减去蒸发、渗透和其他损失外沿地面流入沟、河的水量。一般有四种表示方法。

(1)径流总量:指某一产流时段通过某一过水断面的径流体积。单位是 m^3。即表示在特定时段内通过河流某一断面的总水量,可由流量过程线求出。

(2)径流深:在工程水文学中,径流通常用深度单位来表示。将径流总量除以流域面积可以得到分布在整个流域上的平均径流深度。单位是 mm。

(3)径流模数:时段径流总量与相应集水面积的比值,或时段内(一般为年)单位集水面积所产生的平均流量。单位是 $m^3/(km^2)$。

（4）径流率：指单位面积、单位时间的径流量。单位是 $m^3/(km^2 \cdot s)$。

2）径流系数

同一地区同一时间内的径流深度与降雨或融雪深度之比的百分数即为径流系数。径流系数有多年平均径流系数、年径流系数、次径流系数、洪峰径流系数等形式。

径流系数表示流域内的降水量有多少流入河流经流域出口断面流出，综合反映了流域的自然地理因素对降水与径流的影响。其值一般在 0～1 之间，若趋近 1，说明降水大部分转化成径流；若趋近于 0，则说明降水大部分消耗于蒸发。

1.4.2 径流的形成过程

径流形成过程就是水分在流域中的再分配与运动的过程。实质上讲，它是水分（由降水或融雪供给）在不同下垫面和不同介质中，在各种力（包括热力）的作用下沿着不同方向运动和发展的物理过程，是水分能量平衡的发展过程。尽管它由于各种条件和因素而可能呈现出极为复杂的现象，但是不同条件下的水分运动都遵循着一定的规律，在这一过程中的水分运动基本上可分为垂向运动和侧向运动两类机制。在垂向运动机制中有降水、植物截流、填洼、下渗、蒸发及土壤水分运动。在侧向运动机制中包括坡面水流、壤中水流、地下水流及河槽水流。

降雨径流的形成过程包括从降水到水流汇集至流域出口断面的整个过程。在一个闭合流域内，从降雨到流域出口断面出现流量过程一般要经过：流域蓄渗、流域产流和河网汇流三个过程，如图 1.3 和图 1.4 所示。

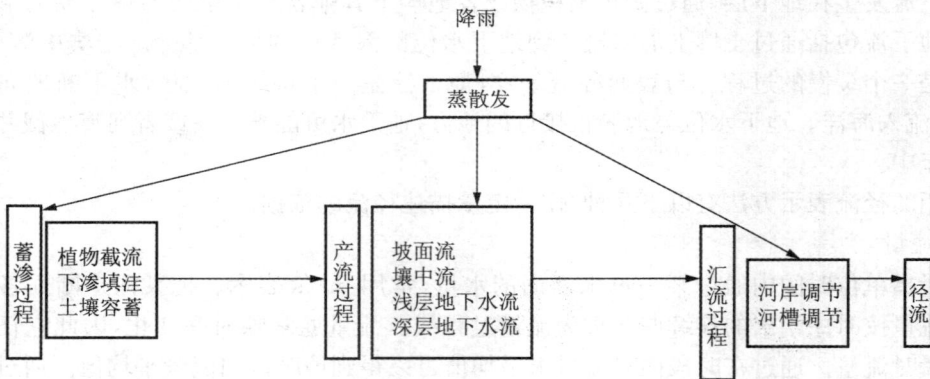

图 1.3　降雨径流过程概化

1.4.2.1 流域蓄渗过程

降雨开始后一段时间，除少量雨水落入河道而直接形成径流，大多数雨水降落在地表和植物叶枝上并不立即产生径流，这部分雨水消耗于植物截留、下渗、填洼和蒸发。关于入渗和蒸发，以后有关章节将详细讲解，本节不作介绍。

1）植物截留

在降雨过程中，雨水被植物拦截的现象称为植物截留。被截留的雨量包括滞留在枝叶表面上的水量和雨期内枝叶上的蒸发量。

植物截留量的大小和降雨量、降雨历时、植物枝叶的郁闭度和表面积有关。在一般情况

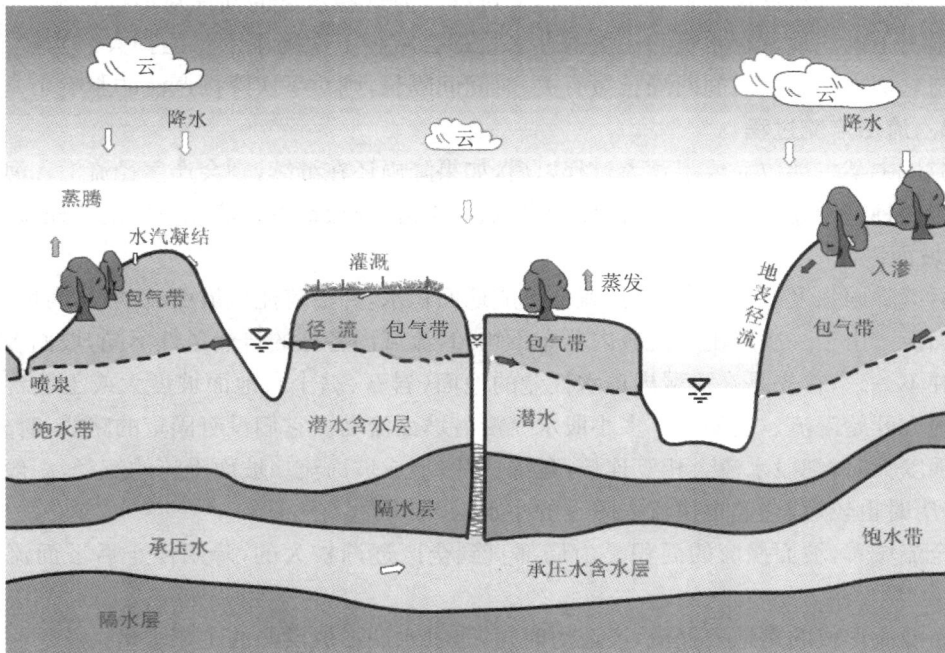

图 1.4 降雨径流形成过程

下,若降雨量相同,降雨历时越长,植物枝叶的郁闭程度和表面积量越大,植物截留量越大。在枝叶充分湿润后,叶面开始滴水,枝茎上出现水流,这时植物的截留量达到最大值,后续的雨水便可全部透过枝叶落到地面上。植物截留延续在整个降雨过程,雨止后,被截留的雨水消耗于蒸发,回归到大气之中。

一次降雨的植物截留量,对于暴雨洪水来说,其影响不大,但对年降雨量来说,若小雨多,则全年累积的截留量就相当大。据陕西黄龙实验站实测资料,不同树冠的累积截留量达到 45~100 mm,占观测期内降雨量的 12%~22%。

2) 填洼

雨水落到地面,首先要往下入渗,进入岩土孔隙,如果降雨强度大于土壤入渗强度时,超过的部分形成超渗雨量。超渗雨量在地面形成积水,然后在坡面上流动,沿途充填坑洼,继续往低处流动。雨水充填坑洼内的水量称为填洼量。这部分水量不形成径流,而是消耗于下渗和蒸发。

最初的超渗雨先满足填充洼地的需要,当这些洼地被填满后,才有雨水流入小水沟开始产生地面径流。因此,流域内大大小小的洼地、坑塘、梯田等,均通过增加填洼水量,而使洪水过程变得和缓;相反,平整土地、农田排水等又会减少洼地蓄水,从而减少径流量。

3) 雨水在土壤中的存蓄

入渗到地下的雨水首先要补充土壤水,提高土壤含水率,在上层土壤含水率达一定程度后才有多余的水量向下入渗补充地下径流。这种一次降雨补充给土壤水的水量称作土壤蓄存水量,这个过程称作土壤蓄存。

由上述可知,对于一次降水,蓄渗过程中的降水全部消耗于植物截留、填洼、下渗和蒸发,而不产生径流,所以,蓄渗过程又叫降雨损失过程。但这些水量的损失对后续产流是有利的,这次降雨留下的洼地蓄存水量和土壤蓄存水量都会减少下次降雨水量的损失。当然,这种影响大小与这两次降雨的时间间隔长短有关,时间间隔长,则对下次降雨产流的影响小。

1.4.2.2 流域产流过程

当流域中某一部位完成了蓄渗过程以后,如果降雨还在继续,则会产生径流汇入河网。径流来源于四种补给途径,它们分别是坡面漫流、壤中流、浅层地下径流和深层地下径流。

1) 坡面漫流

当后续降雨强度超过入渗率时,就会形成地面积水,并沿着流域坡面流动,称为坡面漫流,简称坡面流。由于一次降雨在流域内分布不均匀,流域内各处的自然条件不同,坡面漫流开始的时间并不一致,首先是在流域内透水性差的地面(岩石、黏土)、地面坡度大或土壤含水率已饱和的地方开始漫流。起初是许多小股水流沿着坡面流动。它们没有固定的路线,时分时合,当降雨强度大时,细股水流会相互连接,延绵成片,形成坡面流。坡面漫流的流径,一般不超过数百米,历时也较短,它们很快流入附近的小水沟。

从全流域看,坡面漫流的面积是由局部直到全区逐渐扩大的,降雨停止后坡面流不久也停止。

坡面漫流形成的是地表径流,产流历时短,是洪水期形成洪峰的主要水量。

2) 壤中流

由于包气带土壤质地不均匀,地表附近土层较疏松,下渗能力大,在土壤质地变化的地方易形成界面,使水分积聚并且沿着饱和层倾斜方向在土壤孔隙中流动,注入河槽形成径流,称为壤中流。壤中流产流历时较坡面流长,但比地下径流的产流历时短,其水流特性也介于地面和地下径流之间。

3) 浅层地下径流

土壤中的水分继续下渗,直到地下潜水面补充地下水,它们又以潜流的形式在较短的时间内(几天)回归河槽,称为浅层地下径流。

4) 深层地下径流

潜水继续向下渗,通过岩石缝隙向更深层渗透,成为深层地下径流(即承压水),并可通过泉水或其他形式补给河流。它们的渗透速度很小,要经过很长时间才能回归河槽,通常称为基流,是枯水期径流来源。

总之,一次降雨量扣除各种损失以后称为净雨量。由于流域内各地产流有先有后,漫流历时有长有短,壤中流和地下径流向河槽的汇集速度和历时相差很大,这些因素都对径流在时程上起了再分配的作用。

根据上述降雨径流的概念,一次降雨产生的某断面的总径流量可用下式表示:

总径流量 = 坡面漫流 + 壤中流 + 浅层地下径流 + 深层地下径流

1.4.2.3 河网汇流过程

降雨产生的各种径流成分,沿着各自途径陆续汇集到附近河网以后,再沿着河槽由上游向下游汇集,最后全部流经流域出口断面,这个过程称为河网汇流。河网汇流是径流形成的最后阶段。

在河网汇流过程中,除了自然地理因素外,影响汇集速度的重要因素是:地下容蓄和河槽容蓄。

各种径流不断汇集到河网,使河水流量增大,水位上涨,河网内河槽中所存蓄的水量也相应增加,这就叫做河网的河槽容蓄作用。

另一方面,由于河槽内水位与地下水位彼此之间的消长,河槽内径流与地下水之间存在不断的交换。当河槽内水位上涨到高于河岸的原地下水位时,河槽内径流将补给水下水,使地下水位随河槽水位的不断升高而升高;当河槽内水位下落到低于河岸的原地下水位时,水下水将补给河槽内径流,使得地下水位随河槽水位的不断回落而降低。如图 1.5 所示,河网水位上涨时,河水就要对两岸地下水进行补给,使得两岸地下水位上涨,增加两岸地下水蓄水量,即蓄存一部分洪水上涨阶段的水量,这叫做河岸容蓄。

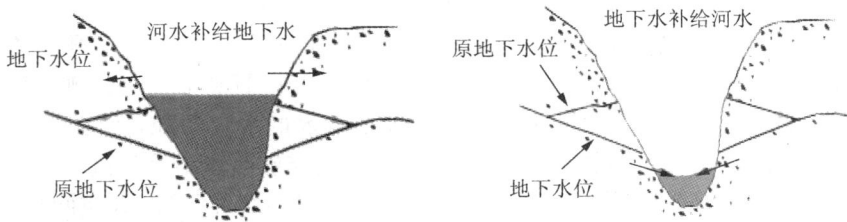

图 1.5   河槽与地下水间相互调节作用示意图

当河网中水位下降后,两岸地下水位高于河水位,河岸蓄水量又反过来对河水进行补给,形成退水阶段洪水的一部分,河网调蓄和河岸容蓄都是把洪水上涨阶段的水量蓄存一部分,而在退水阶段补给河水,所以,它们是对净雨量在时程上的又一次再分配。因此,流域出口断面的流量过程线比降雨过程平缓得多,而且涨水历时短,退水历时长。

应当指出,上述径流形成的每一过程中各种径流成分的形成都是彼此紧密联系的,而且与蒸发阶段密切相关,它们在一个流域的各个地区同时进行着,在同一地区也是交错进行的。

1.4.3   流域暴雨径流过程的影响因素

从上述对流域径流形成过程的分析可见,影响流域径流形成过程的因素是多种多样的,可以将其概括为降雨因素和流域因素。降雨因素包括降雨强度、持续时间和降雨量。流域因素包括地质、土壤、地形和植被等因素,这些因素的综合作用影响了流域水分的储存状况、不同界面层的水力传导度和水力坡度的变化,进而引起流域水分的水平和垂直运动而控制了流域径流的形成。地质因素在较大尺度上影响流域径流形成过程;从地形因素来看,一个流域可以概化为由三种基本地形单元即凸型、凹型和均匀坡面组成的系统,每一种坡面对超渗地表径流、饱和地表径流、亚表层径流的影响不同。同样,由于坡型影响到坡面风化物质的厚度、饱和亚表层径流、非降雨期土壤水分空间分布、森林植被的生长和水文单元的蒸发量等,从而影响径流形成过程。影响径流形成的土壤因素包括土层厚度、土壤孔隙状况、粒径组成、土壤成层性以及土壤中根系分布状况等。

1.5 水文学与海岸工程

1.5.1 水文循环

地球上现有约 1.39×10^9 km³ 的水,它以液态、固态和气态分布于地面、地下和大气中,形成河流、湖泊、沼泽、海洋、冰川、积雪、地下水和大气水等水体,构成一个浩瀚的水圈。水圈处于永不停息的运动状态,水圈中各种水体通过蒸发、水汽输送、降水、地面径流和地下径流等水文过程紧密联系、相互转化、不断更新,形成一个庞大的动态系统。

在这个系统中,海水在太阳辐射下蒸发成水汽升入大气,被气流带至陆地上空平均约 11 km 的大气对流层顶,在一定的天气条件下,形成降水落到地面。降落的水一部分重新蒸发返回大气,另一部分在重力作用下,或沿地面形成地面径流,或渗入地下,最深可达 1～2 km,形成地下径流,通过河流汇入湖泊,或注入海洋。从海洋或陆地蒸发的水汽上升凝结,在重力作用下直接降落在海洋或陆地上。水的这种周而复始不断转化、迁移和交替的现象称水文循环。

不同纬度带的大气环流使一些地区成为蒸发大于降水的水汽源地,而使另一些地区成为降水大于蒸发的水汽富集区;不同规模的跨流域调水工程能够改变地表径流的路径,全球任何一个地区或水体都存在着各具特色的区域水文循环系统,各种时间尺度和空间尺度的水文循环系统彼此联系、制约着,构成了全球水文循环系统。

全球每年约有 5.77×10^5 km³ 的水参加水文循环。水在循环过程中的存在和运动的各种形态,如蒸发、降水、河流和湖泊中的水位涨落、冰情变化、冰川进退、地下水的运动和水质变化等,统称水文现象。水文现象的时空变化过程存在着有周期而又不重复的性质,一般称为"准周期"性质。例如,潮汐河口的水位存在以半个或一个太阴日为周期的日变化;河流每年出现水量丰沛的汛期和水量较少的枯季;通过长期观测可以看到,河流、湖泊的水量存在着连续丰水年与连续枯水年的交替,表现出多年变化。

形成这种周期变化的基本原因,包括地球的公转和自转,地球和月球的相对运动,还包括太阳活动,如太阳黑子的周期性运动的影响。它们导致太阳辐射的变化和季节的交替,使水文现象也出现相应的周期变化。当然,水文现象还受众多其他因素的影响,这些因素自身在时间上也不断地变化,并且相互作用和相互影响着。

1.5.2 水文学

水文学是一门科学,其研究领域十分宽广。它是关于地球上水的起源、存在、分布、循环、运动等变化规律以及运用这些规律为人类服务所需的知识体系。

从大气中的水到海洋中的水,从陆地表面的水到地下水,都是水文学的研究对象;水圈同大气圈、岩石圈和生物圈等地球自然圈层的相互关系也是水文科学的研究领域;水文学不仅研究水量,而且研究水质,涉及泥沙、生态环境;不仅研究现时水情的瞬息动态,而且探索全球水的生命史,预测它未来的变化趋势。

1.5.2.1 水文学发展简史

人类探索除水害、兴水利的历史,犹如人类的文明史那样悠久。在生产实践中,特别在与水旱灾害的斗争中,不断观测各种水文现象,思考和研究它们的规律,积累关于水的丰富知识,逐渐形成并不断发展了水文科学。

水文学源远流长,同自然科学的许多学科相似,难以把水文科学的历史进程划分成若干明确的阶段,只能大体划分如下:

1) 萌芽时期(1400 年以前)

最早的水位观测是在我国和埃及开始的。在尼罗河、幼发拉底河、恒河和黄河这些古老文化发祥地的遗迹中,可以发现这一时期已经开始了原始的水文观测。约公元前 22 世纪,我国传说中的大禹治水,已"随山刊木"(立木于河中),观测河水涨落。此后,战国时李冰设于都江堰的"石人",隋代的石刻水则,宋代的水则碑等,表明水位观测不断进步。

最早的雨量观测于公元前 4 世纪首先在印度出现,我国于公元前 3 世纪的秦代已开始有呈报雨量的制度,但直到公元 1247 年才有较科学的雨量器和雨深计算方法,并开始用"竹笼验雪"以计算平地降雪深度。明代刘天和在治理黄河工作中,采用手制"乘沙量水器"测量河水中的泥沙数量。

我国古籍《吕氏春秋》中写道:"云气西行云云然,冬夏不辍;水泉东流,日夜不休,上不竭,下不满,小为大,重为轻,国道也。"提出了朴素的水文循环概念。公元 6 世纪初的《水经注》中记述了当时我国境内 1 252 条河流的概况,成为水文地理考察的最早记载。

公元 1400 年前这些肤浅且零星的水文观测和水文知识记录标志着水文科学的萌芽。

2) 奠基时期(1400~1900 年)

欧洲文艺复兴带来的科学思想的解放和科学技术的进步,为水文科学发展成为独立的学科奠定了基础。这一时期,水文仪器的发明使水文观测进入了科学的定量观测阶段。

1663 年雷恩和胡克创制了翻斗式自记雨量计,1687 年哈雷创制测量水面蒸发量的蒸发器,1870 年埃利斯发明旋桨式流速仪,1885 年普赖斯发明旋杯式流速仪。这些近代水文仪器使流量、流速、蒸发、降水的观测达到了相当的精度,利用这些近代水文仪器进行水文观测的各种水文站陆续出现。

1746 年,我国在黄河老坝口设立了全国第一个正规水位站,开始系统观测水位,并进行报汛。这些成就使水文现象的观测视野在深度和广度上空前扩大,为水文科学在理论上的发展创造了条件。

在这一时期,近代水文科学理论开始逐渐形成。1674 年佩罗提出了水量平衡的概念,成为水文科学最基本的原理之一;1738 年伯努利父子发表水流能量方程;1775 年谢才发表明渠均匀流公式;1802 年道尔顿建立了研究水面蒸发的道尔顿公式;1856 年,达西发表了描述孔隙介质中地下水运动的达西定律;1851 年莫万尼提出了汇流和径流系数的概念,并发表了计算最大流量的著名推理公式。

这些科学理论的创立,为水文科学在河道水流、蒸发、地下水运动、径流形成和水文循环等领域的发展奠定了理论基础,它表明人类对水文现象的认识已由萌芽时期那种肤浅零星的知识,发展到了比较深刻系统的知识。同时也表明,人类对地球上水的运动、变化规律的探索,已发展到以大量观测事实为基础,进行假说、演绎和推理,进而建立各理论体系的近代科学方法论。

19 世纪末,专门水文研究机构开始出现,一些国家开始出版水文年鉴。弗里西著的《河流水文测验方法》、福雷尔著的《日内瓦湖湖泊志》、马略特著的《水的运动》等水文学专著陆续出版。这些著作总结了当时水文观测和理论研究的成就,标志着水文科学作为一门近代科学已奠定基础。

3）应用水文学兴起时期（1900～1950 年）

这一时期，水文科学在观测方法、理论体系和研究领域等方面继续取得新成就，但它最重要的进展是应用水文学的兴起。

进入 20 世纪，特别是第一次世界大战以后，大量兴起的防洪、灌溉、交通工程和农业、林业乃至城市建设向水文科学提出越来越多的新课题，解决这些课题的方法也由经验、零碎的逐渐理论化和系统化，水文科学的应用特色逐渐表现出来。

首先，从 1914 年到 1924 年，经过黑曾、福斯特等人的工作，把概率论、数理统计的理论和方法系统地引入了水文科学，使洪峰和洪量等水文变量和它出现的机率联系起来，为预估工程未来运行时期内可能出现的水文情势开辟了道路。

接着，从 1932 年到 1938 年，谢尔曼、霍顿、麦卡锡、斯奈德等人在产流和汇流计算方面取得开拓性进展，为根据降雨推算洪水开辟了道路。随后，克拉克、林斯雷等人在单位线、多个水文变量联合分析和径流调节的理论、方法等方面发展并丰富了上述的内容。

在此期间，水文站在世界范围内发展成规模宏大的水文站网系统，这些成就为应用水文学的兴起在理论上、方法上和资料条件方面奠定了基础，并率先形成了它最重要的分支学科为工程水文学。接着，农业水文学、森林水文学、都市水文学也相继兴起。

1949 年，林斯雷和柯勒、保罗赫斯合著出版了《应用水文学》；同年，姜斯敦和克乐斯合著的《应用水文学原理》、美国土木工程师学会编著的《水文学手册》等应用水文学专著陆续问世，总结了这时期的成就，标志着应用水文学的诞生。应用水文学直接为生产和生活提供多方面服务获得迅速发展，成为近代水文科学体系中最富有生气的分支学科。

4）现代水文学发展时期（1950 年至今）

这个时期具体体现在针对工程需求和水文对象不同，相关学科与水文学的交叉，发展丰富了分支学科。现代信息技术，如遥感（RS）、地理信息系统（GIS）、全球定位系统（GPS）及其集成技术与水文学逐步融合，现代计算数学的发展、淘汰了一些传统的水文计算方法，推动了水文学及水力学模型的一体化发展。20 世纪 80 年代初，意大利 E. Todini 教授与我国合作进行淮河王家坝至正阳关河道洪水演进与蓄滞洪区洪水调度，采用了水文学与水力学结合，以区域产汇流的水文模型和水力学模型为基础，将水文与水力学有机结合的模型，具有模拟流域降雨径流、产汇流、河网水量水质及泥沙、水资源优化调度、水污染防治与评价、河网整治，冲淤分析、防洪管理与规划，以及实时高度和决策分析等功能，为河流、洪泛区、潮汐及水资源调度提供实时预报模拟，国外在这方面已经取得了很多研究成果，并用于实际运用中，如用于 Muda 河洪滩地上洪水淹没的预测。水文模型确定降雨的径流过程，将计算区域上边界以上产生的洪水过程与区间的产、汇流过程，分别按上开边界条件和面源，以沿程旁侧入汇形式结合起来融入水动力学模型，是水动力学模输入的边界条件。计算区域及边界条件确定后，水动力学模型根据地形部分资料和有关参数可以从上游至下游进行洪水运动计算。参与计算的水量有两部分，一是上游入流，即将模型区以上各河沟看作独立事件，计算其洪水过程，并作为上边界的入流过程；二是模型区内降雨产流。在计算中，把模型区的产、汇流和上游流域的入流过程分别考虑，即入流过程直接通过上开边界进入流场；模型区内降雨产流，按水面区和陆面区分别对待。

近年来，模型计算结果的后处理开始注重可视化，将流域的地面特征、河道中断面水沙运动过程、河道冲淤变形过程、水位的涨落过程与滩面淹没情况等能够动态直观演示。我国河流的可视化工作仍在起步阶段,主要针对河网一维水沙数学模型。西方发达国家目前已经发展到三维,不但在计算机上可以直观地看到各洪水位下的淹没地域边界等情况,而且显示该水平下淹没所造成的经济损失,更有利于决策者在防洪防灾工作中做出适宜的决策。

1.5.2.2　水文学的研究特点

水文循环是自然界各种水体的存在条件和相互联系的纽带,是水的各种运动、变化形式的总和,是水文科学研究的主要对象和核心内容;而在水文循环过程中,水文现象所表现出的特点,决定了水文科学研究的特点。

首先,水文科学把各种水文现象作为一个整体,并把它们同大气圈、岩石圈、生物圈和人类活动对它们的影响结合起来进行研究。例如,在借助水量平衡方法研究某个流域的水量变化时,既要考虑流域周围大气中水汽输送,也要考虑流域上空大气中水分含量的变化;既要考虑降水,也要考虑蒸发;既要考虑流域的地面径流,也要考虑流域土壤含水量和流域内外地下水的交换,而且还要考虑流域内水利工程以及其他人类活动的影响。

其次,水文科学主要根据已有的水文资料预测或预估水文情势未来状况,直接为人类的生活和生产服务。例如,提供洪水预报和各种水情预报,对旱涝灾害的发生作出中长期预测,为水利工程在未来运转时期中可能遇到的特大洪水作出概率预估等。

水文科学主要靠建立从局部到全球的水文观测站网,通过对自然界业已发生的水文现象的观测进行分析和研究。各种水文实验,除少数在实验室内进行以外,主要是在自然界中,例如在实验流域中进行。

在水文科学研究中广泛采用成因分析和统计分析的方法,并使两者尽量结合起来。成因分析主要以物理学原理为基础,通常建立某种形式的确定性模型,以研究水文现象发展演变过程中的确定性规律。统计分析法以概率论为基础,通常建立某种概率模型,探讨水文现象的统计规律。

1.5.2.3　水文科学的分支

由于水在人类生存和社会发展中的重要作用,所以水文科学不单纯是一门基础科学,而且是一门广泛为生产和生活服务的应用科学。

水文科学不断与数学、物理学、化学等基础科学交叉。它运用数学力学定律和方法描述水的运动;运用物理学中的热学、声学和光学原理研究水体的热状态和解释水体中的声学和光学现象;根据化学键和分子缔合的理论,阐明水的液态、气态和固态的转化原因和方式等。

因为水文循环使水圈、大气圈和岩石圈紧密联系,所以,水文科学又与地球科学体系中的大气科学、地质学和自然地理学等的关系密切。

水文科学开始主要研究河流、湖泊、沼泽、冰川和积雪,以后扩展到地下水、大气中的水和海洋中的水。传统的水文科学是按研究对象划分分支学科的,主要有河流水文学、湖泊水文学、沼泽水文学、冰川水文学、雪水文学、水文气象学、地下水水文学、区域水文学、海洋水文学、工程水文学、农业水文学、森林水文学、都市水文学、医疗卫生水文学等分支学科,其中以工程水文学发展最为迅速。

河流水文学也称河川水文学,研究河流的自然地理特征,河流的补给、径流形成和变化的规律,河流的水温和冰情,河流泥沙运动和河床演变,河水的化学成分,河流与环境的关系等。

湖泊水文学主要研究湖泊中的水量变化和运动,湖水的物理特性和化学成分,湖泊沉积湖泊的利用等。

　　沼泽水文学研究沼泽径流、沼泽水的物理化学性质,沼泽对河流和湖泊的补给,沼泽改良等。

　　冰川水文学主要研究冰川的分布、形成和运动,冰川融水径流的形成过程及其时空分布,冰川突发性洪水的形成机制和预测,冰川水资源的利用等。

　　雪水文学主要研究积雪的数量和分布,融雪过程,融雪水对河流和湖泊的补给,融雪洪水的形成和预报等。有时把雪水文学和冰川水文学合称为雪冰水文学。

　　水文气象学研究水圈和大气圈的相互关系,包括大气中水文循环和水量平衡,以蒸发、凝结、降水为主要方式的大气与下垫面的水分交换,其中尤其着重研究暴雨和干旱发生和发展的规律。

　　地下水水文学主要研究地下水的形成和运动,地下水与河流、湖泊的相互补给,地下水资源的评价和开发利用。

　　区域水文学着重研究某些特定地区的水文现象,如河口水文、坡地水文、平原水文、岩溶地区水文、干旱地区水文现象等。

　　海洋水文学着重研究海水的物理性质和化学成分,海洋中的波浪、潮汐、洋流、海岸带泥沙运动等。

　　水文科学主要通过定点观测、野外勘查和水文实验(主要是野外实验)等手段,获得水体空分布和运动变化的信息,因而逐渐形成了水文测验学、水文调查、水文实验三个分支学科。

　　水文测验学研究如何正确、经济、迅速地测定各种水文要素的数量及其在时间和空间上的变化,主要包括站网布设、测验方法和资料整编方法的研究,还包括测量仪器的研制和资料存储、检索、传送系统的研究。

　　水文调查是水文科学的野外勘测和考察部分,旨在对水体形态和数量、集水面积内的自然地理条件等作出科学的分析和评价。在我国,历史大暴雨、历史大洪水和枯水的调查是水文调查的重要内容。

　　水文实验旨在通过野外和室内实验,揭示水文循环过程各环节中水的运动、变化的某些规律,如水向土中下渗的规律、土壤水的运动规律、径流形成规律、土壤和水面蒸发的规律,以及人类活动的水文效应等。

　　工程水文学包括水文计算、水利计算、水文预报等组成部分,水文计算和水利计算为各类防洪排涝工程、灌溉工程、水力发电、航运工程、道路和桥渡工程、军事工程等的规划、设计提供水文依据。

　　水文预报为工程的施工和运转及国民经济各部门提供洪水、枯水、冰情等各种形式的水文预报。

　　农业水文学主要研究水分—土壤—植物系统中与作物生长有关的水文问题,尤其着重研究植物散发和土壤水的运动规律,为农业规划和农作物增产提供水文依据。

　　森林水文学着重研究森林在水文循环中的作用(即森林的水文效应),包括森林对降水、蒸发和径流形成的影响。

　　都市水文学是应用水文学中较年轻的分支学科,着重研究城市发展中的水资源、城市排水的环境效应和城市对径流形成的影响等问题。

　　20世纪50年代以来,随着科学技术的迅速发展,水文科学不断引入许多其他学科的新成就,出现了一些新的分支学科,例如,在水文调查和水文预报中,随着遥感技术的应用,逐渐形成遥感水文学;在水文实验、地下水运动研究中应用核技术,逐渐形成了同位素水文学;随机过程的理论和方法的引入,逐渐形成了随机水文学。

这些新的分支学科虽然在成熟程度上都还不能与水文科学体系中原有学科相提并论,但它们表明,水文科学在继续分蘖,不断萌发新的分支。

1.5.3 海岸工程水文学

海岸工程水文学是为河口海岸工程设计、规划与管理营运提供水文依据的学科,将介绍水文基础知识,水资源,河川与海洋、入海河口、海岸与湿地、径流形成过程及其主要影响因素,降水、降水的时间空间变化,水文吸收,流域特征,径流、水文测量,海岸工程设计的水文要素计算,区域分析方法,明渠的洪水演算,近岸海流等。

2 基本水文原理

工程水文学中有许多关于水文循环的观点。常用方程描述水文循环不同阶段的相互作用。如降水量和地表径流关系的基本公式可表示为：

$$Q = P - L \tag{2.1}$$

式中：Q 为地表径流；P 为降水量；L 为损失量或水文吸收，是水文循环中降水量被吸收的总和。

式（2.1）各项的单位为速度单位（mm/h,cm/h），或为相同时间内的深度总和（mm、cm 或 m）。

降雨是降水的液体形态，降雪及冰雹是降水的固体形态，通常"降雨"指降水，在特殊情况下才区分液体降水和固体降水。

总降水量与有效降水量的区别在于损失量或水文吸收。水文吸收包括截流、渗透、地表集流、蒸发和土壤水分蒸发蒸腾总损失。总降水量与水文吸收量的差称为径流量。因此，有效降水量与径流量的概念是等价的。

2.1 降水

2.1.1 地球大气运动

地球大气中包含水蒸气，水蒸气的总量可由降水量来表示。根据给定区域上空的水蒸气凝聚并在该地区形成降水，就可以计算出该地区的降水量。

1）饱和空气

空气中水蒸气的总含量有一个上界，这个上界是气温的函数。一定温度下，空气中水蒸气含量最多时，空气达到饱和。

气温下降使得空气携带水蒸气的能力降低。因此，饱和空气在气温下降时，空气依然可以达到饱和，在常压情况下，水蒸气在空气饱和或接近饱和的情况下发生凝结。

2）气团冷却

空气可以在多种情况下被冷却。自然界唯一天然的冷却形式是通过气团上升使压强降低的形式进行绝热冷却，通过这种形式，气团可迅速冷却形成降水。

降水速度及降水量是冷却速度和水蒸气进入气团并取代水汽转变为雨水的速度的函数。

下面几种情况可以导致气团上升并迅速冷却：

（1）水平汇聚。

（2）锋面抬升。

（3）地形抬升。

锋面抬升发生于暖空气流向冷空气时，气团上升，冷空气呈楔形，如图 2.1 所示，这两个不同气团的分离面叫做锋面，锋面通常向冷气团倾斜；锋面与底面的交点叫做前锋。

地形抬升发生于空气流向地形障碍物(如山脉)时,为越过障碍物气团必须上升。通常情况下,地形障碍物的坡度比最陡的锋面还要陡。因此,地形抬升中空气的冷却速度比锋面抬升中空气冷却的速度快。

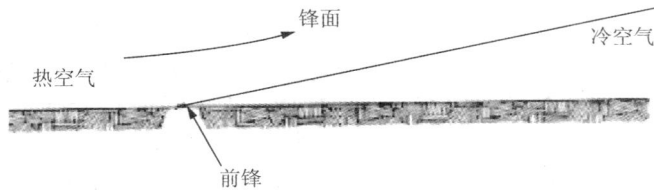

图 2.1　热气团的爬升

3) 水汽冷凝成液体或固体

冷凝是大气中水蒸气转变为液滴或在低温时转化为冰晶的过程。冷凝得到的液滴、冰晶或两者的混合,但不总是以云的形式存在。

饱和并不是产生冷凝所必须的条件。水汽转变为液滴必须要有凝结核,来自海洋中的盐粒氧化的产物是有效的凝结核。当水蒸气达到饱和点时,空气中通常有足够的凝结核使水汽冷凝。

4) 云滴及冰晶发展至降水

当空气在原先的饱和度下冷却并继续冷凝时,液滴和冰晶在云层中聚集。过量的液滴和固体在水汽中凝结而下降的速度取决于:

(1) 冷却气流上升的速度。

(2) 云滴变成的雨滴可以穿过上升气流而下降的速度。

(3) 是否有足够的水蒸气进入该区域取代降水。

典型云层中的水滴的平均半径为 0.01 mm,它们的重量很小,速度为 0.002 5 m/s 的上升气团就可以让这些水滴保持悬浮状态。云滴和雨滴没有明确的尺寸界限,一般认为是0.1 mm。降落到地面的大部分雨滴的半径都远远大于 0.1 mm,可能达到 3 mm。大于 3 mm 的雨滴可能分裂成小雨滴,因为雨滴在空气中下落的过程中,表面张力不足以承受变形。半径为 3 mm 的雨滴下落的末速度高达 10m/s,因此,阻止这样的雨滴降落需要有非常强的上升气流。

解释云团发展为降水已有不同的理论。降水的形成有两个基本的过程:

(1) 冰晶的形成。

(2) 聚结过程。

这两个过程同时或分别运行。冰晶的形成包括冰晶的过度冷却(在凝固点以下的冷却)。由于作用在饱和水蒸气上的压力大于作用在冰上的压力,因此在水滴与冰晶之间存在压力梯度,由于压力梯度的存在,冰晶依靠水滴增大,并且在适当的条件下冰晶增大到可以降水的尺度。冰晶只有在极冷的水气团条件下才能形成,最好的温度条件在-15℃。

聚结过程取决于不同尺度的云团下落速度的差异及可能发生的碰撞。云团通过合并而增长的速度取决于粒子的初始尺度、最大液滴的尺度、下落密度及聚合雨滴尺度。电场及下落变化可能会影响碰撞率,因此成为云层形成降水的重要因素。与冰晶的形成不同,聚结过程在任意温度下都可能发生。

5）降水模式

降水的主要模式包括毛毛雨、雨、雪和冰雹等。降雨量是指液体降水量。毛毛雨由微小的液滴组成,液滴直径通常为 0.1～0.5 mm,毛毛雨的降水强度很少超过 1 mm/h。雨通常由直径大于 0.5 mm 的水滴组成。降雨强度的等级可分为:小雨,1～3 mm/h;中雨,3～10 mm/h;大雨,大于 10 mm/h。我国气象部门规定 1 h 内雨量大于等于 16 mm 或 24 h 内雨量大于等于 50 mm 的降雨为暴雨。

雪由冰晶组成。降雪是以雪为形式的降水。积雪是指一次或多次暴雪在地面上的堆积过程。融雪或融化是指雪由固态变为液态的过程。

冰雹由固体的冰晶石或雹块组成。雹块的形状可能是球状、锥状或不规则状,直径 5～125 mm。雹暴是指冰雹形态的降水。

2.1.2 降雨的定量描述

从降雨开始到降雨结束的时间是降雨持续时间,简称历时。通常,降雨持续时间以小时计,但小的蓄水区以分钟计,特别大的蓄水区可以以天计。水文分析及设计中常用的降雨持续时间为 1 h、2 h、3 h、6 h、12 h 和 24 h。对于小蓄水区,降雨持续时间可以是 5 min;对于大蓄水区,降雨持续时间可以是两天或更长的时间。降雨深度以 mm、cm 或 in 计。例如,降雨深度为 60 mm,降雨持续时间为 6 h 的降雨事件,经过 6 h 后的降雨深度为 60 mm。

降雨深度及降雨持续时间的变化范围很大,取决于地理位置、气候、局部气候及 1 年内的历时。在其他各点都相同的情况下,大降雨深度的情况比小降雨深度的情况发生得少。为便于设计,认为给定区域的降雨深度与降雨发生的频率有关。例如,持续时间为 6 h、深度为 60 mm 的降雨每 10 年发生 1 次;持续时间为 6 h、深度为 80 mm 的降雨在同地区每 25 年发生 1 次。

平均降雨强度是指降雨深度与降雨持续时间的比。例如,深度为 60 mm、持续时间为 6 h 的降雨事件的平均降雨强度为 10 mm/h。降雨强度在时间和空间上的变化范围很大,局部及瞬时值和空间及时间平均有很大差别。降雨强度的范围为 0.1～30.0 mm/h,但极端情况下可能到 150～350 mm/h。

降雨频率与两次相同深度及持续时间的降雨事件的平均历时有关。实际的降雨历时变化范围很大,因而往往通过统计分析得到。例如,如果某地区降雨深度为 100 mm、持续时间为 6 h 的降雨事件平均 50 年发生一次,那么该地区深度为 100 mm、持续时间为 6 h 的降雨频率为 50 年一遇,或 1/50,或 0.02。

降雨频率的倒数是重现期或重复周期。降雨频率为 0.02 的降雨事件的重现期为 50 年。一般情况下,降雨深度越大的降雨事件的重现期越长。重现期越长,就需要越长的历史纪录来确定年最大降雨量的分布统计特性。当缺乏长期的降雨记录时,常需要用外推法估计重现期的降雨深度。但外推法存在一定的风险,当风险危及人类生命时,该降雨频率及重现期便不能满足设计目的。另外,将适当气象因素的最大值与极端降水相结合,可以得到可能最大降水(PMP)。对于给定的地理位置、流域、事件持续时间及在一年中的历时,可能最大降水就是理论上的最大降雨深度。在洪水水文研究中,可能最大降水是计算可能最大洪水(PMF)的基础。

对于某些工程来说,降水深度小于可能最大降水是经济的,这就产生了标准设计降雨(SPS)。SPS 是 PMP 的适当百分比,并用于计算标准设计洪水(SPF)。

2.2 降水的时间空间变化

2.2.1 降雨的时空分布

2.2.1.1 降雨的时间分布

短周期(1 h 以下)降雨的强度可以用平均值表示,通过降雨持续时间来区分降雨深度。对于降雨历时较长的降雨事件,降雨强度的瞬时值可能很重要,特别是对于洪峰的确定。

降雨的时间分布是指降雨深度随暴雨历时的变化。它可以用离散或连续的形式表达。如图 2.2(a)所示的离散形式参考雨量分布图中,降雨深度(或降雨强度)柱状图以时间增加为横坐标,以降雨深度或降雨强度为纵坐标。

连续形式的时间雨量分布,它是描述降雨量随时间累积的函数。如图 2.2(b)所示,降雨持续时间(横坐标)和降雨深度(纵坐标)可以表示占总值的百分率。

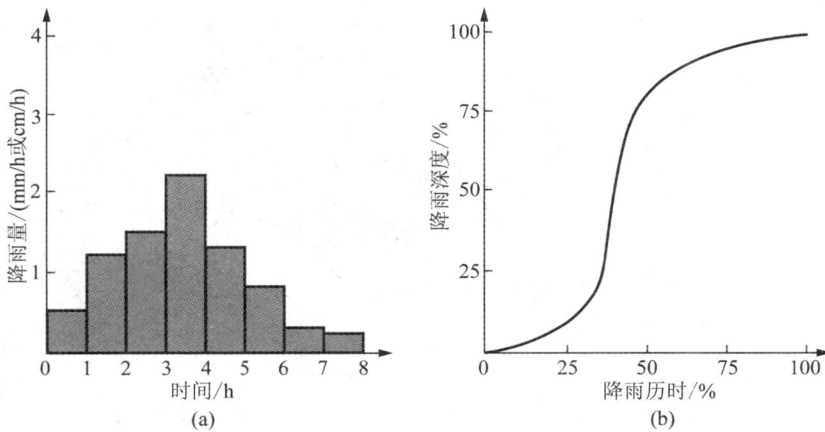

图 2.2 雨量分布图

(a) 离散形式参考雨量分布图 (b) 连续形式的时间雨量分布图

2.2.1.2 降雨的空间分布

降雨不仅在时间上变化范围很大,在空间分布上也是如此,相同雨量的降雨并不完全均匀地分布在受雨区。通常用等雨量线描述雨量的空间分布。如图 2.3(a)所示,等雨量线是表示降雨深度的等值线。

个别暴风雨的空间分布是同心圆或近似椭圆(见图 2.3(b)),通常,暴雨分布模式不是静止的,而是沿主风向近似平行地移动。

对于整个地区的降雨图,等降水量线一般是指等雨量线。图 2.4 为 1997 年 8 月 12 日某地的雨量分布图,显示暴雨主要集中在东北部。

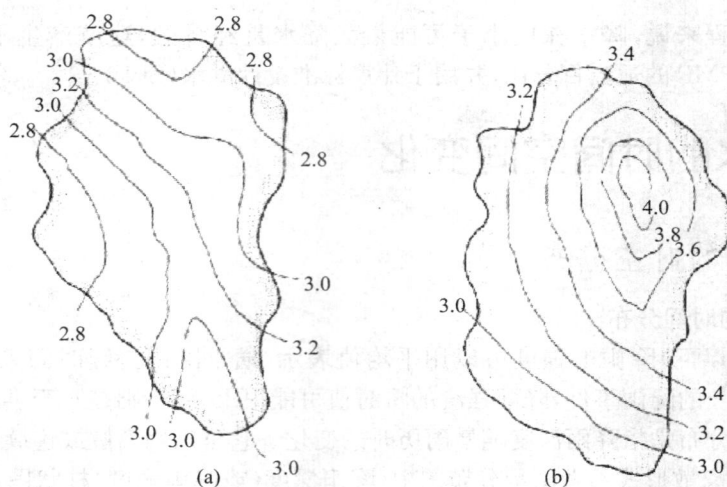

图 2.3　某地降雨的空间分布(等雨量线单位为 mm)
(a) 等雨量线是表示降雨深度的等值线　(b) 暴风雨的空间分布

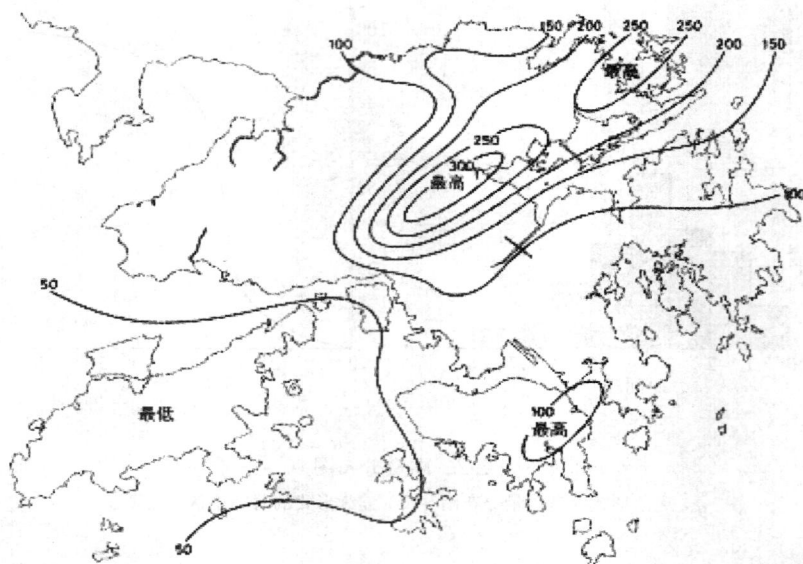

图 2.4　1997 年 8 月 12 日某地的雨量分布图(等雨量线单位为 mm)

对于大的流域而言,极度强烈的暴风雨(雷暴)或许只覆盖整个流域的一小部分,但它们会导致某些地区发生严重的洪灾。确定大流域洪水时,通常需评估雷暴的作用。

2.2.1.3　地区平均降水量

降水(降雨)量通常是通过雨量计来测量的。在给定的一次暴风雨中,用两个或两个以上同样类型的雨量计测量得到的降雨深度并不相同,有必要确定流域内在空间上平均的降雨深度。在给定时段内的平均雨量可以表示为:

$$P_A = \frac{1}{A} \int_A R \, dA \qquad (2.2)$$

式中：A 为给定地域的面积；R 为该面积上代表有限域 dA 上的雨量。

面平均雨量的计算可以通过下面几种方法确定：

（1）平均降雨量法。

（2）泰森多边形法。

（3）等雨量线法。

其中流域内各测站实测雨量的算术平均最为简便，但是，由于测站不均是普遍现象，因此该方法显得过于简单粗糙。一般认为，推算面雨量的较精确方法是等雨量线法。不过这一方法的精度较多地依赖于分析技能，机器分析一般不能考虑流域地形特征，而人工分析又缺乏客观性，因人而异，不正确的分析甚至会导致重大误差。为了客观化和自动化，人们多采用泰森提出的多边形法。然而，这种面雨量计算法的最大局限性在于缺乏弹性，一个站缺报就造成一片区域完全无值；否则就需要作出新的泰森多边形。测站很多时也很麻烦，而且会使计算结果的连续性受到影响。

1）平均降雨量法

列出用雨量计测量出的流域内的各降雨深度，然后求平均值得出流域内的平均降水。如图 2.5 所示，根据七个雨量站测量值求得的该地区总雨量为 207.2 mm，因此，该地区平均降水量＝ 207.2/7 ＝ 29.6 mm。

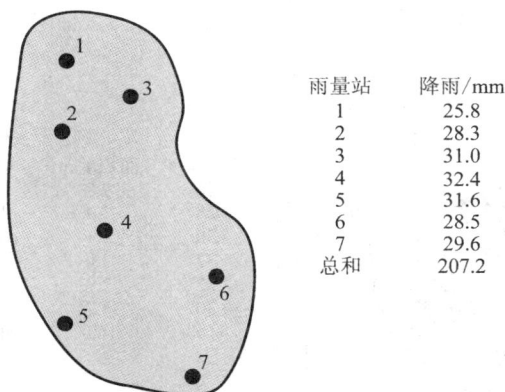

雨量站	降雨/mm
1	25.8
2	28.3
3	31.0
4	32.4
5	31.6
6	28.5
7	29.6
总和	207.2

图 2.5 平均降雨量法计算示例

2）泰森多边形法

在流域及周围环境的地图中标出雨量计的位置，用直线将雨量计的位置（测点）连接成三角形，使三角形的三条边近似相等。以三角形各边中垂线围成的多边形（称为泰森多边形）来确定影响区域。流域内的平均降雨量通过每个测点的降雨深度加权得到，权重系数与影响区域的面积成比例。如图 2.6 所示，根据七个雨量站测量值求得的该地区平均降水量＝505.72/16.9 ＝ 29.92 mm。

3）等雨量线法

在流域及周围环境的地图中标出雨量计的位置，每个测点的降雨深度值用于绘制整个流域内的等雨量线（和绘制地形等高线图一样）。用两条相邻等雨量线的中心距离描述每条等雨

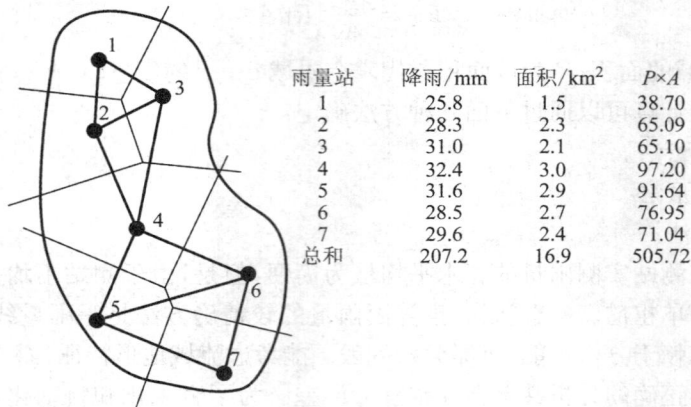

雨量站	降雨/mm	面积/km²	P×A
1	25.8	1.5	38.70
2	28.3	2.3	65.09
3	31.0	2.1	65.10
4	32.4	3.0	97.20
5	31.6	2.9	91.64
6	28.5	2.7	76.95
7	29.6	2.4	71.04
总和	207.2	16.9	505.72

图 2.6　泰森多边形法计算示例

量线的影响区域。流域的平均降雨量通过等雨量的增量计算得到,权重系数与影响区域的面积成比例。如图 2.7 所示,根据七个雨量站测量值求得的该地区平均降水量＝ 504.8/16.9 ＝ 29.87 mm。

如图 2.8 所示,1999 年 6 月 7 日入梅到 7 月 20 日出梅,太湖流域面平均梅雨量为 671 mm,降雨主要集中在流域南部和中部,暴雨中心在奉贤,梅雨量达 999 mm。雨量由南向北递减,镇江市的雨量最小,梅雨量为 329 mm。

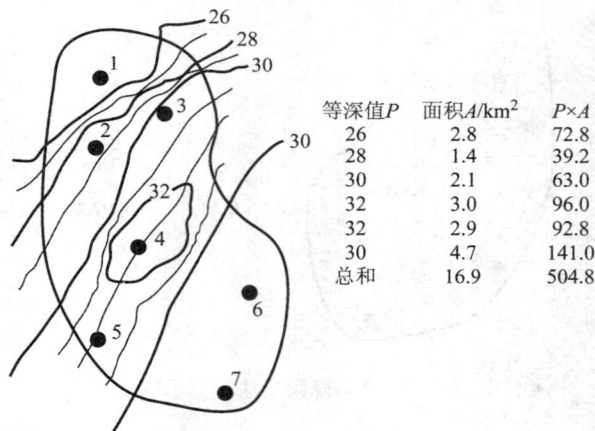

等深值P	面积A/km²	P×A
26	2.8	72.8
28	1.4	39.2
30	2.1	63.0
32	3.0	96.0
32	2.9	92.8
30	4.7	141.0
总和	16.9	504.8

图 2.7　采用等雨量线法计算示例

据统计分析,全流域 30 天降雨量最大达 616.2 mm,重现期约为 200 年;上海 30 天降雨量最大达 659.3 mm,重现期为 200 年以上;湖区和杭嘉湖区、浙西区 30 天最大降雨量的重现期分别达 200 年、100 年和 200 年以上。太湖流域及各分区各时段雨量及对比分析情况如表 2.1 所示。

等雨量线法比泰森多边形法和平均降雨量法更精确。一般来讲,泰森多边形法比平均降雨量法精确。当降雨深度变化大或影响区域差别大时,精度增加更明显。

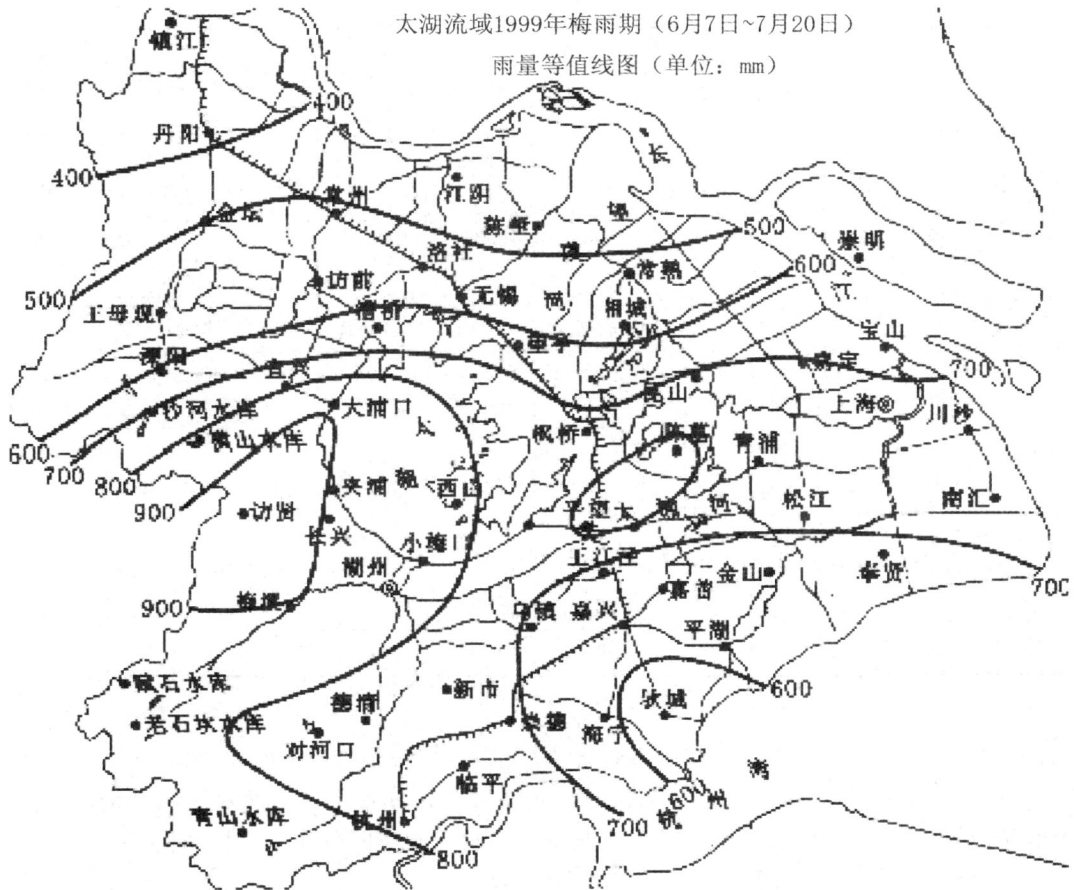

图 2.8 太湖 1999 年梅雨期雨量等值线图

表 2.1 1999 年太湖流域各分区各时段雨量及对比分析表（单位：mm）

时段	分区							
	湖区	湖西	浙西	杭嘉湖	阳澄淀泖	澄锡虞	上海地区	全流域
5 月份	117.3	95.4	139.3	102	94.6	97.9	97.6	106.1
6 月份	702.5	484.1	754.3	621.3	589.2	431.1	648.5	601.3
7 月份	87.5	101.7	138.9	70.0	86.3	130.0	69.8	97.2
8 月份	303.4	248.6	344.5	330.1	315.8	405.5	317.5	316.8
9 月份	89.9	41.1	53.1	54.9	88.3	57.8	112.3	65.8
梅雨期	771	549	848	672	652	527	713	671
汛期	1 300.6	970.9	1 430.1	1 178.3	1 174.2	1 122.3	1 245.7	1 187.3

时段		分 区							
		湖区	湖西	浙西	杭嘉湖	阳澄淀泖	澄锡虞	上海地区	全流域
最大7天	1999年	361.5	221.9	424	386.1	333.3	236.9	385.1	334.1
	历史	339.2	326.3	302	281.2	276	349.9	319.6	242.6
	年份	1957	1991	1984	1962	1962	1991	1931	1957
最大15天	1999年	430.7	285	515.1	450.1	396.2	321.8	432.2	394.2
	历史	450.7	438.1	417.9	340.6	385.8	434.4	388.3	359.1
	年份	1957	1991	1983	1962	1957	1991	1957	1957
最大30天	1999年	711.9	503	764.5	633.6	598.9	465.6	659.3	616.2
	历史	513.6	701	564.6	439.4	508.3	668.8	453.6	491.4
	年份	1957	1991	1996	1996	1991	1991	1957	1991
最大60天	1999年	833.2	596	939.4	757.1	702.4	643.2	787.2	735.5
	历史	712	880.2	869.1	683.3	693	858.6	668.9	681.2
	年份	1957	1991	1954	1954	1957	1991	1957	1991

张雪松等（2004）以黄河下游洛河卢氏水文站以上流域为研究区，在 GIS 技术支持下，采用目前分布式水文模型中广泛应用的泰森多边形法确定降雨空间分布，选取分布式水文模型 SWAT(Soil and Water Assessment Tools)研究降雨空间分布不均匀性对流域径流和泥沙模数的影响。研究结果表明，雨量站密度、雨量站分布和降雨空间分布变化均对模拟结果产生了较大影响，这在一定程度上限制了分布式水文模型的应用和参数识别。他们认为，泰森多边形法对面雨量的估算结果是令人满意的，但对降雨空间分布的描述能力较差。

2.2.2 暴雨分析

2.2.2.1 暴雨深度及历时

暴雨深度与暴雨历时有直接关系，暴雨深度随时间递增。暴雨深度与历时之间的关系常满足如下公式：

$$h = ct^n \tag{2.3}$$

式中：h 为暴雨深度，以 cm 计；t 为暴雨历时，以 h 计；c 为系数；n 为指数（小于 1 的正实数）。n 的变化范围通常为 $0.2 \sim 0.5$，表示暴雨深度的增长速度小于暴雨历时。

通常，式 2.3 可作为暴雨历时的函数来预报暴雨深度。值得注意的是，该公式的使用经常受到地域或当地条件的限制。

式 2.3 也适用于特大降雨事件，如表 2.1 所示的降雨事件的降雨深度—历时对数坐标数据的包络线满足：

$$h = 39t^{0.5} \tag{2.4}$$

2.2.2.2 暴雨强度与历时

暴雨强度与历时成反比。由式 2.3 可知，暴雨强度对历时求导，得到：

$$\frac{dh}{dt} = cnt^{n-1} \qquad (2.5)$$

式中：将 i 记为暴雨强度 $i = \frac{dh}{dt}$，上式简化得：

$$i = \frac{a}{t^m} \qquad (2.6)$$

式中：$a = cn$，$m = 1-n$，$n < 1$，故 $m < 1$。

另外一个暴雨强度—历时模型如下：

$$i = \frac{a}{t+b} \qquad (2.7)$$

式中：a 和 b 是通过回归分析得到的常量。

一般的暴雨强度—历时模型综合了式 2.6 和式 2.7 的特征，可变为：

$$i = \frac{a}{(t+b)^m} \qquad (2.8)$$

当 $b = 0$ 时，式 2.8 变为式 2.6；当 $m = 1$ 时，式 2.8 变为式 2.7。

2.2.2.3　强度—历时—频率

对于小的受雨区而言，有必要确定几条强度—历时曲线，每条曲线的频率或重现期不同。一组强度（intensity）—历时（duration）—频率（frequency）曲线叫做 IDF 曲线，以时间为横坐标，重现期为曲线参数。整数或对数坐标都可用于绘制 IDF 曲线。

假设式 2.1~式 2.8 中 a 为常数，得到关于 IDF 的公式，a 值与重现期有关，则

$$a = kT^n \qquad (2.9)$$

式中：k 为系数；T 为重现期；n 为指数（与式 2.3 不同），故：

$$i = \frac{kT^n}{(t+b)^m} \qquad (2.10)$$

式中：k、b、m、n 为估计得到的回归值或局部经验值。

2.2.2.4　暴雨深度与集水区

一般情况下，集水区面积越大，空间平均的暴雨深度越小。暴雨深度随集水面积的变化引出点降雨深的概念，其定义为单位面积上的暴雨深度。点面积是可以忽略暴雨深度随降水区面积变化的最小面积。点面积常取 $25~km^2$。

2.2.2.5　雨量—历时—频率

对于中尺度的受雨区，水文分析重点考虑降雨深度。等雨量线图所描述的适用于不同的降雨历时、频率及受雨面积的暴雨深度。

2.2.2.6　雨量—面积—历时

描述暴雨深度、历时及受雨面积的另外一种方法叫雨量—面积—历时（DAD）分析。这种方法主要描述暴雨深度随面积的缩减关系，以降雨历时为第三变量。

为建立 DAD 表，需确定降雨有唯一的降雨中心（降雨眼）。等雨量线图显示出每个典型时期（6 h，12 h，24 h 等）的最大暴雨深度。对于每个等雨量线图及每个单独的地区，空间平均降雨深度通过用总降雨量除以区域面积得到。这种方法得到的数据用于建立雨量—面积关系，其中暴雨历时为曲线参数。

DAD 分析也可以用于研究整个地区的降雨特性。

2.2.2.7 可能最大降雨量

对于大的工程而言,仅用雨量—历时—频率数据分析往往是不够的。在这种情况下,用可能最大降雨量法取代。

2.2.2.8 降雨的地区及季节变化

降雨不仅随时间和空间变化,也随地理位置和气候变化。通常以年平均降水深度来判别给定区域是否属于干旱性气候地区、半干旱性气候地区,还是湿润性气候地区。

(1) 干旱性气候地区:地区年平均降水量小于 400 mm,常年中有几个月是旱季,旱季中降水难以测量,很少有重大的降水。降雨主要集中在夏季,伴随有独立的暴雨事件,在时间和空间上的可变性很大。干旱地区的气温高,年降水总量低。

(2) 半干旱性气候地区:地区年平均降水量为 400～750 mm,有季节性降水,在一年中的其他季节则很少或没有降水。不同地区的降雨模式也不同,在特定的地区,降雨变化仍很大。半干旱地区的气温高,年降水总量适度。

(3) 湿润性气候地区:地区年平均降水量大于 750 mm。特点是降水量大,随时间及空间的变化不大,年降水总量高,很少有旱季,因此,通过分析短期资料就可以预测降水在全年的分布。湿润地区的气温低。

2.2.3 降水原始资料及判断

降水资料可以用每小时、每天、每月、每年间隔组合表达。

1) 缺失资料的补充

降雨资料有时不完善。在这种情况下,通常需要估计缺失的资料。假设测站的资料缺失,替代缺失资料的一种方法是确定三个参考测站(A、B、C)的完整资料,它们尽可能地接近并均匀分布在测站周围。求出每个测站的年平均降雨量。如果每个参考测站的年平均降雨量与测站平均降雨量的差在 10% 以内,将三个参考测站年平均降雨量简单地求均值就可以得到测站的漏测值。

如果任何一个参考测站的年平均降雨量与测站的平均降雨量相差 10% 以上,可用正常比率法,在这种方法中,测站漏测的降雨量值表示如下:

$$P_X = \frac{1}{3} \left[\left(\frac{N_X}{N_A}\right) P_A + \left(\frac{N_X}{N_B}\right) P_B + \left(\frac{N_X}{N_C}\right) P_C \right] \tag{2.11}$$

式中:P 为降水量;N 为平均降雨深度;下标 X、A、B、C 为相应的测站。

美国国家气象局发展了一种补充漏测降水量数据的方法。该方法需要四个参考测站 A、B、C、D 的资料,每个参考测站尽可能地接近测站,北—南和东—西四个象限的分界线通过测站 X(见图 2.9)。测站降水量的估计值由四个参考测站的加权平均求得。每个参考测站的可用权重为其到测站距离平方的倒数。

这种方法可由下式表示:

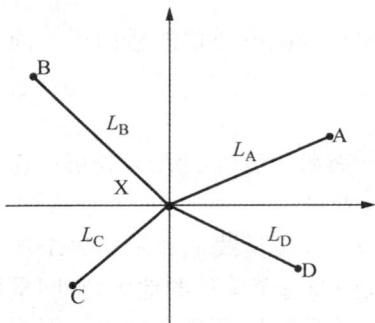

图 2.9 测站和指标测站
A、B、C、D 的位置

$$P_X = \frac{\sum\limits_{i=1}^{4}(P_i/L_i^2)}{\sum\limits_{i=1}^{4}(1_i/L_i^2)} \quad (2.12)$$

式中:P 为降水量;L 为指示测站与测站之间的距离;i 分别为测站 A、B、C、D。

2) 资料的一致性分析

测站的位置及雨量计的排列对降水量的测量有重要影响,有的产生矛盾数据,同一记录的数据缺乏一致性。

降雨记录的一致性分析检验是比较测站 Y 与基准测站的年(或季)降雨量值。基准测站一般指几个临近的测站。在平面直角坐标系中标出累计组的位置,如果呈线性,测站 Y 的资料就是协调一致的,出现断裂点,则资料缺乏一致性(见图 2.10)。

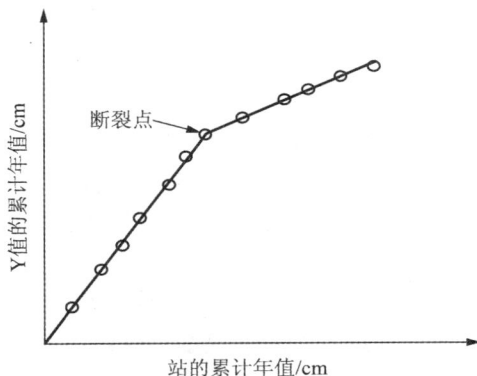

图 2.10　降雨记录的一致性分析检验图

2.3　水文吸收

水文吸收是总降水量减少到有效降水量的过程。有效降水量最终形成地表径流。总降水量与有效降水量的差由流域吸收。

流域吸收降水量有多种形式,最重要的有植物截流、渗透、地表或洼地截流、蒸发和地面及植物总蒸发。

2.3.1　植物截流

植物截流是指降水被植被或其他地被物吸收的过程。植被截流损失是被植被或其他地被物保留的降水部分,它被植被或其他地被物吸收或最终通过蒸发作用回到大气中。净降水量是第一次通过植被到达地面的降水量。

影响植被吸收的因素有:暴雨特征,包括暴雨强度、深度及历时;植被的类型、范围及密度以及季节特征等。

对于弱降雨,由于发生频繁,植物截流在一年内累计,以弱降雨为主要形式,总计可达年平均降水量的 25%。

对于中等降雨,植物截流损失变化幅度很大。研究表明,生长期的植物截流量是总降水量的 $7\%\sim36\%$,而其他时间为 $3\%\sim22\%$。

对于大降雨,植物截流损失占总降雨量很小的百分比。对于长时间或罕见的降雨,植物截流在整个水文吸收中只占很少一部分。在这种情况下,尤其在洪水计算中,可以忽略植物截流。

植物截流损失包括两个不同的要素:第一个是拦截蓄水,例如,依靠风和重力的作用保存在植物中;第二个是贯穿于整个降雨过程中的植物叶表面的蒸发损失。这两个过程结合起来得出估计植物截流损失的公式:

$$L = S - KEt \tag{2.13}$$

式中:L 为植物截流损失,以 mm 计;S 为拦截蓄水深度,以 mm 计,通常的变化范围为 $0.25\sim1.25$ mm;K 为植物蒸发表面与水平投影之比;E 为蒸发速度,以 mm/h 计;t 为降雨历时,以 h 计。

2.3.2 渗透

渗透是降水被地表以下的土壤吸收的过程。在地表以下,吸收的水分可作侧向流动,如壤中流,流入小溪、湖泊及河流,或者作垂向流动,通过渗透,到蓄水层中。小溪、湖泊及河流中的水受到重力的作用,以地表径流的形式流入海洋。蓄水层中的水以地下水的形式,主要在重力的作用下汇入小溪、河流或直达海洋。

渗透是一个复杂的过程。它可以用瞬时渗透速度或平均渗透速度表示,两者都以 mm/h 计。总的渗透深度以 mm 计,可以通过瞬时渗透速度对降雨历时积分得到。平均渗透速度用总的渗透深度除以降雨历时得到。

渗透速度的变化幅度很大,主要取决于地表条件(地壳);植被类型、范围及密度;土壤的物理属性,包括颗粒尺寸和级配;降雨特征,如强度、深度和历时;水温;水质,包括化学成分及其他杂质。

渗透公式

对给定的一次降雨,渗透速度随时间的变化很大。渗透的初始速度是降雨初期的最大速度,它随降雨的推移而减小。对于历时长的降雨,渗透速度最终达到恒定值,称为最终(平衡)渗透速度。渗透速度随时间的变化可以用下面的公式表示:

$$f = f_c + (f_0 - f_c)e^{-kt} \tag{2.14}$$

式中:f 为瞬时渗透速度;f_0 为初始渗透速度;f_c 为最终渗透速度;k 为常数;t 为时间,以 h 计。k 的单位是 h^{-1}。$t=0$ 时,$f=f_0$;$t=\infty$ 时,$f=f_c$。

Horton 的研究曾得出:$f_0 = 3.5$ mm/h,$f_c = 0.5$ mm/h,$k = 0.9$ h^{-1}(见图 2.11)。

式 2.14 有三个参数:初始渗透速度 f_0;最终渗透速度 f_c;描述初始与最终渗透速度差的衰减速度 k。这些参数通常通过现场测量确定。

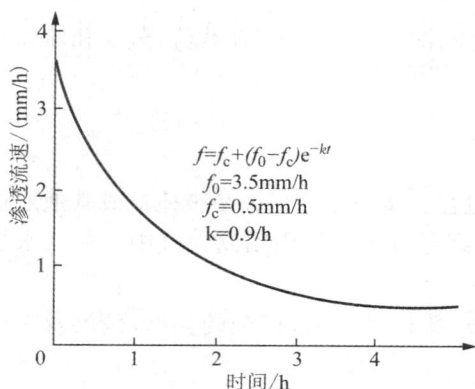

图 2.11 渗透速度随时间的变化

在 $t = [0, \infty]$，对式 2.14 积分，得到：

$$F = \frac{(f_0 - f_c)}{k} \tag{2.15}$$

式中：F 是 $f = f_c$ 线以上的总渗透深度。根据式 2.15 可以计算出总的渗透深度，假定降雨持续时间足够长，就可以得到平衡渗透速度。

表 2.2 列举了 1 h 末的典型渗透速度（f_1）。一般情况下，这些值是最终（平衡）渗透速度的合理近似。

表 2.2 典型渗透速度

土壤类型	$f_1/(\mathrm{mm/h})$
低（黏土、黏壤土）	0.25～2.50
中（壤土、黏土、粉土）	2.50～12.50
高（砂土）	12.50～25.00

近来，渗透理论的发展改进了 Horton 模型，Philip 得到如下渗透指数模型：

$$f = \frac{1}{2} s t^{-1/2} + A \tag{2.16}$$

式中：f 为瞬时渗透速度；s 为与湿润峰渗透速度有关的经验参数；A 为终极渗透速度；t 为时间。

在式 2.16 中，当 $t=0$ 时，$f=\infty$；当 $t=\infty$ 时，$f=A$。在实际应用时，最初渗透速度是有限值。除这点不足之外，Philip 公式与经验数据符合较好。对 Philip 公式积分得：

$$F = s t^{1/2} + At \tag{2.17}$$

Green 和 Ampt 公式描述塘堰条件下的渗透速度为：

$$f = K \left(1 + \frac{H + P_f}{Z_f}\right) \tag{2.18}$$

式中：f 为渗透速度，以 mm/h 计；K 为渗透水压传导率，以 mm/h 计；H 为塘堰水深，以 mm 计；P_f 为湿润峰的毛细压力，以 mm 计；Z_f 为饱和带的垂向深度，以 mm 计。

假定上述渗透速度在整个降雨过程中为常数。但由于该假定低估初始渗透速度，高估了最终渗透速度。因此，该渗透指数模型更适用于持续时间长的降雨或土壤原始含水量高的流域。在这种条件下，计算中可忽略渗透速度随时间的变化。

对于中等降雨，使用渗透指数模型更重要的是经验，重点考虑主要土壤湿度条件与降雨历时的匹配，以实现降雨量与径流总量的适当平衡。

最常用的渗透指数是 ϕ 指数，定义为常数，是主要降雨速度减去渗透速度得到的实际径流量。ϕ 指数的计算需要降雨过程，例如，一系列降雨强度随时间变化的值及径流量（或深度）测量。计算需要反复迭代过程。

[例 2.1] 问题：下面是降雨历时为 6 h 的降雨分布：

历时/h	0	1	2	3	4	5
降雨强度/cm/h	0.5	1.5	1.2	0.3	1.0	0.5

预计径流深度为 2 cm，计算 ϕ 指数。

求解:从降雨分布得出,总降雨深度为 5 cm。因此,由渗透减少的降雨深度为(5−2)= 3 cm。根据图 2.12,假定通过反复试验得到的指数 ϕ 值为 0.5~1.0 cm/h。由质量平衡得:

$$(1.5-\phi)\times1+(1.2-\phi)\times1+(1.0-\phi)\times1 = 2 \text{ cm} \tag{2.19}$$

由式 2.19 得 $\phi = 0.567$ cm/h,说明假定的 ϕ 值是正确的。如果假定的 ϕ 值是错误的,计算得出的 ϕ 值在估计范围之外。在图 2.12 中,ϕ 指数线以上的径流深度为 2 cm,ϕ 指数线以下的水文吸收深度为 3 cm。

另外一个常用的渗透指数是 W 指数,它与 ϕ 指数不同,需要考虑植物截流及洼地截留等外在条件。W 指数公式表示如下:

$$W = \frac{P-Q-S}{t_f} \tag{2.20}$$

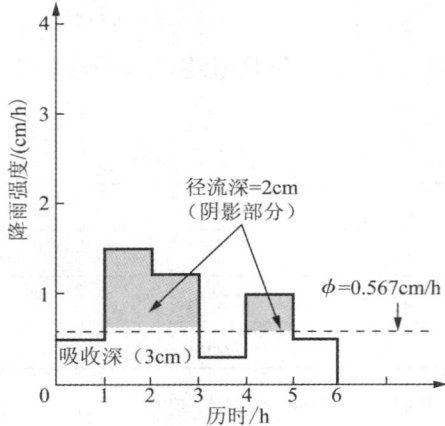

图 2.12 ϕ 指数的计算

式中:W 为指数,以 mm/h 计;P 为降雨深度,以 mm 计;Q 为径流深度,以 mm 计;S 为植物截流及洼地截留,以 mm 计;t_f 为总时间,以 h 计。

渗透速度不仅在时间上也在空间上变化很大,只有现场测量和参数估计才能很好地反映空间变化,否则由渗透公式计算得到的渗透速度与实际情况差异较大。

间接计算渗透速度的困难在于同时测量雨量—径流。该计算需要将渗透速度的时间空间平均,用 ϕ 值有优点也有缺点。

对于中等尺度和大尺度的流域而言,渗透速度的可变性使之有必要评估总渗透深度。实际上,总的渗透深度主要取决于降雨之前的土壤湿度,即土壤原有湿度。因此,最初的渗透速度及总渗透深度是土壤原有湿度的函数。

2.3.3 地表或洼地截流

地表(或洼地)截流是降水被地表的塘堰、沟渠及其他自然或人工洼地截流的过程。被洼地截流的降水或者被蒸发,或最终贡献给由渗透得到的土壤湿度。

显而易见,集水区地貌越平缓,洼地截流的效果越明显,洼地截流与集水区坡度成反比。通常,精确估计洼地截流是困难的,可根据经验估计洼地截流的当量厚度。例如,Hicks 用的砂土、黏质沙土、黏土的当量厚度分别为 5 mm、3.75 mm、2.5 mm。Tholin 和 Keifer 测得透水铺面和铺砌路面的当量厚度分别为 6.25 mm 和 1.5 mm。

洼地截流伴随着降雨而持续作用。降雨开始时,洼地截流对降水总量的吸收起主要作用。随着时间的延续,洼地截流最终达到饱和,剩余的降水则形成径流。由此得到洼地截流概念模型如下:

$$V_s = S_d(1-e^{-kP_e}) \tag{2.21}$$

式中:V_s 为洼地截流的当量厚度,以 mm 计;P_e 为降水径流量,定义为总降水深度减去植物截流损失,再减去总渗透深度;S_d 为洼地截流量,以 mm 计;k 为常数。

Linsley 等将 S_d 的取值定为 10~50 mm。在降水径流量很小(P_e 接近 0)的基础上估计常

数 k，基本上全部的降水量都成为洼地截流（$dV_s/dP_e=1$），由此得到 $k=1/S_d$。

2.3.4　蒸发

蒸发是积聚在地表的水（包括地表截流和湖泊、水库等水体）变成气态散发到大气中的过程。蒸发发生在蒸发表面上，蒸发表面是水体与空气的接触面。在蒸发表面，液体水分子连续变成水汽，反之亦然。

蒸发用蒸发速度表示，单位为 mm/d 或 cm/d。蒸发速度是几个气象和环境因素的函数，这些环境因素主要有净辐射能量，饱和蒸气压，空气中水蒸气的压强，空气与水表面温度，风速及大气压强。

蒸发速度主要受气候的影响。研究表明，2006 年 12 月山东全省平均蒸发量为 39.0mm，鲁中局部、鲁西北局部、半岛东端部分地区在 60 mm 以上，鲁南、鲁西北大部、半岛大部在 40 mm 以下，其他大部地区在 40～60 mm，成山头最多为 83.7 mm，济阳最少为 20.3 mm（见图 2.13）。

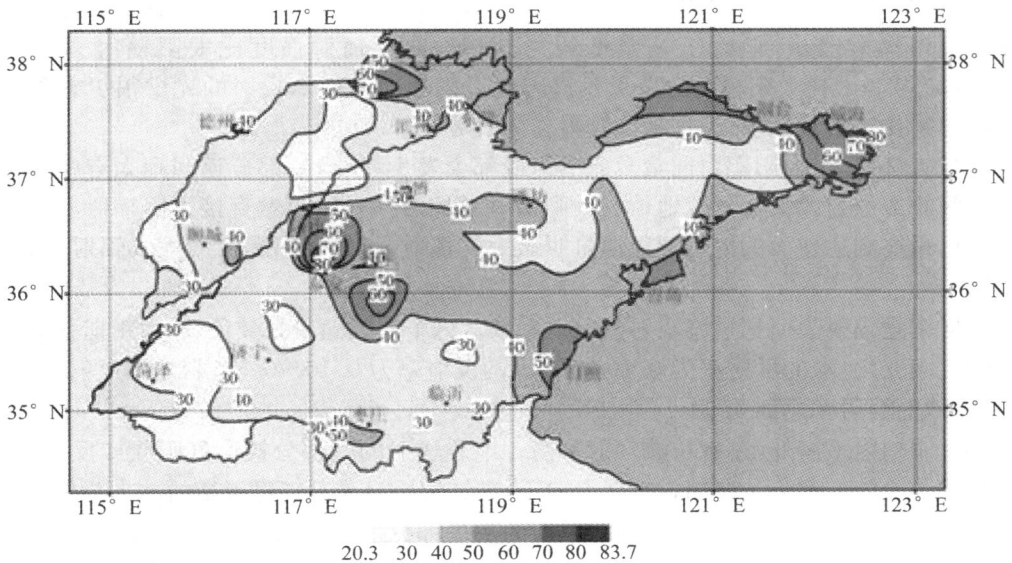

图 2.13　山东省 2006 年 12 月的蒸发量分布

气候对蒸发的影响对水资源开发有巨大影响。在干旱和半干旱地区设计蓄水池需要详细估计水库蒸发能力，这些计算决定在高蒸发速度地区建造大范围地表水储蓄工程的可能性。

与水文循环的其他阶段不同，湖泊的蒸发无法直接测量，但有许多逼近法可用于计算蒸发量。

1）水量平衡法确定水库蒸发量

水量平衡法假定对于任一计算时间 Δt 水量转移的每个阶段都可以用体积的形式表示。水库或湖泊的蒸发量计算如下：

$$E = P + Q - O - I - \Delta S \tag{2.22}$$

式中:E 为水库蒸发量;P 为水库直接接收的降水量;Q 为水库接收的地表径流;O 为水库的出流量;I 为由水库渗透到地下的净体积;S 为蓄水体积的变化。

式 2.22 的各项都与时间 Δt 有关,时空尺度一般在一周以上。

式 2.22 中大部分项可以直接计算。降水量容易测量,流入和流出量可以从流量记录得到,蓄水体积的变化通常可以由自计水位计测得。净渗透量只能间接求得,可以测量土壤渗透性或者检测水库附近地下水位的变化。净渗透量测量的难点在于用水平衡法测量的限定地区的净渗透量很小或没有,除了这种限制,水量平衡法在理想情况下可以取得较好的精度。

2) 能量平衡法确定水库蒸发量

在蒸发期间,主要的能量交换发生在蒸发表面,基于能量交换平衡得到的能量平衡法可以用来计算水库的蒸发量。热量使水分子转变为水汽,汽化热随温度变化。例如,20℃的汽化热为 586cal,为维持蒸发表面的温度,需要由辐射、热传递、大气及水体本身储存的热量进行热量传递。

辐射是温度在 0K 以上的物体以电磁波的形式散射能量。太阳辐射是地球表面能量平衡的主要组成部分,垂直到达大气外表面的入射太阳辐射接近常通量 1.94~2.0 cal[1]/(cm² · min)。几乎所有太阳辐射的波长范围为 0.3~3.0 μm,约一半在可见光区(0.4~0.7 μm)。地球也向外辐射能量,但由于其温度约为 300K,地面辐射强度比太阳辐射强度低,波长(30.0~50.0 μm)比太阳辐射的波长长。因此太阳辐射与地面辐射的光谱很少有重叠,通常把太阳辐射作为短波辐射,而把地面辐射作为长波辐射。

经过大气层时,太阳辐射通量及光谱组成都会发生变化,一部分返回到太空中,另一部分被大气吸收或散射。最初到达地球的太阳辐射通量(约一半)叫做直接太阳辐射,被大气吸收或散射后最终到达地面的太阳辐射通量叫做大气辐射,直接太阳辐射与大气辐射之和叫做环球辐射。

反射率是辐射表面到短波辐射的反射系数。这个系数随表面颜色、表面粗糙程度、表面斜率的变化而变化,水的反射率为 0.10,植被区的反射率为 0.10~0.30,裸地的反射率为0.15~0.40,雪地的反射率达到 0.90。

除短波辐射平衡外,还有长波辐射平衡。地表辐射的一部分被大气吸收或反射。流出与吸收辐射通量的差称为长波辐射损耗。白天,长波辐射只是总辐射平衡的一小部分,而晚上不存在太阳辐射时,长波辐射则是总辐射平衡的主要部分。净辐射能量等于短波(太阳)辐射减去长波(地面)辐射。

能量平衡法中,吸收的能量表示为:

$$Q_i = Q_s(1 - A) - Q_b + Q_a \tag{2.23}$$

式中:Q_i 为吸收的能量;Q_s 为环球辐射(来自太阳及天空的短波辐射);A 为反射率;Q_b 为由水体散失的长波辐射;Q_a 为通过溪流、降雨、降雪等流入水体的净能量。

能量的消耗与吸收的能量平衡为:

$$Q_o = Q_h + Q_e + Q_t \tag{2.24}$$

式中:Q_o 为消耗的能量;Q_h 为通过对流和热传导由水体到达大气的熵;Q_e 为蒸发过程中的能量消耗;Q_t 为水体储存能量的增量。

---

① 1 cal=4.1868 J

发生冷凝时，Q_e 的值为负，式 2.22 与式 2.24 中所有项的单位都是 $cal/(cm^2 \cdot d)$。蒸发中的能量可以通过下面公式转化为等效蒸发速度：

$$Q_e = \rho \, l \, E \qquad (2.25)$$

式中：ρ 为水的密度，单位为 g/cm^3；l 为汽化热，温度的函数，单位为 cal/g；E 为蒸发速度，单位为 cm/d。

式 2.24 中的 Q_h 和 Q_e 很难直接求值。Bowen 认为它们的比值通过如下公式更容易估算：

$$B = \frac{Q_h}{Q_e} = \gamma \frac{T_s - T_a}{e_s - e_a} \frac{P}{1000} \qquad (2.26)$$

式中：B 为 Bowen 比；γ 为湿度常数，等于 0.66 mbar[①]/℃；T 为水体表面温度，单位为 ℃；e_s 为水面温度饱和蒸气压，单位为 mbar；e_a 为空气上的蒸气压，单位为 mbar；p 为大气压强，单位为 mbar。

由平衡吸收能量公式 2.24 和消耗能量公式 2.23 代入式 2.25 和式 2.26 得：

$$E = \frac{Q_s(1-A) - Q_b + Q_a - Q_t}{\rho l (1+B)} \qquad (2.27)$$

$Q_s(1-A)$ 和 Q_b 的值可以由辐射计测得，辐射计用于测量辐射值。Q_a 的值可以通过测量流入及流出水体的体积和温度得到，Q_t 的值通过定期测量水温得到。Bruce 和 Rodgers 在对安大略湖蒸发量的研究中，将能量平衡法用于大面积湖泊。

该方法没有考虑风对蒸发的影响，强风地区可能存在较大误差。

3）质量传递法

蒸发速度取决于水表面的温度和大气压力的大小。水温高时水分子运动活跃，蒸发速度快，但高气压限制水分子的运动，使蒸发速度降低。大气压力对降低蒸发速度的作用很小，在实际应用中常忽略不计。研究表明，蒸发速度是水表面温度下饱和蒸气压和它上面水汽的蒸气压（部分蒸气压）之差的函数。饱和蒸气压是温度的函数，部分蒸气压由空气温度下的饱和蒸气压乘以空气相对湿度（百分比）再除以 100 得到。在质量传递过程中，大气最低层最终达到饱和，经蒸发速度减小甚至相反（冷凝）。因此，其他介质，比如风，离开水面时带走水质点，使蒸发作用继续。根据对该过程的认识，Dalton 得到如下公式：

$$E = f(u)(e_s - e_a) \qquad (2.28)$$

式中：E 为蒸发速度；$f(u)$ 为水平风速的函数。

在式 2.28 基础上发展了一些经验公式，被称作质量传递方程。常用的质量传递公式是 Meyer 公式：

$$E = C(e_0 - e_a)\left[1 + \frac{W}{10}\right] \qquad (2.29)$$

式中：E 为蒸发速度，以 in[②]/m 为单位；C 为系数，变化范围为小池塘的 15 到大的湖泊或水库的 11；e_s 为月平均气温下的饱和蒸气压，以 inHg[③] 为单位；e_a 为月平均气温下的蒸气压，以

---

① 1 bar＝10^5 Pa

② 1 in＝0.025 4 m

③ 1 inHg＝3 386.38 Pa

inHg 为单位;W 为 25ft[①] 高度处的月平均风速,以 m/h 为单位。

Meyer 公式的另一种形式如下:

$$E = C(e_s - e_a)\left[1 + \frac{W}{10}\right] \tag{2.30}$$

式中:E 为蒸发速度,以 in/d 为单位;C 为系数,变化范围为小池塘的 0.50 到大的湖泊或水库的 0.36;e_s 为月平均气温下的饱和蒸气压,以 inHg 为单位;e_a 为月平均气温下的蒸气压,以 inHg 为单位;W 为 25ft 高度处的日平均风速,以 m/h 为单位。

根据 Lake Hefner 的研究,质量传递公式为

$$E = 0.00304(e_s - e_2)v_4 \tag{2.31}$$

$$E = 0.00241(e_s - e_8)v_8 \tag{2.32}$$

式中:E 为蒸发速度,以 in/d 为单位;e_s 为水面温度下的饱和蒸气压,以 inHg 为单位;e_2 和 e_8 分别为水面 2 m 和 8 m 上的部分蒸气压,以 inHg 为单位;v_4 和 v_8 分别为水面 4 m 和 8 m 上的风速,以 m/d 为单位。如果 e_2 和 v_4 的方向与风速相反,式 2.31 中的常数减小到 0.0027。

4) 综合法确定水库蒸发

用能量平衡法和质量传递法可以得到确定水库蒸发的综合法。Penman 结合这两个概念得到实用公式。通过近似能量平衡,忽略能量随水体的变化,式 2.23、式 2.24 中 $Q_a = 0$,$Q_t = 0$,Penman 得到:

$$Q_s(1-A) - Q_b = Q_h - Q_e \tag{2.33}$$

公式左边为净辐射,或 Q_n,右边可以表示为 $Q_e(1+B)$,故:

$$Q_n = Q_e(1+B) \tag{2.34}$$

通过式 2.26 和式 2.33 改变蒸发速度的单位(cm/d):

$$E_n = E(1+B) \tag{2.35}$$

式中:E_n 为净辐射(蒸发速度单位);E 为蒸发速度。

如果 $p = 1000$ mbar(接近海平面大气压强,1013.2 mbar),Bowen 比变为:

$$B = \gamma \frac{T_s - T_a}{e_s - e_a} \tag{2.36}$$

水温及空气温度下的饱和蒸气压梯度定义为:

$$\Delta = \frac{e_s - e_0}{T_s - T_a} \tag{2.37}$$

式中:e_s 为水表面温度 T_s 下的饱和蒸气压;e_0 为水面上气体温度 T_a 下的饱和蒸气压。

利用式 2.28 可以计算出 E_a/E,即质量传递蒸发速度 E_a(假设水表面和水面以上的温度相等)和蒸发速度 E 的比值:

$$\frac{E_a}{E} = \frac{e_0 - e_a}{e_s - e_a} \tag{2.38}$$

结合式 2.33 和式 2.36,通过代数计算,Penman 公式变为:

$$E = \frac{\Delta E_n + \gamma E_a}{\Delta + \gamma} \tag{2.39}$$

由式 2.39 可知,Δ 和 γ 分别为净辐射和质量传递蒸发速度的权重系数。$\gamma = 0.66$

---

① 1 ft = 0.3048 m

mbar/℃,Δ 是空气温度的函数,可以通过下式计算:

$$\Delta = (0.008\,15T_a + 0.891\,2)^7 \tag{2.40}$$

式中:Δ 以 mbar/℃ 为单位给出,T_a 为空气温度,以℃为单位。该公式适用于空气温度大于 −25℃ 的情况。

式 2.38 也可以表示如下:

$$E = \frac{\alpha E_n + E_a}{\alpha + 1} \tag{2.41}$$

式中:$\alpha = \Delta/\gamma$,是空气温度的函数,α 和 Δ 建立在式 2.39 的基础上,其值如表 2.3 所示。

表 2.3　Penman 参数随温度的变化

空气温度 T_a/℃	$\alpha = \Delta/\gamma$
0	0.68
5	0.93
10	1.25
15	1.66
20	2.19
25	2.86
30	3.69
35	4.73
40	6.00

质量传递蒸发速度 E_a 可通过适当的质量传递方程求得,例如,Dunne 建议用下面公式:

$$E_a = (0.013 + 0.000\,16v_2)e_0 \frac{100 - RH}{100} \tag{2.42}$$

式中:E_a 为质量转移蒸发速度,以 cm/d 为单位;v_2 为测量 2 m 深处的风速,以 km/d 为单位;e_0 为水面上空气温度下的饱和蒸汽压,以 mbar 为单位;RH 为相对湿度,为百分比。

[例 2.2]　问题:用 Penman 法计算蒸发速度,大气状况如下:气温 $T_a = 20$℃,净辐射 $Q_n = 550$ cal/(cm² · d),风速(水表面上空 2m)$v_2 = 200$ km/d,$RH = 70\%$。

求解:由附表 1 可知,气温为 20℃ 时的饱和蒸汽压 $e_0 = 23.39$mbar,由式 2.41 计算质量传递蒸发速度 $E_a = 0.316$ cm/d。由表 2-1 知,20℃ 时的汽化热 $l = 586$ cal/g,由式 2.24 将净辐射转化为蒸发速度单位:$E_n = 550$ cal/(cm² · d)(0.998 g/cm² × 586 cal/g) = 0.94 cm/d。由表 2.3 可知,20℃ 时的 Penman 比为 $\alpha = 2.19$。由式 2.38 得出蒸发速度 $E = 0.74$ cm/d。

5) 用蒸发皿确定蒸发量

由于不同蒸发公式的适用性不确定,可以用蒸发皿间接测量蒸发量。蒸发皿是通过监测皿内给定时间(通常为 1 d)水量损失来确定蒸发量的装置。它可以测量净辐射的综合效应,包括粗糙表面蒸发作用下的风、温度和湿度。

蒸发皿测量的值与实际湖泊的蒸发量是稍有不同的。两者的比值是经验常数,称为蒸发系数。

2.3.5 蒸发蒸腾损失总量

蒸发蒸腾是一个过程,通过该过程,地表、土壤以及植被中的水分转化成水蒸气并返回大气中。蒸发蒸腾由水、土壤、植被和其他表面的蒸发和植被的蒸腾作用组成。蒸发蒸腾损失总量包含所有的转化为水蒸气并返回大气中的水分,因此它是流域长期水分平衡的一个重要组成部分。

土壤蒸发是土壤中的水分通过上升和汽化从土壤表面进入大气的过程。

蒸腾是植物将水分从根部运输到叶子表面,在叶子表面水分最终蒸发到大气中的过程。蒸腾发生的过程如下:根部的渗透压将水分吸收进植物根部。一旦水分被吸收到根部,它将通过植物的茎输移到叶子中的细胞间。空气通过叶子表面开口即气孔进入到叶子中。叶子中的叶绿体将空气中的二氧化碳和小部分可用水来生产植物的碳水化合物。当空气进入叶子时,水分通过气孔到达叶子表面。蒸腾的水分与用于植物生长的水分之比是很大的,可以达到800:1以上。

蒸腾是植物生长的一部分,因此它是一个伴随着有无降水发生的持续过程。尽管如此,在一次暴雨中,截留总量可能会用掉用于蒸发的一部分能量,进而减少了蒸腾总量。但这种作用的程度随着植被的类型而变化。

蒸腾也受植物湿度的影响。有些学者认为只要土壤有效水分在永久萎蔫点以上,蒸腾就与土壤有效水分无关。永久萎蔫点是永久萎蔫发生时的土壤水分。其他学者认为蒸腾大致与土壤水分成比例。

蒸腾速率和总量变化很大,取决于植被类型、根部的深度和植被覆盖的范围和密度。蒸腾的测量是很难的,通常只有在高度可控的环境中才能测定。因为蒸腾导致了蒸发,因此蒸腾总量是控制蒸发速率的气象和气候因子的函数。实际上,蒸腾和蒸发是联合在一起的,以蒸腾蒸发总量表示,它包含了所有的转化成水蒸气并返回大气中的水分。

在蒸腾蒸发量的研究中,由 Thomthwaite 提出的潜在蒸散的概念被广泛应用。潜在蒸散(PET)是假设总是有足够的水分供应时发生的总的蒸腾蒸散量。因此,PET 是最优农作物水分需求的反映。

Doorenbos 和 Pruitt 引入了与潜在腾散相似的参考作物腾发量的概念。参考作物腾发量是 8~15 cm 高绿草的扩展表面上的蒸腾蒸散率,并要求这些绿草以一致高度覆盖地面,积极地生长,完全遮蔽整个地面,且不缺乏水分。因此,参考作物腾发量可以当作是参考作物(短绿草)的潜在蒸散。

计算潜在腾散使用的方法与计算蒸腾使用的方法相似。与蒸腾相似,有许多计算潜在腾散的方法,每一个都有其使用的范围,选取方法时宜考虑当地经验。

大多数潜在腾散公式是经验性公式,依赖于已知的潜在腾散和一个或多个气象或者气候变量如辐射、温度、风速以及蒸汽压差之间的关系。其他的一些公式将蒸腾蒸发与用蒸发皿测得的水分损失之间建立联系。蒸腾蒸发量与潜在腾散模型可以分为如下几类:温度模型、辐射模型、联合模型、蒸发皿模型。

各种各样的潜在腾散公式通常给出不同的结论。尽管如此,这些结果通常差别不大,其最大和最小值之比在一年中是变动的但一般不超过 2:1。

1) 温度模型

Blaney—Criddle 公式是评估腾散量的具有代表性的温度模型。该公式广泛应用于估计作物水分需求,形式如下:

$$F = PT \tag{2.43}$$

式中:F 为给定月份的腾散量,单位为 ft;P 为昼长变量,给定月份白天小时数与该年总的白天小时数之比,是纬度的函数;T 为月平均温度,单位℉[①]。

在 SI 单位制中,Blaney—Criddle 公式如下:

$$f = p(0.46t + 8.13) \tag{2.44}$$

式中:f 为日消耗利用率,单位 mm;p 为给定月份日平均白昼小时数与该年总白昼时间数之比,以百分数表示,是纬度的函数;t 为给定月份日平均温度,单位℃。

对于给定的作物,消耗水分需求是在无水分缺乏限制下满足作物蒸腾蒸发需求的水量。消耗水分需求等于消耗利用率 f 乘以经验消耗使用系数 K_c。

消费水分需求对于有相同大气温度和昼长的气候变换范围很大。因此,对于作物水分需求气候效应是不能被作物系数 K_c 完整描述的。一般情况下,K_c 的值是随时间和地点变化的,要求用当地实验来确定其值。

Doorenbos 和 Pruitt 提出了对原始 Blaney—Criddle 公式的一种修正,该修正考虑了准确日照时间、最小相对湿度和白昼风速的效应。公式如下:

$$ET_0 = a + bf \tag{2.45}$$

式中:ET_0 为参考作物腾散量;a、b 为常数。

图 2.14 显示了在三种日照级别(低,小于 0.6;中,0.6~0.8;高,0.8 以上)、三种最小相对湿度(低,小于 20%;中,20%~50%;高,50% 以上)、三种白昼风速级别(轻,0~2 m/s;中,2~5 m/s;强,5 m/s 以上)时 ET_0 和 f 之间的关系。

对于特定作物的消耗水分需求 ET_c 可以用下式计算:

$$ET_c = k_c ET_0 \tag{2.46}$$

表 2.4 给出了季节性作物系数 k_c 的大致范围。

表 2.4 季节性作物系数 k_c

作物类别	k_c	作物类别	k_c
苜蓿	0.90~1.05	油菜	0.25~0.40
油梨	0.65~0.75	洋葱	0.25~0.40
香蕉	0.90~1.05	橘子/橙子	0.60~0.75
大豆	0.20~0.25	土豆	0.25~0.40
可可	0.95~1.10	水稻	0.45~0.65
咖啡	0.95~1.10	剑麻	0.65~0.75
棉花	0.50~0.65	甜高粱	0.30~0.45

① 1℉=$\frac{9}{5}$℃+32

（续表）

作物类别	k_c	作物类别	k_c
枣	0.85~1.10	黄豆	0.30~0.45
落叶树	0.60~0.70	甜菜	0.50~0.65
亚麻	0.55~0.70	甘蔗	1.05~1.20
小型谷物	0.25~0.30	红薯	0.30~0.45
葡萄柚	0.70~0.85	烟草	0.30~0.35
玉米	0.30~0.45	葡萄	0.30~0.55
番茄	0.30~0.45	胡桃	0.65~0.75
蔬菜	0.15~0.30		

[**例 2.3**]　问题:用 Blaney—Criddle 公式计算某地(北纬 35°,平均日温度 18℃)三月份参考作物腾发量。假设为中级日照时间,中级最小相对湿度,中级白昼风速。

求解:北纬 35°处 $P=0.27$。由式 2.42 得 $f=4.43$ mm/d。由图 2.14 可见,$f=4.43$,中级日照时间,中级最小相对湿度,中级白昼风速时 $ET_0=4.0$ mm/d。

Thornthwaite 公式是估算潜在腾散量的另一个得到广泛使用的温度模型。该方法基于年平均温度效能指数 J,J 定义为热指数 I 的 12 个月值之和。每个指数 I 是用摄氏温标表示的月平均温度 T 的函数:

$$I = \left(\frac{T}{5}\right)^{1.514} \tag{2.47}$$

蒸腾蒸发量用下面的公式计算:

$$PET(0) = 1.6\left(\frac{10T}{J}\right)^c \tag{2.48}$$

式中:$PET(0)$ 为零纬度处潜在腾散量,以 cm/m 为单位;c 是指数。

由式 2.49 求得:

$$c = 0.000\,000\,675J^3 - 0.000\,077\,1J^2 + 0.017\,92J + 0.492\,39 \tag{2.49}$$

当纬度不是零度时,潜在腾散量用下式计算:

$$PET = K \cdot PET(0) \tag{2.50}$$

式中:K 对于该年每月都是常数,为纬度的函数。

2) 辐射模型

Priestley 和 Taylor 提出将潜在腾散量作为受经验常数影响的 Penman 方程的辐射项($E_a=0$ 时的式 2.38)。Priestley 和 Taylor 提出的公式如下:

$$PET = \frac{1.26\Delta(Q_n/\rho l)}{\Delta + \gamma} \tag{2.51}$$

式中:PET 为潜在腾散量,以 cm/d 为单位;Q_n 为净辐射量,单位为 cal/(cm² · d);Δ 由式 2.34 和式 2.37 定义;γ 为湿度常数($\gamma=0.66$mbar/℃)。

式 2.51 可以表示如下:

$$PET = \frac{1.26\alpha(Q_n/\rho l)}{\alpha + 1} \tag{2.52}$$

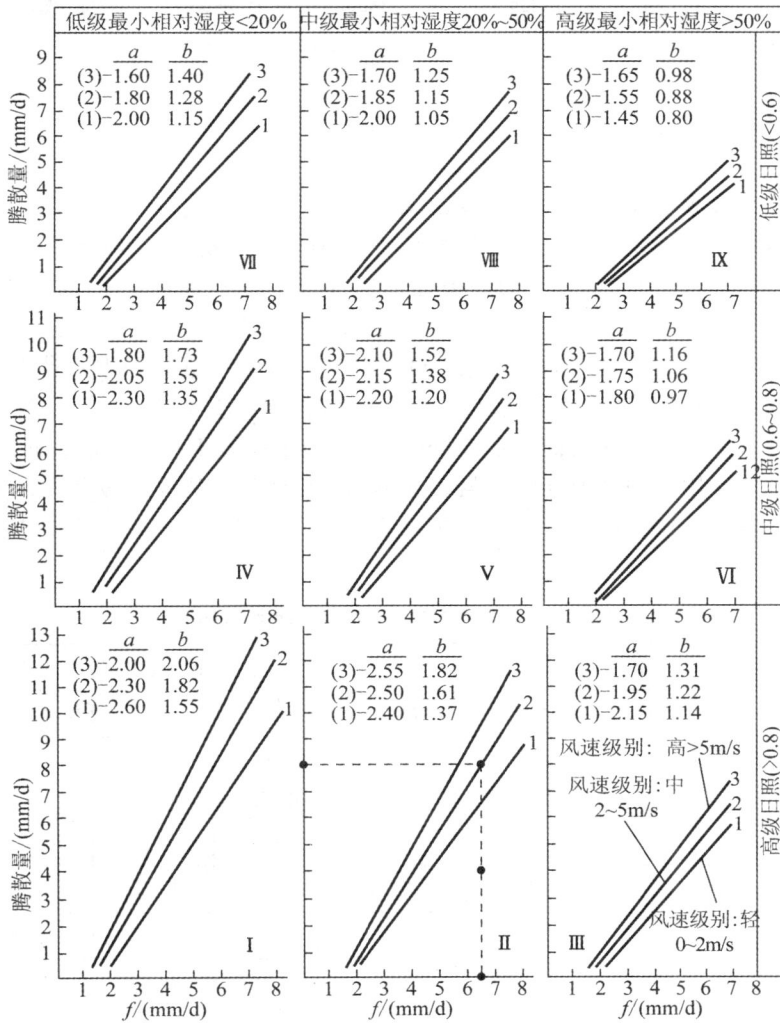

图 2.14 对 Blaney-Criddle 公式的修正

式 2.52 中常数 α 可以从表 2.3 中得到。

[例 2.4] 问题:用 Priestley 和 Taylor 公式计算潜在腾散速度,设气温为 20℃,净辐射量为 600 cal/(cm² · d)。

求解:给定温度下的汽化热 $l=586$ cal/g,故净辐射转化为蒸发量单位为 $600/(0.998\times586)=1.026$ cm/d。由表 2.2 可得 α 的值为 2.19。由式 2.52 可得潜在腾散量为 $PET=0.89$ cm/d。

3)联合模型

Penman 模型是基于联合能量收支和质量转移法计算潜在腾散量的一种联合模型。原始的 Penman 模型提供了自由水面上蒸发量的计算方法,自由表面蒸发和腾散的作物系数由实验确定。研究表明,自由表面蒸发和潜在腾散量近似相等,式 2.38 稍微高估了湖泊蒸发。

将潜在腾散与太阳辐射和风速联系起来的公式可适用于干旱和半干旱地区,具体如下:

$$PET = a + Q_r + bW \tag{2.53}$$

式中：PET 为潜在腾散量；Q_r 为太阳辐射；W 为风速，a 和 b 是取决于当地或局部条件的经验常数。

4）蒸发皿模型

基本的蒸发皿蒸发公式如下：

$$PET = K_p E_p \tag{2.54}$$

式中：PET 为潜在腾散量；K_p 为蒸发皿系数；E_p 为蒸发皿蒸发量。

最常用的蒸发皿之一是 NWS A 级蒸发皿和 Colorado 蒸发皿。NWS A 级蒸发皿是圆柱形的，直径 122 cm，深 25.4 cm，用马口铁或蒙乃尔合金制造。蒸发皿安放在木质的空腹平台上，底部距地面 15 cm。边缘水深 5 cm，边缘水位保持在 7.5 cm 处。

Colorado 蒸发皿有时是农作物需水量研究的首选，因为土壤边缘下水位有 5 cm，可以比 NWS A 级蒸发皿更好地计算作物腾散量。Colorado 蒸发皿是边长 92 cm，深 46 cm 的长方体，由马口铁制造，边缘放置在表面以上 5 cm 处。皿内水深等于或低于地表面。

蒸发皿模型广泛用于测量潜在腾散量。如 Stanhill 认为 NWS A 级蒸发皿是计算腾散量最有效的方法。Doorenbos 和 Pruitt 给出了选择几种气候及立地条件下蒸发皿系数的原则（见表 2.5）。

表 2.5　几种气候及立地条件下蒸发皿系数

相对湿度/%		作物区环境中的蒸发皿				休耕区环境中的蒸发皿		
		低 40	中 40~70	高 70		低 40	中 40~70	高 70
风速/(km/d)	作物区迎风距离/m				休耕区迎风距离/m			
弱(<175)	0	0.55	0.65	0.75	0	0.70	0.80	0.85
	10	0.65	0.75	0.85	10	0.60	0.70	0.80
	100	0.70	0.80	0.85	100	0.55	0.65	0.75
	1 000	0.75	0.85	0.85	1 000	0.50	0.60	0.70
中等 (175~425)	0	0.50	0.60	0.65	0	0.65	0.75	0.80
	10	0.60	0.70	0.75	10	0.55	0.65	0.70
	100	0.65	0.75	0.80	100	0.50	0.60	0.65
	1 000	0.70	0.80	0.80	1 000	0.45	0.55	0.60
强 (425~700)	0	0.45	0.50	0.60	0	0.60	0.65	0.70
	10	0.55	0.60	0.65	10	0.50	0.55	0.65
	100	0.60	0.65	0.70	100	0.45	0.50	0.60
	1 000	0.65	0.70	0.75	1 000	0.40	0.45	0.55
非常强 (>700)	0	0.40	0.45	0.50	0	0.50	0.60	0.65
	10	0.45	0.55	0.60	10	0.45	0.50	0.55
	100	0.50	0.60	0.65	100	0.40	0.45	0.50
	1 000	0.55	0.60	0.65	1 000	0.35	0.40	0.45

2.4 流域特征

流域是地表水与地下水分水线所包围的集水区或汇水区,因地下水分水线不易确定,通常将地表水的集水区称为流域。河道干流的流域是由所属各级支流的流域所组成。流域里大大小小的河流,构成脉络相通的系统,称为河系或水系。

流域的特征主要根据面积、形状、地势、长度以及水系形状等属性来描述。

2.4.1 流域面积

流域面积或许是流域最重要的特征。流域面积的确定,可根据地形图勾出流域分水岭,然后求出分水岭所包围的面积。河流的流域面积可以计算到河流的任一河段,如水文站控制断面,水库坝址或任一支流的汇口处。分隔两个相邻流域的分界线称为分水岭。由于地下水流的作用,水文学上的分水岭不同于地形学上的分水岭。尽管如此,由于水文学上的分水岭没有地形学的分水岭容易确定,所以,对于实践应用后者是首选。被地形分水岭包围的地区就是流域面积。

地形分水岭绘制:在一张地形图上,首先确定高程较高的点,然后审查等高线来确定地表径流的流向。径流起源于高点流向较低点,方向与等高线正交。

一般情况下,流域面积越大,表面径流量就越大,从而地表流动越强。表示洪峰流量与流域面积关系的基本公式如下:

$$Q_p = cA^n \tag{2.55}$$

式中:Q_p 为洪峰流量;A 为流域面积;c、n 为回归分析确定的参数。

2.4.2 流域形状

流域形状是流域在水平面上投影的外形。大流域在形状上是变化多样的。流域形状可用形状比来定量描述:

$$K_f = \frac{A}{L^2} \tag{2.56}$$

式中:K_f 为形状比;L 为沿着最长河道方向的流域长度。

另一个定量描述流域形状是基于流域周长的,而不是用流域面积,用密实度比来描述。密实度比是流域周长与流域面积的均方根之比,即为:

$$K_c = \frac{0.282P}{\sqrt{A}} \tag{2.57}$$

式中:K_c 为密实比;P 为流域周长。

2.4.3 流域高差

高差是两个参考点之间的高程差。最大的流域高差是分水岭最高点与流域出口之间的高程差。主河道(干流)是流域中枢的最大并且将径流输送到出口的河道。流域比降是最大流域高差与平行主河道方向的流域最大长度之比。流域比降是流域中侵蚀强度的一个度量。

一个流域整体高差通过等高线分析来描述。引入了一个无量纲的曲线来表示在某个高程以上流域分区的高程变化。为了绘制这一曲线,将分水岭上最高点的高程定义为 0。同样,将流域最低点的高程定义为 100。随后选择一些在最大和最小之间的高程,并且根据各自地形等高线来确定这些高程所对应的区域。这些高程转化为最低高程以上的高度,并且用最大高度的百分数来表示。相似地,每个高程以上的子流域面积用流域总面积的百分数表示。高程线图中横坐标是面积百分比,纵坐标是高度百分比。参照面积百分比 50 处对应的高度百分比,我们可以得到流域中值高程。

任意两点间的河道比降(或坡降)是两点间的高程差与两点间水平距离之比。河道比降变化范围很大,从山区河道的 0.1 量级到入海河口的 10^{-5} 量级,甚至更小。直接从最大和最小高程得到的河道比降称为 S_1 比降。

河道比降的一个更具代表性的度量是 S_2 坡降,其定义为如图 2.15 所示的在该坡度以上阴影区域面积与以下阴影区面积相等的平衡坡度。

将盆地聚水时间考虑在内的河道坡降度量是等效坡降 S_3。为计算这个坡降,将河道分为 n 个支段,对每个分段计算坡降。在曼宁公式的基础上,假设水流流经每个分段的时间与该分段的坡降平方根成反比,再假设水流流经整个河道的时间与整个河道的等效坡降平方根成反比。即可得下面的公式:

$$S_3 = \left[\frac{\sum\limits_{i=1}^{n} L_i}{\sum\limits_{i=1}^{n} (L_i/S_i^{1/2})} \right]^2 \tag{2.58}$$

式中:S_3 为等效坡降;L_i 为 n 个分段中第 i 个的长度;S_i 为 n 个分段的第 i 个的坡降。

实践中,经常用网格法来估算中小流域径流的陆地表面坡降。例如,通过在分水岭的地形图上叠加一个正方形网格图来确定平均表面坡降(见图 2.16)。计算出每个网格分段的表面坡降就可以计算这些坡降的平均值,这个平均值被当作是表面坡降的代表值。表 2.6 给出了含有高程和距离的变化值,从而可计算坡降 S_1、S_2、S_3。

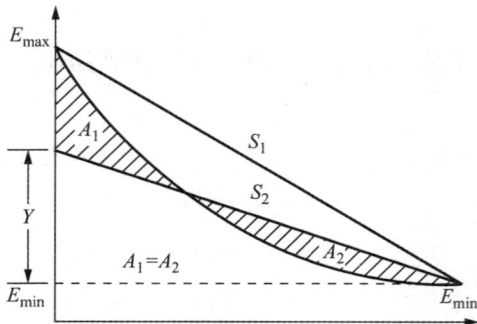

图 2.15　河道比降 S_1、S_2 的示意图

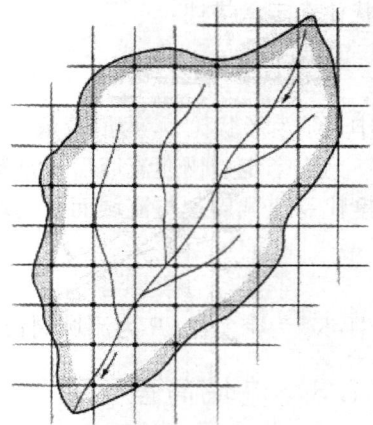

图 2.16　计算地表面坡度的格点

表 2.6 高程和距离变化值

距离/m	0	5 000	10 000	15 000	20 000
高程/m	900	910	930	960	1 000

最大和最小高程分别为 1 000 m 和 900 m。两者之间的水平距离是 20 000 m。因此，$S_1 =$ 100/20 000＝0.005。参考图 2.17，得 $S_2 =$ Y/20 000。在纵断面以下的面积为 750 000 m^2。S_2 以下的面积为 10 000Y。因此 Y＝75m，则 $S_2 =$ 0.003 75。单个河段都是 5 000 m 长，每个河段坡降分别为：0.002、0.004、0.006、0.008。应用式 2.58，得 $S_3 =$ 0.004 1。

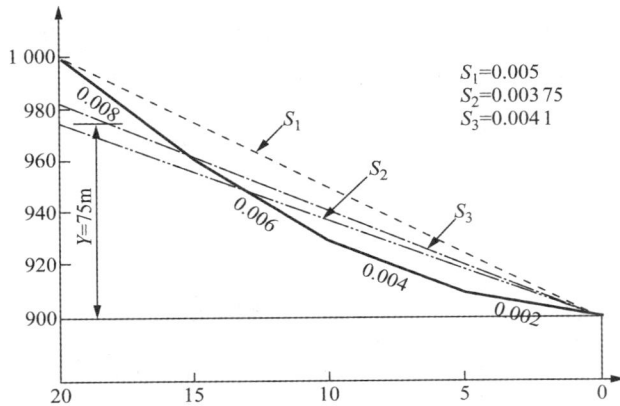

图 2.17 河槽比降的计算

2.4.4 流域长度

流域长度用来描述流域的一维特性。流域长度（水文长度）是沿干流河道测量的长度（见图 2.18）。干流是流域中将水体输送到出口的最大河道。

流域形心的长度是沿着干流方向从流域出口到最接近流域形心的点的距离。在实际应用中，将平分流域面积的两条或多条直线的公共点作为流域的形心，如图 2.18 中的 G 点。

流域的河流通常分等级。地面径流可以被认为是零级水文河流，一级支流为从零级河流如地表径流等接收水体的河流。两个一级支流合并形成一个二级支流。一般来说，两个 m 级支流合并形成一个 $m+1$ 级河流（见图 2.19）。因此，流域河流等级也就是干流的等级。

一个流域的河流等级与它的大小直接相关。大流域具有大于或等于 10 的河流等级。河流等级的计算对地图尺度是很敏感的。因此在流域状态的比较研究中，使用河流等级分析需要更加小心。

河流的总长度等于所有河道的长度之和。流域河网密度为河流的总长度与流域面积之比。较高的河网密度反映较快的径流响应；相反，较低的河网密度则反映延迟的径流响应。

平均地表径流长度近似等于河道平均距离的一半，也近似为河网密度倒数的一半：

$$L_0 = \frac{1}{2D} \tag{2.59}$$

式中：L_0 为平均地表径流长度；D 为河网密度。

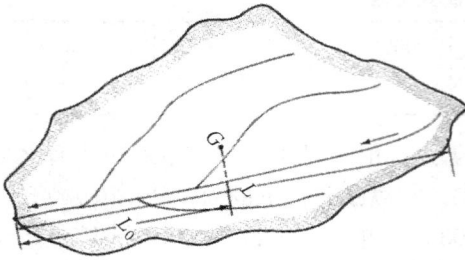

图 2.18　流域的线性测量　　　　　　　图 2.19　河道级别的划分

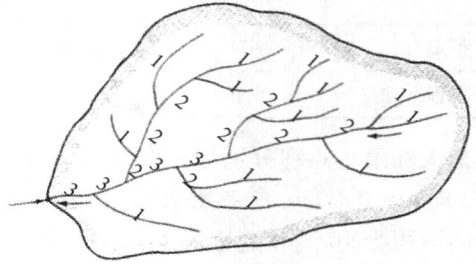

式 2.59 忽略了地表和河道坡降的影响,而地表和河道坡降的作用使得真实的地表径流平均长度比用式 2.59 计算的结果要大。因此,用下面的公式估算地表径流长度往往更精确:

$$L_0 = \frac{1}{2D[1-(S_c-S_s)]^{1/2}} \tag{2.60}$$

式中:S_c 为平均河道坡降;S_s 为平均表面坡降。

2.4.5　水系形状

流域水系形状范围较广。复杂的形状是高河网密度的表现。图 2.20 展示了航拍照片中

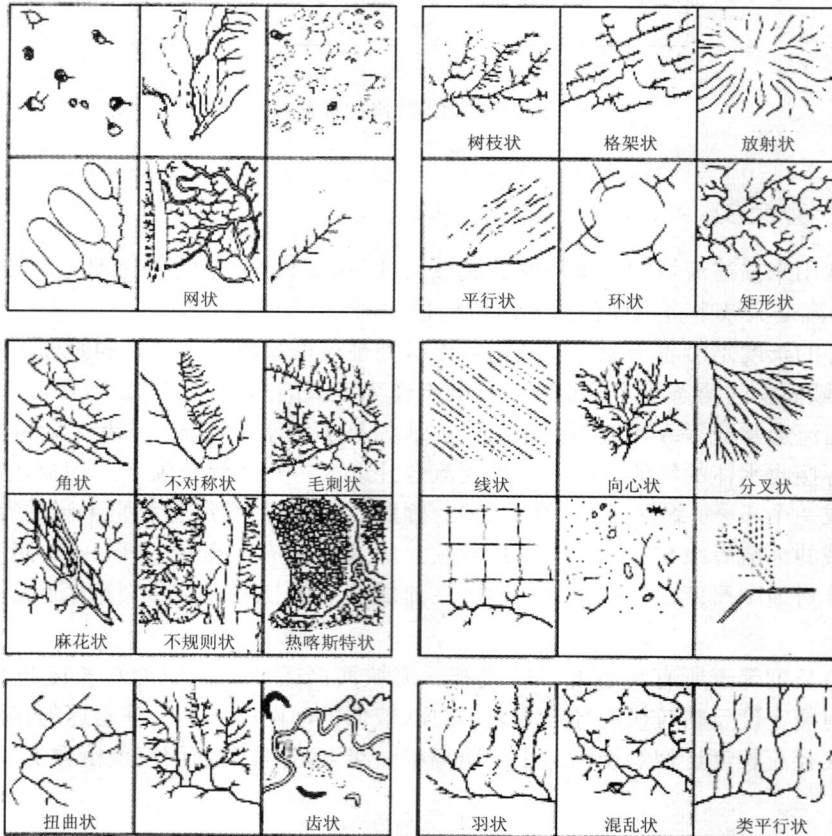

图 2.20　航拍照片中可辨识的水系形状类型

可辨识的几种典型的水系形状类型。这些形状反应了地形、土壤以及植被的影响,并且通常将其与水文特性如径流响应、年降水量等联系起来。

2.5 径流

地表径流,也称简单径流,涉及地球表面小溪、聚水沟、小河以及河川中河道流动或者薄层水流的流动。地表径流是一个持续的过程,水受重力作用通过地表径流从高处往低处流动。

径流大小用水量或者流量来表示。水量的单位是 m^3。流量是单位时间通过给定断面的水量,用 m^3/s 表示。流量通常随时空变化,因此它任意时刻的值是瞬时的流量。通过在时段内对流量求平均值可以得到该时段内的平均流量。通过在一个时段内对瞬时流量求积分可以得到该时段的总径流量。

径流通常用深度单位来表示。将径流总量除以流域面积,可以得到分布在整个流域上的平均径流深。

降雨或冰雪融水在流域中形成径流的过程被称为产流。

2.5.1 径流组成

如前所述,径流是由表面径流、壤中流及地下径流组成的。地表径流是有效降水的产物,即为总降水量减去水文吸收。地表径流也叫做地表直接径流。直接径流有在相对较短时间内产生较大流量的能力。因此,直接径流对洪水形成起主要作用。

壤中流是地表下的流动,也就是发生在地表以下不饱和土壤中的流动。壤中流由水体和湿气向低处的横向流动组成,并且还包括一些渗透造成的降水吸收。壤中流是一个比较缓慢的过程,但是,壤中流最终流入小溪或者河流中。

地下径流发生在地下层,通过淤积沉积物或者地幔下其他含水层中的渗透流动的形式表现出来。地下径流包括通过土壤内的渗透达到地下水位的渗透量的那一部分。与壤中流类似,地下径流也是一个缓慢的流动过程。与表面径流一样,地下径流是一个持续性过程,水不断地向低处流动,最终流入河流与海洋。在地下水位与地表很接近的地方,地下水也可能被小溪或者河流拦截并流入小溪和河流中。

2.5.2 河流类型和基流

河流分为三种基本类型:常年河、季节河和间歇性河。河川流量中基本稳定的部分称为基流,主要来自地下水补给,有时也来自湖泊、水库和冰川的补给。

常年河是那些一直在流动的河流。在枯季,常年河的流量为基流,由河流截取的地下水流和壤中流组成。从地下水库中得到补给的河流叫做潜水补给河。常年河以及潜水补给河是湿润地带的一个特征。

季节河是当有充足降雨量时才有流动的河流,也就是大雨期间或者之后才有流动的河流。季节河不截取地下水流,因此没有基流。相反的,季节河通常通过其多孔的河床渗透来补充地下水流。将水补给地下水库的河流称为补给入渗河。补给入渗河中的河道吸收称作河道输送损失。季节河和补给入渗河是干旱与半干旱地区的特征。

间歇性河是那些具有混合特征的河流,在一年的一定时间表现为持续性,而其他时间为季节性的。取决于季节情况,这些河流可能补给地下水或者从地下水补给。

基流的估计在干旱性水文气候环境下对于计算流域一年中总径流量是很重要的。基本流量被当作年出水量。在洪水计算中,基流用来区分表面径流与直接或者间接径流。间接径流是起源于壤中流和地下径流,而基流是间接径流的一种度量。

2.5.3　前期湿度

地表径流与有效降雨直接相关,而有效降雨与水文吸收相反。在降雨期间,渗流在吸收总降水量中起到了重要作用。它高度依赖于土壤前期湿度。对于一个特定的暴风雨,低土壤前期湿度的流域即干流域不会产生高径流量。相反的,高土壤前期湿度的流域即湿流域可能产生大的径流量。

径流是前期湿度的函数,基于这一认识提出了前期降水量指数(API)这一概念。一个流域中的湿度主要通过降水量来补充并通过蒸发损失掉。一天无降水时的前期降水指数为:

$$I_i = KI_{i-1} \tag{2.61}$$

式中:I_i 为第 i 天的指数;I_{i-1} 为第 $i-1$ 天的指数;K 为衰减因子,通常取值为 0.85~0.98。

如果在某天下雨,将降雨深度加入到降水量指数中,0 天时的指数先被估算出来。同样地,K 值根据实测数据或经验来确定。

前期降水量指数与径流深直接相关。指数值越大,径流量就越大。在实际应用中用回归统计工具来分析径流与前期降水量指数。这些关系为经验公式,因此,必须严格地在推导出它们的条件下使用。

2.5.4　降雨和径流关系

降水—径流的基本线性关系如下:

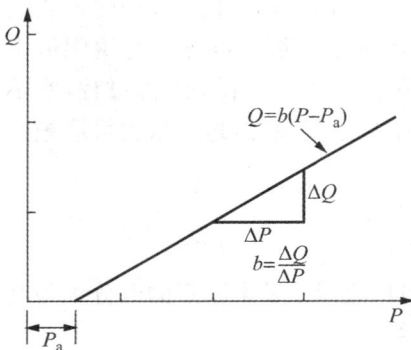

图 2.21　降雨—径流的基本线性模型

$$Q = b(P - P_a) \tag{2.62}$$

式中:Q 是径流深;P 是降雨量深度;P_a 为关系曲线在降雨量深度轴上的截距;b 为曲线的斜率(见图 2.21)。

小于 P_a 的降雨量将完全被流域所吸收,当 P 超过 P_a 时就开始形成径流。

为了使用式 2.61,收集一系列降雨量—径流量的值并且用线性回归的方法来确定 b 和 P_a 的值。式 2.62 的简单性说明它没有考虑其他的径流产生机制,例如降雨强度、渗透率以及前期湿度。在实际使用中,相关性通常变动范围很大,这大大限制了式 2.62 的预测能力。

2.5.5　汇流

径流的一个重要特征是它的汇集特性。产流水量在某一区域内的汇集过程叫汇流。假设降落在一个给定流域的暴风雨在整个流域面积上产生了相同的降雨强度,倘若有效降水持续的时间足够长,那么地表径流最终都在流域出口处汇集,径流汇集表明流域出口处的流量将逐渐增加,直到整个流域上的降雨通过出口,并对该点处的流量有较大贡献。此时,将会达到最大或者平衡流量,这意味着地表径流已经在流域出口汇集。因此,水流从分水岭上的最远点流向流域出口处所花的时间定义为汇流时间。

平衡流量通过有效降雨强度与流域面积相乘得到:

$$Q_e = 10 I_e A \tag{2.63}$$

式中:Q_e 为平衡流量,单位为 m^3/s;I_e 为有效降雨强度,单位为 mm/s;A 为流域面积,单位为 hm^2;10 为单位之间的转换因子。

径流集中过程导致了流域响应中三个截然不同的类型。第一种类型发生在当有效降雨持续时间(t_r)与聚流时间(t_c)相等时。在这种情况下,径流在流域出口处汇集,在聚流时间之后达到平衡流量。降雨在这个时间停止,流域出口处后来的流动不再汇集,因为并非所有的流域都起作用。因此,流动开始逐渐地跌落为 0。在最远的径流水体经过汇集时间到达流域出口时,正如图 2.22(a)所描述的,衰减时间与聚流时间大约相等。实际上,由于非线性,实际的衰退流量渐进趋向为 0。这种类型的响应为汇集流域流动。

第二种流域响应发生在有效降雨持续时间超过聚流时间时。在这种情况下,径流在流域出口处汇集,在聚流时间之后达到其最大流量。由于降雨持续进行,整个流域继续对出口处的流动有贡献,后发的流动依然汇聚并且与平衡流量值相等。在降雨停止后,流动逐渐降为 0。在最远的径流水体经过汇集时间到达流域出口时(见图 2.22(b),衰减时间与聚流时间大约相等。这种类型的响应为超汇集流域流动。

第三种流域响应发生在有效降雨持续时间比聚流时间短时。此时,流域出口处的流动不会达到平衡值。在降雨停止后,流动逐渐衰减为 0。保持流量和衰减时间与聚流时间相等的要求产生了如图 2.22(c)所示的理想化的扁平响应。这种类型的响应为亚汇聚流域流动。

实际上,汇聚和超汇聚流动是小流域的特征,也就是那些可能有短集流时间的流域。亚汇聚流动是中尺度和大尺度流域的特征,也就是有较长集流时间的流域。

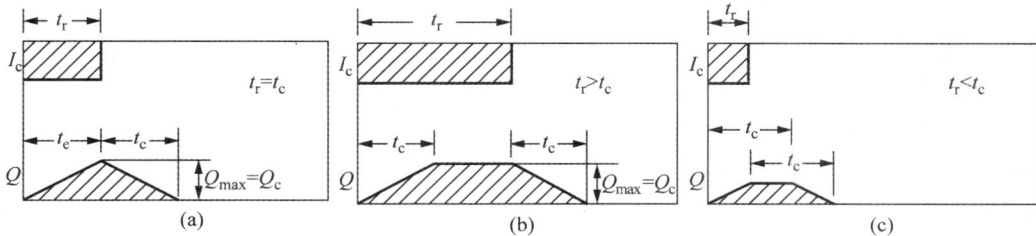

图 2.22　流域响应中三个截然不同的类型
(a) 饱和　(b) 超饱和　(c) 欠饱和

2.5.6　汇流时间

小流域的水文过程通常要求对汇流时间进行估计。尽管如此,往往很难得出准确估值,因为汇流时间是径流量的函数。

将汇流时间作为选定流域参数的函数来计算的一些公式是可用的,但大多数公式是经验公式,计算精度有限。一种计算汇流时间的替换方法是将主河道分成若干子河段,并对每个子河段假定一个合适的流量水平。随后,用恒定流公式(如曼宁公式)来计算平均流速,并将其与水流通过每个子河段上的时间联系起来。整个河段上汇流时间是各子河段运动时间之和。实际应用中,这个方法基于一些假设,包括流量级别和曼宁糙率 n 值。

计算汇流时间的恒定流方法的局限是,流动通常是非恒定的。实际使用时,这个意味着流动波传播速度可能比用恒定流理论计算出的平均流速要大。例如,对于湍流,运动波理论证明,波速为平均流速的 5/3。然而在大部分情况下,波速与平均流速之比可能比 5/3 小。实际上,在计算汇流时间时引入的不确定性,将导致两个速度之间存在较大的差别。

汇流时间计算公式很多,但是大多数将汇流时间与合适的坡度、长度、降雨和糙率联系起来。著名的 Kirpich 公式将汇流时间与坡度和长度参数联系在一起,适用于面积小于 80ha 的小农业流域。Kirpich 公式如下:

$$t_c = \frac{0.066\,28 L^{0.77}}{S^{0.385}} \tag{2.64}$$

式中:t_c 为汇流时间,单位为 h;L 为从出口到分水岭的主河道长度,单位为 km;S 为最大与最小高程之间的坡度,单位为 m/m。

计算汇流时间的另外一个公式为 Hathaway 公式:

$$t_c = \frac{0.606(Ln)^{0.467}}{S^{0.234}} \tag{2.65}$$

式中:n 为糙率因子,其他与式 2.64 中相同,用 SI 单位表示。

表 2.6 给出了 n 的可用值。

表 2.6　糙率因子 n 的取值

表面类型	n
光滑不透气体和液体	0.02
光滑裸露的土壤	0.10
少草、中耕作物或中度粗糙裸露的土壤	0.20
牧场、草原	0.40
落叶木材土地	0.60
针叶木材土地或覆盖有厚褥草的落叶木材土地	0.80

用不同经验公式对汇流公式所得到的结果差异很大。因此,在选定一个公式后要进行适当的检验。

[例 2.5]　问题:用 Kirpich 和 Hathaway 公式对具有下面属性的流域计算汇流时间:$L=0.75$ km,$S=0.008$,并且具有适当糙率的裸露的土壤。

求解:应用式 2.64 得到 $t_c=0.34$ h。取 $n=0.2$,应用式 2.65 得到 $t_c=0.77$ h。为了比较,取 $n=0.1$,应用式 2.65 得到 $t_c=0.56$ h。

2.5.7　径流扩散和河川流量过程线

事实上,流域响应表现比单独导致汇流具有更复杂的特性。首先,在整个降雨持续过程中有效降雨强度在时间和空间上保持不变是不可能的。理论和实验结果表明,径流量被对流和扩散自然作用所控制。正如前面章节中描述的,对流与汇流有关。扩散是将流量在时间和空间上传播的一种机制。

径流扩散的作用是使流域响应更平滑。作用后的响应函数通常是连续的,这个通常被当作是河川流量过程线。典型的单一洪水流量过程线如图 2.23(a)所示,通常由那些有效降雨持续时间比汇流时间短的暴雨产生。

图 2.23(b)给出了典型单一洪水流量过程线的各种要素。零时刻(起始时刻)描述了流量过程线的开始。水文过程线峰值描述了最大流量。峰值时间为从零时刻到达到峰值流量的时间来度量。上升部分为零值和峰值时间之间的流量过程线的部分。衰减部分为峰值时间与时间轴(衰退止点)之间的流量过程线部分。时间轴用零时刻到定义为衰减结束时刻之间的时间来度量。衰减在本质上是对数或近似对数分布的,以渐进的方式接近于零流量。衰减部分的转折点是零曲率对应的点。总流量体积通过从零时刻到时间轴对流量积分来得到。

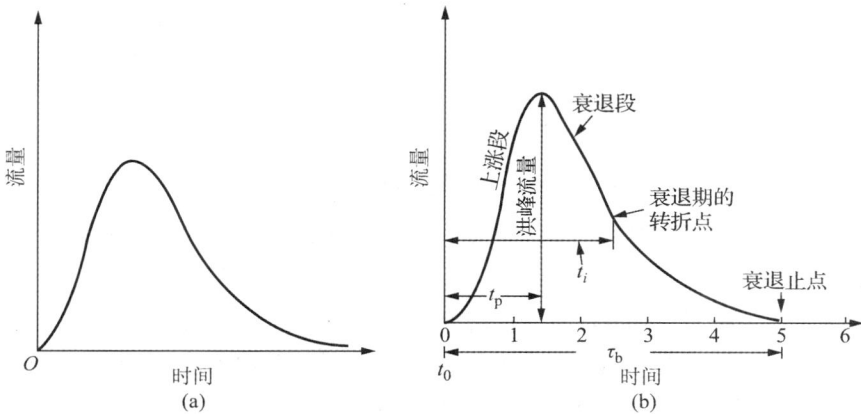

图 2.23　单个暴雨过程

(a) 典型的单个暴雨过程　(b) 典型的单个暴雨过程的构成要素

流量过程线的形状,表现出一个正向偏离,通常衰减时间比增长时间长,这种情形由地表径流、壤中流和地下径流不同的响应造成的。如图 2.24(a)所示,将径流流量过程线看作由三个流量过程线之和组成的。快而尖的流量过程线由地表径流产生的,而其他两个是壤中流和地下径流的结果。这些流量过程线的重叠(见图 2.24(b)导致了径流流量过程线有一个长尾巴。

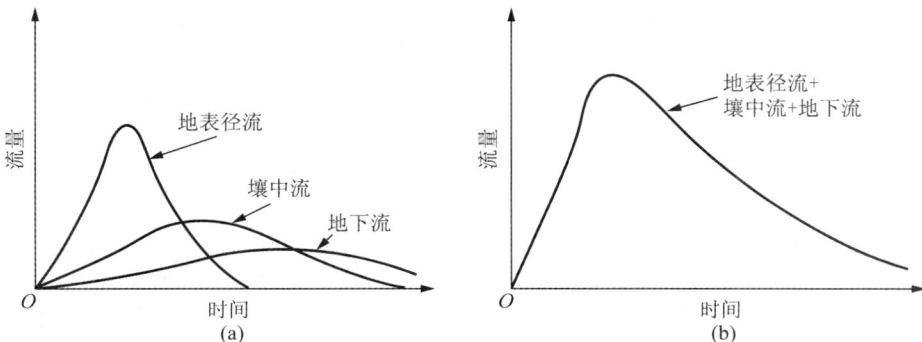

图 2.24　径流的组成

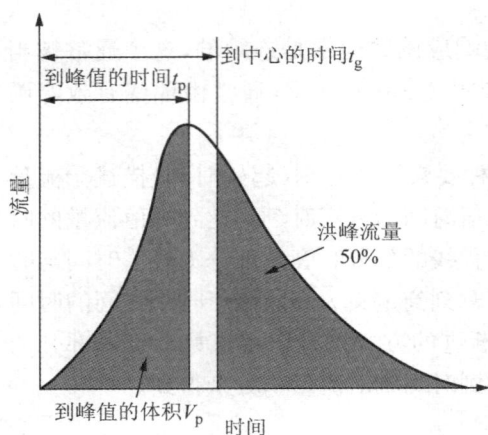

图 2.25　单个暴雨径流过程的特征

正向偏离流量过程线的中心时间 t_g 为从零时刻到将流量过程线分成相等的两部分的时刻(见图 2.25)。从零时刻到峰值时刻对流量过程线进行积分可得到峰值流量。峰值流量与水文过程流量之比作为水文过程线形状的度量。

常年性河的流量过程线应该包含基流。将直接径流从基流中分离,可以通过采用几个水文过程线分离技术中的一个来实现。这些技术也可以用于多个洪水流量过程线的分析中,多个洪水水文过程线一般表现出两个或多个峰值和谷点。

2.5.8　水文过程线的解析

经常被用来模拟自然水文过程线的解析表达式是伽马函数,其形式如下:

$$Q = Q_b + (Q_P - Q_b)\left(\frac{t}{t_p}\right)^m \mathrm{e}^{\left[(t_p-t)/(t_g-t_p)\right]} \tag{2.66}$$

式中:Q 为流量;Q_b 为基流;Q_p 为峰值流量;t_p 为峰值时间;t_g 为中心时间;t 为时间;$m = t_p/(t_g-t_p)$。

对于 $t_g > t_p$ 时的值,式 2.66 表现出正偏离。

[例 2.6]　问题:用式 2.65 计算河流流量过程线,时间间隔为小时,资料如下:

$Q_b = 100\mathrm{m}^3/\mathrm{s}$；$Q_p = 500\ \mathrm{m}^3/\mathrm{s}$；$t_p = 3\mathrm{h}$；$t_g = 4.5\mathrm{h}$。

求解:由式 2.66 可得出以小时为间隔的流量过程线。从表 2.7 中可以看出流量初值为 100 m^3/s；3 h 后达到最大流量 500m^3/s；15 h 后又衰减为 103 m^3/s 。

表 2.7　流量演化过程

时间/h	流量/(m^3/s)	时间/h	流量/(m^3/s)	时间/h	流量/(m^3/s)
0	100				
1	269	6	317	11	126
2	446	7	252	12	116
3	500	8	201	13	110
4	465	9	166	14	106
5	393	10	142	15	103

2.5.9　明渠流

明渠流为显露于大气中的具有自由水面的水流,如天然河道、人工渠道中的水流。明渠的流量、断面形式、坡度、糙率等的变化都会引起自由水面的变化,相应地也使水深和流速发生变化。明渠流的性质取决于过水断面的尺度、过水断面的形状、纵向坡度和边界摩擦等。

1）均匀流公式

明渠流速通常用经验公式曼宁(Manning)与谢才(Chezy)公式来计算,计算式为:

$$V = \frac{1}{n}R^{2/3}S^{1/2} \tag{2.67}$$

式中:V 为平均流速;R 为水力半径;S 为河道坡降;n 为曼宁糙率系数。

在天然河道中,n 值范围较广,低至横断面无植被的大河流的 0.024(如华盛顿的 Columbia 河),我国黄河的个别河段可能小于 0.016;高至底部由大且有棱角的漂石组成的或由无遮盖的岩石、漂石和树组成的小河流的 0.079(如加利福尼亚的 Cache Creek),特殊河段可能高于 0.2。对于天然小溪和河流 n 的值通常为 0.03~0.05。

谢才公式为:

$$V = C(RS)^{1/2} \tag{2.68}$$

式中:C 为谢才系数;其他参数与式 2.67 中相同。

在上述情形下,谢才系数范围从大河流的 79 $m^{1/2}/s$ 到小河流的 11 $m^{1/2}/s$。C 值通常为 40~70 $m^{1/2}/s$。

式 2.68 可用无因次的形式表示如下:

$$V = \frac{C}{\sqrt{g}}(gRS)^{1/2} \tag{2.69}$$

式中:$C/g^{1/2}$ 为谢才系数。

在上述情形下,谢才系数的变化通常从大河流的 25 到小河流的 35。

对于宽河道,可以假设顶部宽度和湿周相等,即水深用来替换水力半径,则有:

$$S = fF^2 \tag{2.70}$$

式中:f 为无因次摩擦因子,等于 g/C^2;F_r 为 Froude 数,等于 $V/(gH)^{1/2}$。

式 2.70 表明摩擦因子等于用于计算明渠中水头损失的 Darcy-Weisbach 摩擦因子。在上述情形下,f 值变化范围从大河流的 0.0016 到小河流的 0.081,典型值为 0.002~0.006。

尽管式 2.68 和式 2.70 有其理论基础,但由于天然河道中谢才系数不是常数,而随水力半径变化,所以曼宁公式实际应用更广。比较式 2.67 和式 2.68 可得:

$$C = \frac{1}{n}R^{1/6} \tag{2.71}$$

值得注意的是,经验表明 n 的值也跟水深、流量一起变化,在冲积河流中尤其如此。

2）水位

水位是相对于给定基准线的水面高程。该基准线可以是任意的一个基点或国家大地垂向基准线。国家大地垂向基准线是一个标准海平面测量值。

在洪水过程中,天然河流水位刚好达到河漫滩时的水位叫漫滩水位,相应的流量叫漫滩流量或平滩流量。流量大于平滩流量时,过水面积包含河流两侧河滩的部分面积。在冲积流域中,在洪水时期遭受洪水的河漫滩被称为洪泛区。高于平滩水位的水位通常叫洪水位。洪水期的水位对于洪水预报和防洪是很重要的。

在河床演变的长时期过程中,对塑造河床形态所起作用最大的流量称为造床流量。在实际中通常用与平滩水位相应的流量来代替。

3）水位流量关系曲线

河流水位是随流量变化的。给定一个长的棱柱型河道,过水断面上水位与流量的单值关

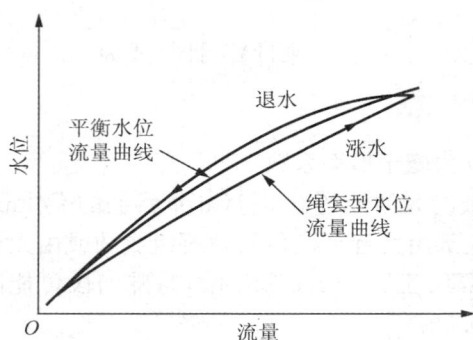

图 2.26　水位流量曲线

系被定义为平衡水位流量关系曲线。对于恒定均匀流动,水位流量曲线是唯一的,也就是说对于每个流量值只有一个水位与之对应,反之亦然。在这种情况下,平衡水位流量关系曲线可以用谢才或曼宁公式计算得到。

然而,其他的流动条件,特别是非均匀流(渐变恒定流)和非恒定流(如渐变非恒定流)会偏离这种单值的对应关系。如图 2.26 所示,在洪水过程线的上升段,水面比降比均匀流的大,产生了更高的流速和低水位;相反的,在洪水过程线的下降段,水面比降比较平缓,从而流速较小而水位较高。这就是绳套曲线出现的基本原因。尽管如此,这种绳套效应往往可能较小,通常在实际使用中被忽略。当需要提高洪水计算精度时,才用非恒定流模型来确定绳套曲线。

4) 水位流量关系曲线公式

水位流量曲线在水文分析过程中常常使用。有了水位流量关系曲线,如果已知水位,则流量可以通过关系曲线得到。相反的,如果已知流域出口处流量,那么出口处的水位能够通过水位流量关系计算出来。

水位流量关系式很多。一个广泛使用的基于水位流量数据的曲线拟合公式如下:

$$Q = a(h - h_0)^b \tag{2.72}$$

式中:Q 为流量;h 为水位高度;h_0 为参考水位;a、b 是常数。

参考水位可以通过尝试取值,其原则是,参考水位的合适值是使得水位流量数据在对数坐标纸上作出的图形尽可能地接近于一条直线。然后,通过回归分析确定 a、b 的值。

5) 径流可变性

单个流域的径流不仅随季节改变而且随年份和地理位置而改变,主要表现为季节可变性和年度可变性。

全球年度径流数据表明总的径流量约为总降雨量的 30%。差别是由于流域的水文吸收过程,也就是植被截留、渗透、地表储水、蒸发以及蒸散。30% 是全球平均量,因此它没有记入季节性和地理性的改变。

6) 日平均流量分析

可以根据给定测站上不同天的日平均流量变化来表示流量的变化。一些河流表现出天天不同的巨大流量变化,无休止交替出现较高的峰值和较低的谷值。也有一些河流的流量表现为几乎没有变化,高流量与低流量差别不大。

这种状态上的差别可归因于流域响应属性的差别。小流域和中等尺度的流域可能有一个较陡的变化,因此以无径流扩散的方式汇流,由此生成了有许多大峰值和小谷值的水位流量过程线。相反的,大流域可能有较平缓的梯度,所以以径流扩散的方式汇流。扩散机制将在时间和空间方向传输流动,导致了一系列有较低峰值和相对较高谷值的平滑水位流量过程线。

日平均流量数据对于小流域产生的流量计算可能是不够的。在要求较高精度的情况下,为了较好地描述流动的时间变化,必须采用时平均流量或者间隔 3 h 的平均流量。

7）流量过程线

反映流量变化的一个有效方法是流量过程线。为了确定一个特定位置的流量过程线,要求取得一定时间周期内（一年或者许多年）的日平均流量数据。记录的长度为流量序列中总天数。日平均流量序列按流量大小从高到低逆序排列,并且一个流量值给定一个编号。例如,最高流量值编号为 1;最小流量有与总天数相等的最后的编号。对于每个流量值,百分比时间定义为用百分数表示的编号与总天数之比,以百分比时间作为横坐标,流量作为纵坐标对流量和百分比时间作图,即可得流量过程线。

从流量过程线上可以计算特征低流量的出现情况。例如,历时超过 90% 总时间的流量可以从流量过程线（见图 2.27）来确定。低流量的持续时间随着流量的调高而增加。通常的目标是保证某一低水位历时是总时间的 100%。通过增加低流量的历时同时降低高流量的历时,流量调节在流量过程线上做了一些位移。

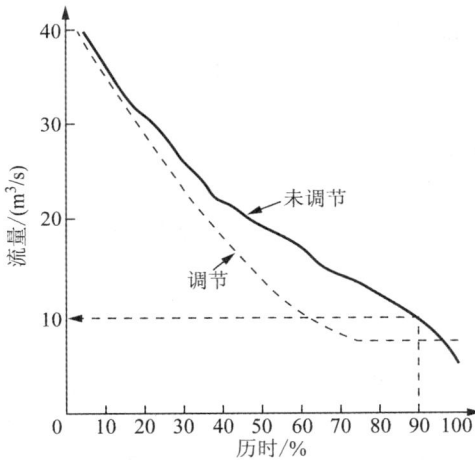

图 2.27　流量过程线

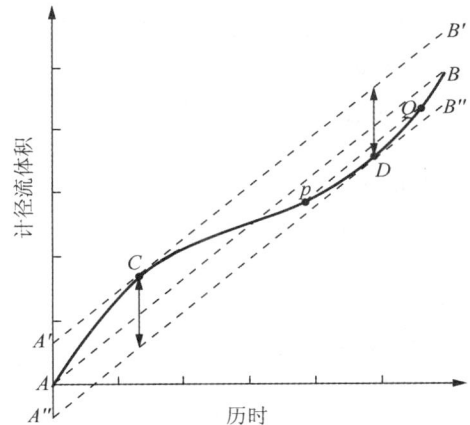

图 2.28　流量累计曲线

流量过程线在水资源项目的规划和设计中是很有用的。对于水能研究,流量过程线也可以用来为可靠功率确定势能。在无蓄水设施的河流水利水电工程中,通常假设可靠功率基于历时达到总时间的 90%～97% 的流量。

8）流量累计曲线

反映流量变化的另一个有效方法是流量累计（积）曲线。流量的日平均值的累计曲线是以时间为横坐标变量、累计值为纵坐标的图。

对于以 m³/s 为单位的日平均流量记录值,流量累计曲线的纵坐标单位为 m³。对给定的某天,流量过程线的纵坐标是到该天为止的累计径流量。流量累计曲线是由 Rippl 首先提出的,因此也叫 Rippl 曲线。流量累计（积）频率曲线的形状类似于字母 S 的形状（见图 2.28）,因此,也称作 S 曲线。

流量累计曲线的应用为水库的设计和管理,包括水库蓄水能力的计算和水库蓄水的运行规则的确立提供了依据。如图 2.28 所示,对于任意给定的时间,流量累计曲线的斜率是即时流量的一个度量。直线 PQ 的斜率代表了两点之间的平均流量。直线 AB 的斜率是整个周期的平均流量。

为了在水库设计中使用流量过程线,作两条直线平行于直线 AB 且与流量过程线相切。第一条直线 $A'B'$ 正切于流量过程线,切点为最高点 C 处。第二条直线 $A''B''$ 正切于流量过程线,切点为最低点 D 处。两条切线之间的垂向差值就是以恒定流量所要求下泄的库容。该恒定下泄流量等于直线 AB 的斜率。从起始点 A 到图上 C 点时水库蓄满,水量等于 AA'',而在图上 D 点处水库被放空。当 S 曲线位于直线 AB 以上时,原起始是无水的水库,此时水库是有水的;而当 S 曲线位于直线 AB 以下时,此时水库则是无水的。对于起始时刻是蓄满的水库,只要来流超过出流(从图中 A 到 C),水库就会泄流。

残余流量累计频率曲线是 S 曲线纵坐标与直线 AB 对应纵坐标的差的累计频率曲线。残差流量累计频率曲线是可正或可负的。Hurst 提出如下公式:

$$R = s\left(\frac{N}{2}\right)^{0.73} \tag{2.73}$$

式中:R 为要求保证恒定泄流量的水库蓄水量;该下泄流量等于 N 年径流量的平均值;s 为年径流量标准偏差;指数 0.73 是 $0.46 \sim 0.96$ 变化范围的平均值。

基于正态分布的理论分析,表明式 2.73 中的指数应该是 0.5 而不是 0.73。这个理论和资料之间的明显偏差,是广为人知的 Hurst 现象,值得深入研究。

9)流量的地理可变性

流量从一个流域到另一个流域是变化的,从一定气候的某个地区到另一种气候的另一个地区也是变化的。流域面积和年平均降雨量这两个变量可以帮助描述流量的地理可变性。

单位面积的洪峰流量是:

$$q_{\mathrm{p}} = \frac{c}{A^m} \tag{2.74}$$

式中:q_{p} 为单位面积洪峰流量,单位为 $\mathrm{m^3/s/km^2}$;A 为流域面积,单位为 $\mathrm{km^2}$;c 和 m 为经验常数,且 $m=1-n$。

因为式 2.52 的计算值通常比 1 小,m 通常也比 1 小。式 2.74 表明单位面积的洪峰流量与流域面积反相关。Creager 等给出:

$$q_{\mathrm{p}} = 46CA^{0.899A^{-0.048}-1} \tag{2.75}$$

式中:C 值为 $30 \sim 100$,这个范围可以作为洪峰流量地区变化的一个度量。

式 2.75 仅局限于计算单位面积洪峰流量,而不能计算该流量的发生频率。

3 水文计算基础知识

水文统计包括频率计算和相关分析两部分内容,是工程水文学的理论基础和技术工具。从已知资料寻求各种水文现象的变化规律,既可用成因分析的方法从水文现象形成的角度去研究其变化规律,也可用水文统计(数理统计)的方法去寻求水文现象的统计规律。本章研究水文现象的统计变化规律,预估其未来的变化趋势,以满足水利水电及港口海岸工程规划、设计、施工和运行管理的需要。水文计算的统计方法主要有频率计算和相关分析,其中频率计算包括随机变量及其概率分布、水文频率曲线、水文频率计算适线法;相关分析包括两变量直线相关、两变量曲线相关和复相关。

3.1 随机变量及其概率分布

3.1.1 水文统计的意义

3.1.1.1 水文现象的特性

水文现象如降雨、径流、潮流、风浪、海啸等都是自然现象,在其发生和演变过程中,包含着必然性的一面,也包含着偶然性的一面。必然现象是指事物在发展、变化中一定会出现的现象,水文学中称这种必然性为确定性。偶然现象是指事物在发展、变化中可能出现也可能不出现的现象,也称随机现象。

3.1.1.2 水文现象规律的研究——水文统计

随机现象所遵循的规律叫做统计规律,概率论是研究随机现象统计规律的一门学科,而由随机现象的一部分试验资料去研究全体现象的数量特征和规律的学科称为数理统计学。水文现象大多具有随机特性,概率论与数理统计学广泛应用到水文分析与计算上,称为水文统计。

水文统计的任务就是研究和分析水文随机现象的统计变化特性。并以此为基础对水文现象未来可能的长期变化作出在概率意义下的定量预估,以满足工程规划、设计、施工以及运营期间的需要。

水文统计的基本方法和内容具体有以下三点:

(1) 根据已有的资料(样本)进行频率计算,推求指定频率的水文特征值。

(2) 研究水文现象之间的统计关系,应用这种关系插补延长、推求水文特征值和进行水文预报。

(3) 根据误差理论,估计水文计算中的随机误差范围。

3.1.2 事件和概率的基本概念

3.1.2.1 事件

在概率论中,对随机现象的观测叫做随机试验,随机试验的结果称为事件。事件可以分为必然事件、不可能事件和随机事件三种。如果可以断定某一事件在试验中必然发生,则称此事件为必然事件；可以断定试验中不会发生的事件称为不可能事件；某种事件在试验结果中可以发生也可以不发生，这样的事件就称为随机事件。

3.1.2.2 概率

随机事件在试验结果中可能出现也可能不出现，但其出现（或不出现）可能性的大小则有所不同。为了比较这种可能性的大小，必须赋予一种数量标准，这个数量标准就是事件的概率。

随机事件的概率计算公式：

$$P(A) = \frac{k}{n} \tag{3.1}$$

式中：$P(A)$ 为在一定的条件组合下，出现随机事件 A 的概率；k 为有利于随机事件 A 的结果数；n 为在试验中所有可能出现的结果。

3.1.3.3 频率

水文事件不属固定概率事件，只能通过试验来估算概率。设事件 A 在 n 次试验中出现了 m 次的频率为：

$$W(A) = \frac{m}{n} \tag{3.2}$$

在试验次数足够大的情况下，事件的频率和概率是十分接近的。

3.1.2.4 概率加法定理和乘法定理

1）两事件和的概率

两个事件 A、B 出现的概率：

$$P(A+B) = P(A) + P(B) - P(AB) \tag{3.3}$$

式中：$P(A+B)$ 为实现事件 A 或事件 B 的概率；$P(A)$ 为事件 A 的概率；$P(B)$ 为事件 B 的概率；$P(AB)$ 为事件 A、B 共同发生的概率。

2）条件概率

两个事件 A、B，在事件 A 发生的前提下，事件 B 发生的概率为事件 B 在条件 A 下的条件概率，记为：

$$P(B \mid A) = \frac{P(AB)}{P(A)} \tag{3.4}$$

3）两事件积的概率

两事件积的概率，等于其中一事件的概率乘以另一事件在已知前一事件发生的条件下的条件概率，即：

$$P(AB) = P(A) \times P(B \mid A), P(A) > 0 \tag{3.5}$$

$$P(AB) = P(B) \times P(A \mid B), P(B) > 0 \tag{3.6}$$

若两个事件是相互独立的，它们共同出现的概率等于事件 A 的概率乘以事件 B 的概率，即：

$$P(AB) = P(A) \times P(B) \tag{3.7}$$

4）事件关系分析

（1）互斥：

$$P(AB) = 0 \tag{3.8}$$

$$P(A+B) = P(A) + P(B) \tag{3.9}$$

（2）相容：
$$P(A+B) = P(A) + P(B) - P(AB) \tag{3.10}$$
（3）对立：
$$P(B) = 1 - P(A) \tag{3.11}$$
$$P(AB) = P(A)P(B) \tag{3.12}$$
$$P(A \mid B) = 0 \tag{3.13}$$
（4）独立：
$$P(B \mid A) = P(B) \tag{3.14}$$
$$P(AB) = P(A)P(B) \tag{3.15}$$
$$P(A \mid B) = P(A) \tag{3.16}$$

3.1.3 随机变量及其概率分布

若随机事件的试验结果可用一个数 X 来表示，X 随试验结果的不同而取得不同的数值，它是带有随机性的，则将这种随机试验结果 X 称为随机变量。随机变量可分为两类：离散型随机变量和连续型随机变量。

随机变量可以取所有可能值中的任何一个值，但是取某一可能值的机会是不同的，有的机会大，有的机会小，随机变量的取值与其概率有一定的对应关系，一般将这种对应关系称为概率分布。

通常，随机变量用大写字母 X 表示，它的各种可能取值用相应的小写字母 x 表示。若取 n 个，则 $X = x_1, X = x_2, \cdots, X = x_n$。一般将 $x_1, x_2, \cdots, x_n$ 称为系列。而可能取值出现的概率用 P 表示。

水文统计中通常研究随机变量的取值大于某一个值的概率，$F(x) = P(X > x)$ 在水文统计学上也称此为随机变量的概率分布函数（或概率分布曲线）。

3.1.3.1 离散型随机变量的概率分布

离散型随机变量的概率分布一般以分布列表示（见表 3.1）。

表 3.1 离散型随机变量及其概率分布

X	x_1	x_2	$\cdots$	x_i	$\cdots$
$P(X = x_i)$	p_1	p_2	$\cdots$	p_i	$\cdots$

3.1.3.2 连续型随机变量的概率分布

对于连续型随机变量，无法研究个别值的概率，只能研究某个区间的概率，或是研究事件 $X \geqslant x$ 的概率，以及事件 $X \leqslant x$ 的概率，后面两者可以相互转换，水文统计中常用 $X \geqslant x$ 的概率及其分布。

1）分布函数

设事件 $X \geqslant x$ 的概率用 $P(X \geqslant x)$ 来表示，它是随随机变量取值 x 而变化的，所以 $P(X \geqslant x)$ 是 x 的函数，称为随机变量 x 的分布函数，记为 $F(x)$，即：
$$F(x) = P(X \geqslant x) \tag{3.17}$$
它代表随机变量 X 大于等于某一取值 x 的概率。其几何图形如图 3.1 所示，图中纵坐标表示变量 x，横坐标表示概率分布函数值 $F(x)$，在数学上称此曲线为分布曲线，水文统计中称为随机变量的累积频率曲线,简称频率曲线。

2) 分布密度

分布函数导数的负值称为密度函数,记为 $f(x)$,即:

$$f(x) = -F'(x) = -\frac{dF(x)}{d(x)} \tag{3.18}$$

密度函数的几何曲线称密度曲线。水文中习惯以纵坐标表示变量 x,横坐标表示概率密度函数值 $f(x)$,如图 3.2 所示。

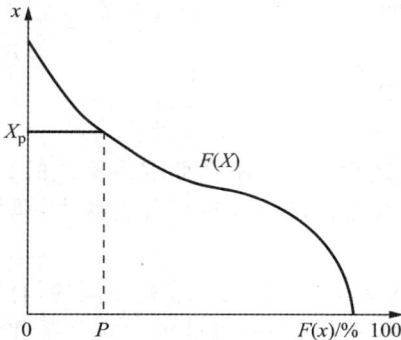

图 3.1　随机变量的概率分布函数　　　　　图 3.2　随机变量的概率分布密度函数

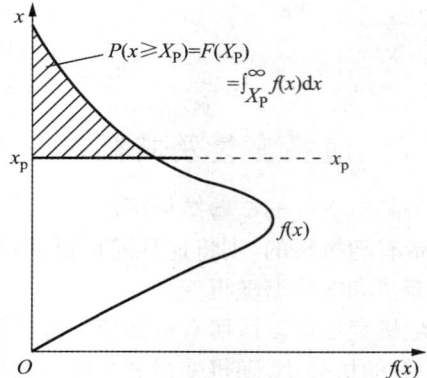

实际上,分布函数与密度函数是微分与积分的关系。因此,已知 $f(x)$,则:

$$F(x) = P(X \geqslant x) = \int_x^\infty f(x)\,dx \tag{3.19}$$

其对应关系可见图 3.1 和图 3.2。

3) 不及制累积概率

当研究事件 $X \leqslant x$ 的概率时,数理统计学中常用分布函数 $G(x)$ 表示:

$$G(x) = P(X \leqslant x) \tag{3.20}$$

称为不及制累积概率形式,相应的水文统计用的分布函数 $F(x)$ 称为超过制累积概率形式,两者之间有如下关系:

$$F(x) = 1 - G(x) \tag{3.21}$$

3.1.3.3　随机变量的统计参数

概率分布曲线完整地刻画了随机变量的统计规律。但在一些实际问题中,有时只要知道概率分布某些特征数值,就能知道随机变量的统计规律。这种以简便的形式显示出随机变量分布规律的某些特征数值称为随机变量的分布参数,也称统计参数。

统计参数有总体统计参数与样本统计参数之分。水文计算中常用的样本统计参数有均值、均方差、变差系数和偏态系数。

1) 均值

均值是位置特征参数,它表示系列中变量的平均情况,反映密度分布的重心,设某水文变量的观测系列(样本)为 $x_1, x_2, \cdots, x_n$,其均值为:

$$\overline{x} = \frac{x_1 p_1 + x_2 p_2 + \cdots + x_n p_n}{p_1 + p_2 + \cdots + p_n} = \frac{\sum\limits_{i=1}^{n} x_i p_i}{\sum\limits_{i=1}^{n} p_i} = \sum\limits_{i=1}^{n} x_i p_i \tag{3.22}$$

亦可写成数学期望：

$$E(X) = \sum\limits_{i=1}^{n} x_i p_i \tag{3.23}$$

连续型随机变量的数学期望：

$$E(X) = \frac{\int_a^b x f(x)\,\mathrm{d}x}{\int_a^b f(x)\,\mathrm{d}x} = \int_a^b x f(x)\,\mathrm{d}x \tag{3.24}$$

令 $k = \dfrac{x_k}{\overline{x}}$，$k$ 为模比系数，则：

$$\overline{k} = \frac{k_1 + k_2 + \cdots + k_n}{n} = \frac{1}{n} \sum\limits_{i=1}^{n} k_i \tag{3.25}$$

2）均方差

均方差反映系列中各变量集中或离散的程度，是离散特征参数，当均值相同时，随机变量之间的离散程度可能差异很大，研究系列集中或离散程度，常采用方差 D_x 或均方差 σ，计算公式为：

$$D_x = \frac{1}{n} \sum (x_i - \overline{x})^2 \tag{3.26}$$

$$\sigma = \sqrt{D_x} \tag{3.27}$$

$(x_i - \overline{x})$ 为离均差，表示变量偏离均值的差值。显然，随机变量分布愈分散，均方差愈大；分布愈集中，均方差愈小。

3）变差系数

均方差是用来衡量系列的绝对离散程度的，水文计算中常用无量纲数——均方差与均值之比作为衡量系列的相对离散程度的一个参数，称为变差系数，或称离差系数、离势系数，用 C_v 表示，其计算式为：

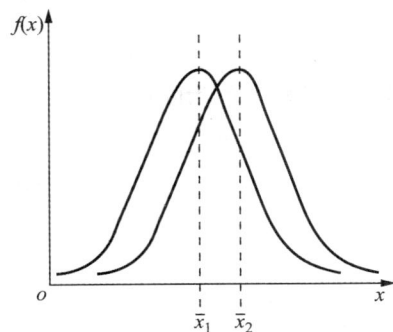

图 3.3 均值对密度曲线的影响（$x_2 > x_1$）

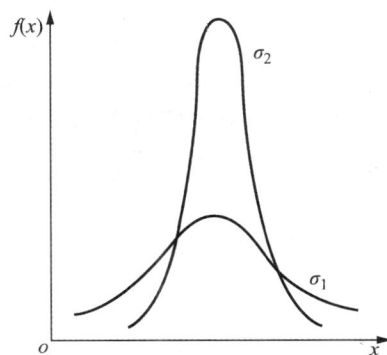

图 3.4 σ 对密度曲线的影响

$$C_v = \frac{\sigma}{\bar{x}} = \sqrt{\frac{\sum (k_i - 1)^2}{n}} \tag{3.28}$$

式中：C_v 是变量 x 换算成模比系数 k 以后的均方差。

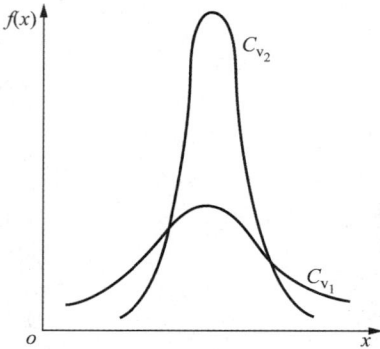

图 3.5 C_v 对密度曲线的影响（$C_{v_1} > C_{v_2}$）

[例 3.1] 甲地区的年雨量分布 $\bar{x}_1 = 1\,200$ mm，标准差 $\sigma_1 = 360$ mm；乙地区的年雨量分布 $\bar{x}_2 = 800$ mm，标准差 $\sigma_2 = 3\,200$ mm。尽管 $\sigma_1 > \sigma_2$，但是 $\bar{x}_2 < \bar{x}_1$，应从相对观点来比较这两个分布的离散程度。

采用一个无因次的数字来衡量分布的相对离散程度，称为离势系数。算得两个地区年雨量的离势系数 $C_{v_1} = 0.30$，$C_{v_2} = 0.40$，说明甲地区的年雨量离散程度较乙地区的小，可以判断，甲地区的降雨多集中于汛期，枯水期雨量较少。

4）偏态系数

在数理统计中采用偏态系数 C_s 作为衡量系列不对称程度的参数，其计算式为：

$$C_s = \frac{\dfrac{\sum (x_i - \bar{x})^3}{n}}{\sigma^3} = \frac{\sum (x_i - \bar{x})^3}{n\sigma^3} \tag{3.29}$$

式 3.29 右端的分子、分母同除以 $(\bar{x})^3$，则得：

$$C_s = \frac{\sum (k_i - 1)^3}{n C_v^3} \tag{3.30}$$

当系列或密度曲线对于 $\bar{x}$ 对称时，$C_s = 0$；当系列对于 $\bar{x}$ 不对称时，$C_s \neq 0$。若 $C_s > 0$，称为正偏，说明大于均值的变量占优势，密度曲线相对于均值呈右偏形态；若 $C_s < 0$，称为负偏，说明小于均值的变量占优势，密度曲线相对于均值呈左偏形态。如图 3.6 所示。

5）矩

矩在统计学中常用来描述随机变量的分布特征，也可用来表示均值等统计参数。矩可分为原点矩和中心矩两种。

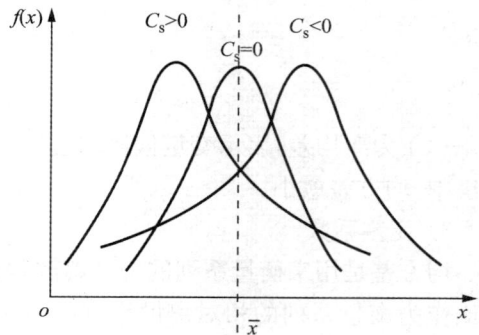

图 3.6 C_s 对密度曲线的影响

（1）原点矩：随机变量 X 对原点离差的 r 次幂的数学期望 $E(X^r)$，称为随机变量 X 的 r 阶原点矩，以符号 m_r 表示，即：

$$m_r = E(X^r) \quad (r = 1, 2, 3, \cdots, n) \tag{3.31}$$

对离散型随机变量，r 阶原点矩为：

$$m_r = E(X^r) = \sum_{i=1}^{n} x_i^r p_i \tag{3.32}$$

对连续型随机变量，r 阶原点矩为：

$$m_r = E(X^r) = \int_{-\infty}^{x} x^r f(x) \mathrm{d}x \tag{3.33}$$

当 $r = 1$ 时，$m_1 = E(X^1) = \bar{x}$，即一阶原点矩就是数学期望，也就是算术平均数（均值）。

（2）中心矩：随机变量 X 对分布中心 $E(X)$ 离差的 r 次幂的数学期望 $E\{[X - E(X)]^r\}$ 称为随机变量 X 的 r 阶中心矩，以符号 μ_r 表示，即：

$$\mu_r = E\{[X - E(X)^r]\} \tag{3.34}$$

对离散型随机变量，r 阶中心矩为：

$$\mu_r = E\{[X - E(X)^r]\} = \sum_{i=1}^{n}[X_i - E(X)]^r p_i \tag{3.35}$$

对连续型随机变量，r 阶中心矩为：

$$\mu_r = E\{[X - E(X)]^r\} = \int_{-\infty}^{+\infty}[X - E(X)]^r f(x)\mathrm{d}x \tag{3.36}$$

当 $r = 2$ 时，$\mu_2 = E\{[X - E(X)^2]\} = \sigma_2$，即二阶中心矩就是标准差的平方（称方差）。

3.2　水文频率曲线线型

水文分析计算中使用的概率分布曲线俗称水文频率曲线，习惯上把由实测资料（样本）绘制的频率曲线称为经验频率曲线，而把由数学方程式所表示的频率曲线称为理论频率曲线。所谓水文频率分布线型是指所采用的理论频率曲线（频率函数）的型式（水文中常用线型为正态分布型、极值分布型、皮尔逊Ⅲ型分布型等），它的选择主要取决于与大多数水文资料的经验频率点据的配合情况。分布线型的选择与统计参数的估算一起构成了频率计算的两大内容。

3.2.1　正态分布

3.2.1.1　正态分布的密度函数及其参数

正态分布具有如下形式的概率密度函数：

$$f(x) = \frac{1}{\sigma\sqrt{2\pi}}e^{\frac{(x-\bar{x})^2}{2\sigma^2}}, \ (-\infty < x < +\infty)$$

$$\tag{3.37}$$

式中：$\bar{x}$ 为平均数；σ 为标准差；e 为自然对数的底。

3.2.1.2　频率格纸

正态频率分布曲线在普通格纸上是一条规则的倒"S"形曲线，它与 $P = 50\%$ 前后的曲线方向虽然相

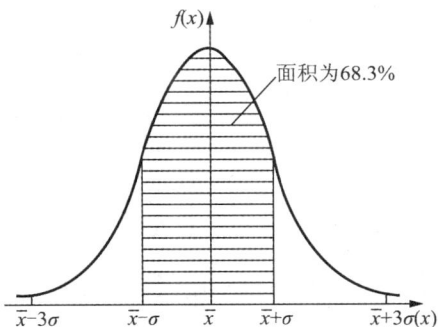

图 3.7　正态分布密度曲线

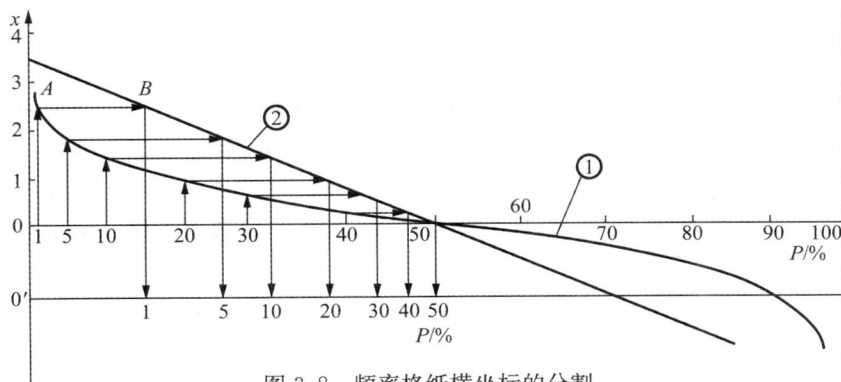

图 3.8　频率格纸横坐标的分割

反,但形状完全一样,如图 3.8 中①线。水文计算中常用的一种"频率格纸",其横坐标的分划就是按把标准正态频率曲线拉成一条直线的原理计算出来的,如图 3.8 中的②线。

3.2.2　对数正态分布

当随机变量 x 的对数值服从正态分布时,称 x 的分布为对数正态分布。对于两参数正态分布而言,变量 x 的对数:

$$y = \ln x \tag{3.38}$$

服从正态分布时,y 的概率密度函数为:

$$g(y) = \frac{1}{\sigma_y \sqrt{2\pi}} \exp\left[-\frac{(y-a_y)^2}{2\sigma_y^2}\right], (-\infty < y < +\infty) \tag{3.39}$$

式中:a_y 为随机变量 y 的数学期望;σ_y^2 为随机变量 y 的方差。

由此可得到随机变量 x 的概率密度函数:

$$f(x) = \frac{1}{x\sigma_y \sqrt{2\pi}} \exp\left[-\frac{(\ln x-a_y)^2}{2\sigma_y^2}\right], (x > 0) \tag{3.40}$$

式 3.40 的概率密度函数包含了 a_y 和 σ_y 两个参数,故称为两参数对数正态曲线。

因 $x = e^y$,故式 3.40 又可写成:

$$f(x) = \frac{1}{x\sigma_y \sqrt{2\pi}} \exp\left[-\frac{(y-\bar{y})^2}{2\sigma_y^2}\right] \tag{3.41}$$

由矩法可以得到各个统计参数,即:

$$\bar{x} = \exp(a_y + \frac{1}{2}\sigma_y^2) \tag{3.42}$$

$$C_v = [\exp(\sigma_y^2) - 1]^{\frac{1}{2}} \tag{3.43}$$

$$C_s = [\exp(\sigma_y^2) - 1]^{\frac{1}{2}}[\exp(\sigma_y^2) + 2] \geqslant 0 \tag{3.44}$$

所以,两参数对数正态分布是正偏的。

3.2.3　皮尔逊Ⅲ(P-Ⅲ)型曲线

3.2.3.1　P-Ⅲ型曲线的概率密度函数

P-Ⅲ型曲线是一条一端有限一端无限的不对称单峰、正偏曲线(见图 3.9),数学上常称伽马分布,其概率密度函数为:

$$f(x) = \frac{\beta^\alpha}{\Gamma(\alpha)}(x-a_0)^{\alpha-1}e^{-\beta(x-a_0)} \tag{3.45}$$

式中:$\Gamma(\alpha)$ 为 α 的伽马函数;α、β、a_0 分别为 P-Ⅲ型分布的形状尺度和位置未知参数,$\alpha > 0, \beta > 0$。

显然,三个参数确定以后,该密度函数随之可以确定。可以推论,这三个参数与总体三个参数 $\bar{x}$、C_v、C_s 具有如下关系:

$$\alpha = \frac{4}{C_s^2} \tag{3.46}$$

$$\beta = \frac{2}{\bar{x}C_v C_s} \tag{3.47}$$

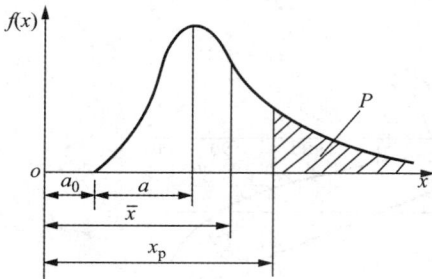

图 3.9　P-Ⅲ型概率密度曲线

$$a_0 = \bar{x}\left(1 - \frac{2C_v}{C_s}\right) \tag{3.48}$$

3.2.3.2 P-Ⅲ型频率曲线及其绘制

水文计算中，一般需要求出指定频率 P 所相应的随机变量取值 x_p，也就是通过对密度曲线进行积分，即：

$$P = P(x \geqslant x_p) = \frac{\beta^\alpha}{\Gamma(\alpha)}\int_{x_p}^{\infty}(x - a_0)^{\alpha-1}e^{-\beta(x-a_0)}\,\mathrm{d}x \tag{3.49}$$

求出等于及大于 x_p 的累积频率 P 值。直接由式 3.49 计算 P 值非常麻烦，实际做法是通过变量转换，变换成下面的积分形式：

$$P(\Phi \geqslant \Phi_p) = \int_{\Phi_p}^{\infty} f(\Phi \cdot C_s)\,\mathrm{d}\Phi \tag{3.50}$$

式 3.50 中被积函数只含有一个待定参数 C_s，其他两个参数及 C_v 都包含在 Φ 中，是标准化变量，$\Phi = \dfrac{x - \bar{x}}{\bar{x}C_v}$ 称为离均系数。Φ 的均值为 0，标准差为 1。因此，只需要假定一个 C_s 值，便可从式 3.50 通过积分求出 P 与 Φ 之间的关系。P-Ⅲ型曲线没有解析解，对于若干个给定的 C_s 值，x 的对应数值已先后由美国福斯特和苏联雷布京制作出来（见表 3.2），由 Φ 就可以求出相应频率 P 的 x 值：

$$x = \bar{x}(1 + C_v\Phi) \tag{3.51}$$

表 3.2　P-Ⅲ型频率曲线的离均系数值表（摘录，$C_s = 2C_v$）

C_s \ $P/\%$	0.1	1	5	20	50	80	95	99	99.9
0.0	3.09	2.33	1.64	0.84	0.00	−0.84	−1.64	−2.33	−3.09
0.1	3.23	1.67	2.0	0.84	−0.02	−0.85	−1.62	−2.25	−2.95
0.2	3.38	2.47	1.70	0.83	−0.03	−0.85	−1.59	−2.18	−2.81
0.3	3.52	2.54	1.73	0.82	−0.05	−0.85	−1.55	−2.10	−2.67
0.4	3.67	2.62	1.75	0.82	−0.07	−0.85	−1.52	−2.03	−2.54
0.5	3.81	2.68	1.77	0.81	−0.08	−0.85	−1.40	−1.96	−2.40
0.6	3.96	2.75	1.80	0.80	−0.10	−0.85	−1.45	−1.88	−2.27
0.7	4.10	2.82	1.82	0.79	−0.12	−0.85	−1.42	−1.81	−2.14
0.8	4.24	2.89	1.84	0.78	−0.13	−0.85	−1.38	−1.74	−2.02
0.9	4.39	2.96	1.86	0.77	−0.15	−0.85	−1.35	−1.66	−1.90
	4.53	3.02	1.88	0.76	−0.16	−0.85	−1.32	−1.59	−1.79

3.2.3.3 P-Ⅲ型频率曲线的应用

在频率计算时，由已知的 C_s 值，查 Φ 值表得出不同的 P 的 Φ 值，然后利用已知 $\bar{x}$、C_v，通过式 3.50 即可求出与各种 P 相应的 x 值，从而可绘制出 P-Ⅲ型频率曲线。

当 C_s 等于 C_v 的一定倍数时，P-Ⅲ型频率曲线的模比系数 $k_p = \dfrac{x_p}{\bar{x}}$，也已制成表格（见表

3.3)。计算频率时,由已知的 C_s 和 C_v 可以从表 3.2 中查出与各种频率 P 相对应的 k_p 值,然后即可算出与各种频率对应的 $x_p = k_p \cdot \bar{x}$。有了 P 和 x_p 的一些对应值,即可绘制出 P-Ⅲ型频率曲线。

表 3.3　P-Ⅲ型频率曲线的模比系数 k_p 值表（摘录,$C_s = 2C_v$）

$P/\%$ C_s	0.1	1	5	20	50	75	90	95	99
0.05	1.16	1.12	1.08	1.04	1.00	0.97	0.94	0.92	0.89
0.10	1.34	1.25	1.17	1.08	1.00	0.93	0.87	0.84	0.78
0.20	1.73	1.52	1.35	1.16	0.99	0.86	0.75	0.70	0.59
0.30	2.19	1.83	1.54	1.24	0.97	0.78	0.64	0.56	0.44
0.40	2.70	2.15	1.74	1.31	0.95	0.71	0.53	0.45	0.30
0.50	3.27	2.51	1.94	1.38	0.92	0.64	0.44	0.34	0.21
0.60	3.89	2.89	2.15	1.44	0.89	0.56	0.35	0.26	0.13
0.70	4.56	3.29	2.36	1.50	0.85	0.49	0.27	0.18	0.08
0.80	5.30	3.71	2.57	1.54	0.81	0.42	0.21	0.12	0.04
0.90	6.08	4.15	2.78	1.58	0.75	0.35	0.15	0.08	0.02
1.00	6.91	4.16	3.00	1.61	0.69	0.29	0.11	0.05	0.01

3.2.4　经验频率曲线

上述各种频率曲线是用数学方程式来表示的,属于理论频率曲线。在水文计算中还有一种经验频率曲线,是由实测资料绘制而成的,它是水文频率计算的基础,具有一定的实用性。

3.2.4.1　经验频率曲线的绘制

根据实测水文资料,按从大到小的顺序排列(见图 3.10),然后用经验频率公式计算系列中各项的频率,称为经验频率。以水文变量 x 为纵坐标,以经验频率 P 为横坐标,点绘经验频率点据,根据点群趋势绘出一条平滑的曲线,称为经验频率曲线,图 3.11 为某站年最大洪峰流量经验频率曲线。有了经验频率曲线,即可在曲线上求得指定频率 P 的水文变量值 x。

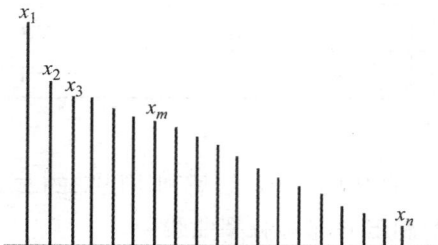

图 3.10　水文系列按大小排列示意图

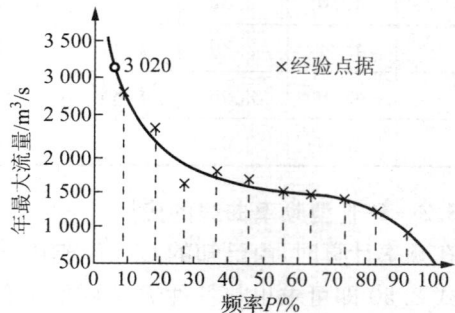

图 3.11　某站年最大洪峰流量经验频率曲线

对经验频率的计算，目前我国水文计算上广泛采用的是数学期望公式：

$$P = \frac{m}{n+1} \times 100\% \qquad (3.52)$$

式中：P 为等于和大于 x_m 的经验频率；m 为 x_m 的序号，即等于和大于 x_m 的项数；n 为系列的总项数。

[例 3.2] 根据某地年降雨量观测数据，绘制某地年降雨量经验分布曲线。

表 3.4 某地降雨量频率计算表

测次 m （总次数为 n）	观测值 x /mm	按大小顺序 排列 x_m /mm	大于或等于 x_m 的次数	频率 P	
				m/n	%
1	1 010	1 310	1	1/12	8.3
2	905	1 210	2	2/12	16.7
3	1 100	1 100	3	3/12	25.0
4	1 210	1 050	4	4/12	33.3
5	850	1 010	5	5/12	41.7
6	920	990	6	6/12	50.0
7	1 050	950	7	7/12	58.3
8	990	920	8	8/12	67.7
9	820	910	9	9/12	75.0
10	1 310	905	10	10/12	83.3
11	910	850	11	11/12	91.7
12	950	820	12	12/12	100

由表 3.4 所示资料即可绘制该地区年降雨量经验分布曲线（见图 3.12）。

3.2.4.2 经验频率曲线存在的问题

经验频率曲线计算工作量小，绘制简单，查用方便，但受实测资料所限，往往难以满足设计上的需要。为此，提出用理论频率曲线来配合经验点据，这就是水文频率计算适线（配线）法。

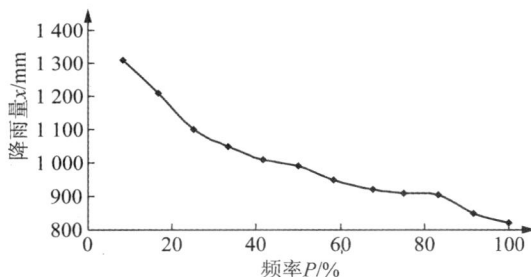

3.2.5 频率与重现期的关系

频率曲线绘制后，就可在频率曲线上求

图 3.12 年降雨量频率和降雨量的关系

出指定频率 P 的设计值 x_p。由于"频率"较为抽象，水文上常用"重现期"来代替"频率"。所谓重现期是指某随机变量的取值在长时期内平均多少年出现一次，又称多少年一遇。根据研究问题的性质不同，频率 P 与重现期 T 的关系有两种表示方法。

（1）为了防洪研究暴雨洪水问题时，一般设计频率 $P < 50\%$，则：

$$T = \frac{1}{p} \qquad (3.53)$$

式中：T 为重现期，单位为年；p 为频率，单位为％。

（2）当考虑水库兴利调节研究枯水问题时，设计频率 $P > 50\%$，则：

$$T = \frac{1}{1-p} \tag{3.54}$$

3.3 频率曲线参数估计方法

在概率分布函数中都含有一些表示分布特征的参数，例如 P-Ⅲ 型分布曲线中就包含有 $\bar{x}$、C_v、C_s 这三个参数。水文频率曲线线型选定之后，为了具体确定出概率分布函数，就得估计出这些参数。

目前，由样本估计总体参数的方法主要有矩法、三点法、权函数法等。

3.3.1 矩法

矩法是用样本矩估计总体矩，并通过矩和参数之间的关系来估计频率曲线参数的一种方法。

用样本估计总体参数会产生一定的偏差。假设有许多同样容量的样本系列，每一样本系列都可计算出统计参数，其多个样本参数的期望值等于相应的总体参数，则称此估计值为无偏估计值；反之，不等于相应的总体参数，则成为有偏估计。

如前所述，一阶原点矩的计算公式就是均值，均方差 σ 的计算式为二阶中心矩开方，偏态系数 C_s 计算式中的分子则为三阶中心矩。由此，得到计算参数的式 3.23、式 3.27、式 3.28 和式 3.30，它们与相应的总体相应参数不一定相等。

根据统计推理，由矩法估计的多个样本均值的期望值可望等于总体的均值，因此，样本的均值为无偏估计值。而 C_v 和 C_s 是有偏估计值，水文学计算上通常使用修正公式作为配线法的参考数值（配线法将在后面介绍）。通常认为这些修正公式得到的值是无偏估计值：

$$\bar{x} = \frac{1}{n}\sum_{i=1}^{n} x_i \tag{3.55}$$

$$\sigma = \sqrt{\frac{\sum (x_i - \bar{x})^2}{n-1}} \tag{3.56}$$

$$C_v = \sqrt{\frac{\sum (k_i - 1)^2}{n-1}} \tag{3.57}$$

$$C_s = \frac{\sum (k_i - 1)^3}{(n-3)C_v^3} \tag{3.58}$$

以上无偏估计值的概念，是从平均意义上讲的，其多组同容量的样本参数获得的平均数可望等于相应的总体参数，而不是说一个样本的估计量是无偏的。

3.3.2 三点法

三点法是在已知的 P-Ⅲ 型曲线上任取三点，其坐标为（x_{p_1}，p_1）、（x_{p_2}，p_2）和（x_{p_3}，p_3），由式 3.51 可以建立三个方程，联解便可得到三个统计参数。

先按经验频率点据绘出经验频率曲线,并假定它近似代表 P-Ⅲ型曲线。在此曲线上取三个点:p_1 一般都取 50%,p_2 和 p_3 则取对称值,即 $p_2 = 1 - p_3$,一般多用 $P = 5\% - 50\% - 95\%$,有时根据计算要求也有取 $P = 1\% - 50\% - 99\%$,$P = 3\% - 50\% - 97\%$,$P = 10\% - 50\% - 90\%$;相应有 x_{p_1}、x_{p_2} 和 x_{p_3} 三个值,如图 3.13 所示。

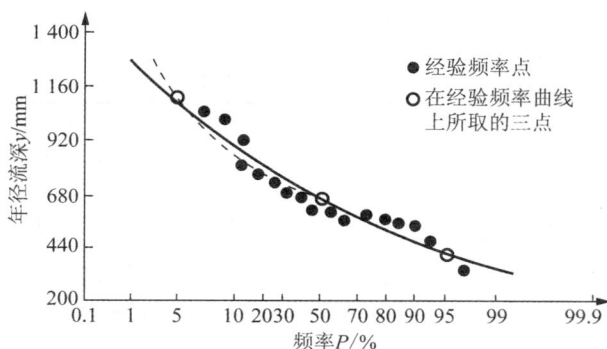

图 3.13 三点法在经验频率曲线上取点示意图

令

$$s = \frac{x_{p_1} + x_{p_3} - 2x_{p_2}}{x_{p_1} - x_{p_3}} \tag{3.59}$$

称 s 为偏度系数,当 p_1, p_2, p_3 已取定时,则有:

$$s = M(C_s) \tag{3.60}$$

制成三点法用表——s 与 C_s 的关系表(见表 3.5,其他见附表 6),用式 3.59 计算出 s 后,就可从表中查出相应的 C_s 值。统计参数就可用下面的公式计算:

$$\sigma = \frac{x_{p_1} - x_{p_3}}{\Phi(p_1, C_s) x_{p_3} - \Phi(p_3, C_s) x_{p_1}} \tag{3.61}$$

及

$$\bar{x} = \frac{x_{p_3} \Phi(p_1, C_s) - x_{p_1} \Phi(p_2, C_s)}{\Phi(p_1, C_s) - \Phi(p_3, C_s)} \tag{3.62}$$

$$C_v = \frac{\sigma}{\bar{x}} \tag{3.63}$$

其中的离均系数 $\Phi(p_1, c_s)$、$\Phi(p_2, c_s)$ 和 $\Phi(p_3, c_s)$,可从表 3.2 中得到,进一步可计算出 σ、$\bar{x}$ 和 C_v。

表 3.5 三点法用表($P = 5\% - 50\% - 95\%$ 时 s 与 C_s 关系)

s	0	1	2	3	4	5	6	7	8	9
0	0.00	0.04	0.08	0.12	0.16	0.20	0.24	0.27	0.31	0.35
0.1	0.38	0.41	0.45	0.48	0.52	0.55	0.59	0.63	0.66	0.70
0.2	0.73	0.76	0.80	0.84	0.87	0.90	0.94	0.98	1.01	1.04
0.3	1.08	1.11	1.14	1.18	1.21	1.25	1.28	1.31	1.35	1.38
0.4	1.42	1.46	1.49	1.52	1.56	1.59	1.63	1.66	1.70	1.74
0.5	1.78	1.81	1.85	1.88	1.92	1.95	1.99	2.03	2.06	2.10

（续表）

s	0	1	2	3	4	5	6	7	8	9
0.6	2.13	2.17	2.20	2.24	2.28	2.32	2.36	2.40	2.44	2.48
0.7	2.53	2.57	2.62	2.66	2.70	2.76	2.81	2.86	2.91	2.97
0.8	3.02	3.07	3.13	3.19	3.25	3.32	3.38	3.46	3.52	3.60
0.9	3.70	3.80	3.91	4.03	4.17	4.32	4.49	4.72	4.94	5.43

3.3.3 权函数法

当样本容量较小时用矩法估计参数，会产生一定的计算误差，其中尤以 C_s 的计算误差最大。为提高 C_s 的计算精度，近年来提出了不少方法，其中以权函数法比较有效。权函数法是马秀峰于 1984 年提出的，它的实质在于用一、二阶权函数矩来推求 C_s，具体计算式如下：

$$C_s = 4\bar{x}C_v \frac{E}{G} \tag{3.64}$$

式中：E 和 G 分别为一阶和二阶加权中心矩，

$$E = \frac{1}{n} \sum_{i=1}^{n} (\bar{x} - x_i)\varphi(x_i) \tag{3.65}$$

$$G = \frac{1}{n} \sum_{i=1}^{n} (\bar{x} - x_i)^2 \varphi(x_i) \tag{3.66}$$

$\varphi(x_i)$ 称为权函数，一般用正态分布的密度函数表示，即

$$\varphi(x_i) = \frac{1}{\sigma \sqrt{2\pi}} e^{-\frac{1}{2}\left(\frac{x_i - \bar{x}}{\sigma}\right)^2} \tag{3.67}$$

权函数的引入使估计 C_s 只用到二阶矩，和矩法相比降了一阶，从而有效地提高了 C_s 估计精度。此外，权函数增加了靠近均值各项的权重，消减了远离均值各项的权重，也有助于提高 C_s 的估计精度。

上述权函数法只对 C_s 的估计作了改进，实际上，矩法估计的 C_v 也常常与总体的 C_v 有偏差，为了提高 C_v 的精度，刘光文于 1990 年提出数值积分双权函数法，引入第二个权重函数，同时提出采用数值积分公式计算权重函数矩，以进一步提高计算精度。该法是对权函数法的改进，但计算比较麻烦，可参考《水利水电工程设计洪水计算手册》。

3.3.4 概率权重矩法

概率权重矩法是格林伍德（J. A. Greenwood）等人于 1979 年提出的参数估计方法。这一方法适用的条件是分布函数 $F(x)$ 的反函数 $f(x)$ 为显式。P-Ⅲ型分布的反函数不能表示为显式，所以按照当时的观点，这一方法难以用于估计 P-Ⅲ型参数。我国的宋德敦和丁晶于 1988 年建立了 P-Ⅲ型分布参数于概率权重矩的关系式，从而首次将这一方法用于我国的水文计算。

经过严格的证明，P-Ⅲ型分布中的三个参数与概率权重矩有下列关系：

$$\bar{x} = M_0 \tag{3.68}$$

$$C_v = H(R)\left(\frac{M_1}{M_0} - \frac{1}{2}\right) \tag{3.69}$$

$$C_s = C_s(R) \tag{3.70}$$

式中：

$$R = \frac{M_2 - \frac{1}{3}M_0}{M_1 - \frac{1}{2}M_0} \tag{3.71}$$

其中 M_0、M_1 和 M_2 分别是零阶、一阶和二阶概率权重矩，由下式估计：

$$M_0 = \frac{1}{n}\sum_{i=1}^{n} x_i \tag{3.72}$$

$$M_1 = \frac{1}{n}\sum_{1}^{n} x_i \frac{n-i}{n-1} \tag{3.73}$$

$$M_2 = \frac{1}{n}\sum_{i=1}^{n} x_i \frac{(n-i)(n-i-1)}{(n-1)(n-2)} \tag{3.74}$$

式中：x_i 为由大到小排列的样本系列。

$H(R)$ 和 $C_s(R)$ 是 R 的两个函数，不能写出精确的解析式，其数量关系有表可查，也有如下近似式：

$$C_s = 16.41u - 13.51u^2 + 10.72u^3 + 94.54u^4 \tag{3.75}$$

式中：$u = (R-1)/(\frac{4}{3} - R)^{0.12}$。

$$H = 3.545 + 29.85V - 29.15V^2 + 363.8V^3 + 6\,093V^4 \tag{3.76}$$

式中：$V = (R-1)^2/(\frac{4}{3} - R)^{0.14}$。

式 3.75 和式 3.76 的适用范围为 $1 \leqslant R \leqslant \frac{4}{3}$。若 $R < 1$，则表明 $C_s < 0$，在这种情况下，应以 $(2-R)$ 代替式 3.75 和式 3.76 中的 R，并将所求的 C_s 反号。

显然，该法为矩法的推广，在求矩时加入了概率的权重，所以叫概率权重法。该法不仅利用了样本序列各项大小的信息，而且还利用序位的信息，在估计概率权重矩时，只需 x 值的一次方，避免了高次方引起的较大误差。

3.4　水文频率计算适线法

适线法（或称配线法）是以经验频率点据为基础，在一定的适线准则下，求解与经验点据拟合最优的频率曲线参数，是我国估计水文频率曲线统计参数的主要方法。适线法主要有两大类：目估适线法和优化适线法。

3.4.1　目估适线法

目估适线法又称目估配线法，是以经验频率点据为基础，给它们选配一条较好的理论频率曲线，并以此来估计水文要素总体的统计规律。具体步骤如下：

（1）将实测资料由大到小排列，计算各项的经验频率，在频率格纸上点绘经验点据（纵坐标为变量的取值,横坐标为对应的经验频率)。

(2) 选定水文频率分布线型(一般选用 P-Ⅲ 型)。

(3) 先采用矩法或其他方法估计出频率曲线参数的初估值 $\bar{x}$、C_v,而 C_s 凭经验初选为 C_v 的倍数。

(4) 根据拟定的 $\bar{x}$、C_v 和 C_s,查表 3.2 或表 3.3,计算 x_p 值。以 x_p 为纵坐标,p 为横坐标,即可得到频率曲线。将此线画在绘有经验点据的图上,看与经验点据配合的情况。若不理想,可通过调整 $\bar{x}$、C_v 和 C_s 点绘频率曲线。

(5) 最后根据频率曲线与经验点据的配合情况,从中选出一条与经验点据配合较好的曲线作为采用曲线,相应于该曲线的参数便看作是总体参数的估值。

(6) 根据选定的曲线查找指定频率对应的水文变量设计值。

[例 3.2]　某站有 24 年实测降水量资料,总体分布曲线选定为 P-Ⅲ 型,试求其特征参数,并求频率为 20% 和 90% 的年降水量。

求解:将原始资料按大小次序排列,列入表 3.6 中第(4)列。

(1) 用公式 $P = \dfrac{m}{n+1} \times 100\%$ 计算经验频率,列入表中第(8)列,并将 x 与 P 一一对应,点绘于概率格纸上(见图 3.14)。

表 3.6　某站年降水量频率计算表

资料		经验频率及统计参数的计算					
年份	年降水量 x /mm	序号	按大小排列的 x_i /mm	模比系数 k_i	$k_i - 1$	$(k_i - 1)^2$	$P = \dfrac{m}{n+1}$ /%
(1)	(2)	(3)	(4)	(5)	(6)	(7)	(8)
1956	538.3	1	1 064.5	1.60	0.60	0.360	4
1957	624.9	2	998.0	1.50	0.50	0.250	8
1958	663.2	3	964.2	1.45	0.45	0.202	12
1959	591.7	4	883.5	1.33	0.33	0.104	16
1960	557.2	5	789.3	1.18	0.18	0.032	20
1961	998.0	6	769.2	1.15	0.15	0.022	24
1962	641.5	7	732.9	1.10	0.10	0.010	28
1963	341.1	8	709.0	1.07	0.07	0.005	32
1964	964.2	9	687.3	1.03	0.03	0.001	36
1965	687.3	10	663.2	1.00	0.00	0.000	40
1966	546.7	11	641.5	0.96	−0.04	0.002	44
1967	509.9	12	624.9	0.94	−0.06	0.004	48
1968	769.2	13	615.5	0.92	−0.08	0.006	52
1969	615.5	14	606.7	0.91	−0.09	0.008	56
1970	417.1	15	591.7	0.89	−0.11	0.012	60

（续表）

资料				经验频率及统计参数的计算			
年份	年降水量 x/mm	序号	按大小排列的 x_i/mm	模比系数 k_i	k_i-1	$(k_i-1)^2$	$P=\dfrac{m}{n+1}$/%
(1)	(2)	(3)	(4)	(5)	(6)	(7)	(8)
1971	789.3	16	587.7	0.88	−0.12	0.014	64
1972	732.9	17	586.7	0.88	−0.12	0.014	68
1973	1 064.5	18	567.4	0.85	−0.15	0.022	72
1974	606.7	19	557.2	0.84	−0.16	0.026	76
1975	586.7	20	546.7	0.82	−0.18	0.032	80
1976	567.4	21	538.3	0.81	−0.19	0.036	84
1977	587.7	22	509.9	0.77	−0.23	0.053	88
1978	709.0	23	417.1	0.63	−0.37	0.137	92
1979	883.5	24	341.1	0.51	−0.49	0.240	96
总计	15 993.5		15 993.5	24.02	0.02	1.592	

（2）计算系列的多年平均降水量 $\bar{x}=(\sum\limits_{i=1}^{n}x_i)/n=15\,993.5/24=666.4$ mm。

（3）计算各项的模比系数 $k_i=x_i/\bar{x}$，记入表中第（5）列，其总和应等于 n（表中有 0.02 的误差，这是允许的）。

（4）计算各项的 (k_i-1)，列入表中第（6）列，其总和应为零（表 3.6 中为 −0.02）。

（5）计算 $(k_i-1)^2$，列入表 3.7 中第（4）列，利用式 3.77 可求得 C_v。

$$C_v=\sqrt{\frac{\sum\limits_{i=1}^{n}(k_i-1)^2}{n-1}}=\sqrt{\frac{1.592}{23}}=0.26 \tag{3.77}$$

（6）选定 $C_v=0.30$，并假定 $C_s=2C_v=0.60$，查表 3.1，3.7 并利用式 $k_p=\Phi_p C_v+1$ 或利用表 3.2 直接查 k_p 值表，得出相应于各种频率的 x_p 值，如表中第（3）列。

（7）改变参数，重新配线。因为上述曲线头尾都偏低，故需增大 C_s。选定 $C_v=0.30$，$C_s=3C_v=0.90$，查有关数表求出各 k_p 值并计算出各 x_p 值，列入表中第（4）、（5）列，经点绘曲线，发现曲线的头部和尾部反而有些偏高，配线仍不理想。

（8）再次改变参数，第三次配线。现在需要把 C_s 稍微改小一些。选定 $C_v=0.30$，$C_s=2.5C_v=0.75$，查有关数表求出各 k_p 值并计算出各 x_p 值，列入表中第（6）、（7）列中。用（1）、（7）列中的对应数值绘出频率曲线（见图 3.14）。该线与经验点据配合较好，即取为最后采用的频率曲线，而最初试配的两条频率曲线均未绘出。最后采用的频率曲线参数为 $\bar{x}=666.4$ mm，$C_v=0.30$ 和 $C_s=2.5C_v$。

（9）求得 $p=10\%$ 的年降水量为 933 mm，$p=90\%$ 的年降水量为 433 mm。

表 3.7　频率曲线选配计算表

频率 $P/\%$	第一次配线 $\bar{x}=666.4$ $C_v=0.30$ $C_s=2C_v=0.60$		第二次配线 $\bar{x}=666.4$ $C_v=0.30$ $C_s=3C_v=0.90$		第三次配线 $\bar{x}=666.4$ $C_v=0.30$ $C_s=2.5C_v=0.75$	
	k_p	x_p	k_p	x_p	k_p	x_p
(1)	(2)	(3)	(4)	(5)	(6)	(7)
1	1.83	1219	1.89	1259	1.86	1239
5	1.54	1025	1.56	1039	1.55	1032
10	1.40	933	1.40	933	1.40	933
20	1.24	826	1.23	820	1.24	826
50	0.97	646	0.96	640	0.96	640
75	0.78	520	0.78	520	0.78	520
90	0.64	426	0.66	439	0.65	433
95	0.56	373	0.60	400	0.58	386
99	0.44	293	0.50	333	0.47	313

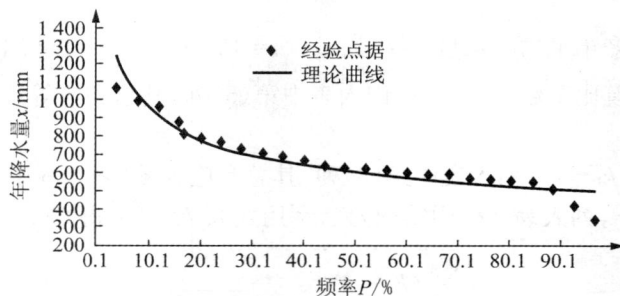

图 3.14　年降水量和频率的关系曲线

　　适线法的关键在于"最佳配合"的判别,上例是由人们目估判断,通常称为目估适线。目估适线缺乏客观标准,成果在一定程度上受到人为因素的影响。为克服这一缺点,出现一种优化适线。

3.4.2　优化适线法

　　优化适线法是在一定的适线准则(即目标函数)下,求解与经验点据拟合最优的频率曲线的统计参数的方法。随着计算机的推广普及,带有一定准则的计算机优化适线也常为许多统计单位使用。优化适线法按不同的适线准则分为三种,即离差平方和最小准则(OLS)、离差绝对值和最小准则(ABS)、相对离差平方和最小准则(WLS),其中以离差平方和最小准则(OLS)最为常用。本节仅对 OLS 方法作简要介绍,使读者对该方法有个概略的了解。

　　离差平方和准则的适线法又称最小二乘估计法。频率曲线统计参数的最小二乘估计是使经验点据和同频率的频率曲线纵坐标之差的平方和达到极小。对于 P-Ⅲ型曲线,使下列目标

函数

$$S(Q) = \sum_{i=1}^{n} \left[x_i - f(P_i, Q) \right]^2, \quad i = 1, 2, \cdots, n \tag{3.78}$$

取极小值,即:

$$S(\hat{Q}) = \min S(Q) \tag{3.79}$$

式中:Q 为参数($\bar{x}$、C_v、C_s);$\hat{Q}$ 为参数 Q 的最小二乘估计;P_i 为频率;n 为系列长度;$f(P_i,Q)$ 为频率曲线坐标,一般可写成 $f(P_i,Q) = \bar{x}[1 + C_v \Phi]$;$\Phi$ 为离均系数,为频率 P_i 和 C_s 的函数,有表可查(见附表3)。

由样本通过矩法估计的均值误差较小,一般不再通过优化适线估计。因此,通常以优化法只估计两个参数,即 C_v 和 C_s。

欲使 $S(Q)$ 为最小,可将 S 对 Q 求偏导数,并使之等于 0,即:

$$\frac{\partial S(\hat{Q})}{\partial Q} = 0 \tag{3.80}$$

求解上述正规方程组一般采用优选搜索法。在事先拟定的精度指标下,通过搜索可最后得到所求的参数 C_v 和 C_s 值。

3.4.3　统计参数对频率曲线的影响

为了避免配线时调整参数的盲目性,必须了解 P-Ⅲ型分布的统计参数对频率曲线的影响。

3.4.3.1　均值 $\bar{x}$ 对频率曲线的影响

当 P-Ⅲ型频率曲线的两个参数 C_v 和 C_s 不变时,由于均值 $\bar{x}$ 的不同,可以使频率曲线发生很大的变化,如图 3.15 所示。

3.4.3.2　变差系数 C_v 对频率曲线的影响

为了消除均值 $\bar{x}$ 的影响,我们以模比系数 K 为变量绘制频率曲线,如图 3.16 所示。图中

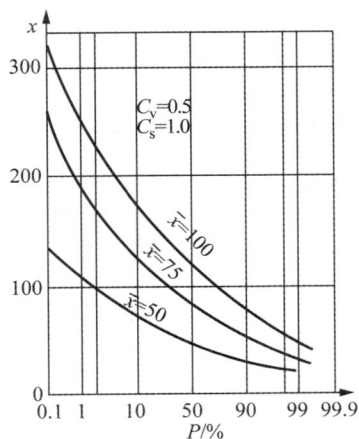

图 3.15　均值 $\bar{x}$ 对频率曲线的影响

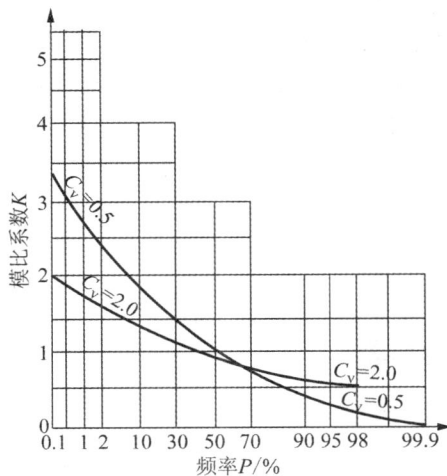

图 3.16　变差系数 C_v 对频率曲线的影响
($C_{v_1} > C_{v_2}$，$C_s = 1$)

$C_s = 1.0, C_v = 0$ 时,随机变量的取值都等于均值,此时频率曲线即为 $k=1$ 的一条水平线,随着 C_v 的增大,频率曲线的偏离程度也随之增大,曲线显得越来越陡。

3.4.3.3　偏态系数 C_s 对频率曲线的影响

图 3.17 表示 $C_v=0.1$ 时种种不同的 C_s 对频率曲线的影响情况。从图中可以看出,正偏情况下,C_s 愈大,均值(即图中 $k=1$)对应的频率愈小,频率曲线的中部愈向左偏,且上段愈陡,下段愈平缓。

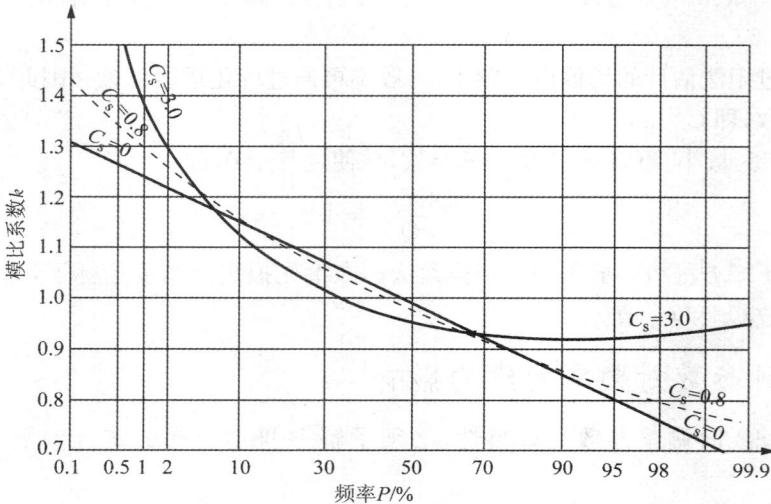

图 3.17　偏态系数 C_s 对频率曲线的影响($C_v=0.1$)

3.4.4　抽样误差

3.4.4.1　参数的抽样误差

用单个样本的统计参数来代替总体的统计参数是存在一定误差的,这种误差是由于从总体中随机抽取的样本与总体有差异而引起的,与计算误差不同,称为抽样误差。

对于单个样本的参数如均值,其抽样误差是各不相同的,有的大,有的小。由于总体的均值 $E(X)$ 是未知的,对某一样本平均值的抽样误差无法准确求得,如表 3.8 所示。

表 3.8　样本均值的抽样误差

样本	样本均值	样本均值的抽样误差
第 1 个样本,$1X_1, 1X_2, \cdots, 1X_n$	X_{n_1}	$\Delta x_1 = X_{n_1} - E(X)$
第 2 个样本,$2X_1, 2X_2, \cdots, 2X_n$	X_{n_2}	$\Delta x_2 = X_{n_2} - E(X)$
第 3 个样本,$3X_1, 3X_2, \cdots, 3X_n$	X_{n_3}	$\Delta x_3 = X_{n_3} - E(X)$
……	……	……

但我们知道,抽样误差的大小与总体分布和抽样分布有关,因此它可由表征抽样分布离散程度的均方误来衡量。对于 P-Ⅲ型分布,用矩法估算参数时,分别以 $\sigma_{\bar{x}}$、σ_σ、σ_{c_v} 和 σ_{c_s} 代表 $\bar{x}$、σ、

C_v 和 C_s 样本参数的均方误,其计算公式为:

$$\sigma_{\bar{x}} = \frac{\sigma}{\sqrt{n}} \tag{3.81}$$

$$\sigma_\sigma = \frac{\sigma}{\sqrt{2n}}\sqrt{1+\frac{3}{4}C_s^2} \tag{3.82}$$

$$\sigma_{C_v} = \frac{c_v}{\sqrt{2n}}\sqrt{1+2C_v^2+\frac{3}{4}C_s^2-2C_vC_s} \tag{3.83}$$

$$\sigma_{C_s} = \sqrt{\frac{6}{n}(1+\frac{3}{2}C_s^2+\frac{5}{16}C_s^4)} \tag{3.84}$$

由上述公式可见,抽样误差的大小,随样本项数 n、C_v、和 C_s 的大小而变化。样本容量大,对总体的代表性就好,其抽样误差就小,这就是为什么在水文计算中总是想方设法取得较长的水文系列的原因。

例如,表 3.9 为某统计系列中各样本参数的均方误差(相对误差,%)。

表 3.9　某统计系列中各样本参数的均方误差

参数	$\bar{x}$				C_v				C_s			
C_v ＼ N	100	50	25	10	100	50	25	10	100	50	25	10
0.1	1	1	2	3	7	50	14	22	126	178	252	390
0.3	3	4	6	10	7	10	15	23	51	72	102	162
0.5	5	7	10	12	8	11	16	25	41	58	82	130
0.7	7	10	14	22	9	12	17	27	40	56	80	126
1.0	10	14	20	23	10	14	20	32	42	60	85	134

由表中可见,C_s 的误差很大。当 $n=100$ 时,C_s 的误差在 $40\%\sim126\%$ 之间。$n=10$ 时,C_s 则在 126% 以上,超出了 C_s 本身的数值。水文资料一般都很短($n<100$),可直接由资料按矩法公式算得的 C_s 值,抽样误差太大,因此该值通常先根据经验估计,然后用适线的方法确定。

3.4.4.2　经验频率抽样误差

对适线法而言,样本各项的经验频率估计是影响参数估计精度的关键,特别是序号为 1、2、3 等取值大的几项尤为重要。以期望公式估计的经验频率是基于样本处于平均情况的考虑。实际上,所处理的样本并非如此。期望公式所估计的经验频率存在误差,其均方误经过推导表示为:

$$\sigma_{Pm} = \frac{m}{n+1}\sqrt{\frac{n-m+1}{nm(n+2)}} \tag{3.85}$$

式中:σ_{Pm} 为以期望公式估计的第 m 项经验频率具有的抽样均方误;n 为样本容量。

表 3.10 为 $n=30$ 和 $n=50$ 以及 $m=1$、2、3 时 P_m 和相应的 σ_{Pm} 的数值。由表可见,期望公式估计的经验频率,其抽样误差较大。但随着 n 的增大,误差减小。这说明减少经验频率抽样误差最有效的途径仍然是增大样本容量。

表 3.10   经验频率抽样误差（单位：%）

n	$m=1$		$m=2$		$m=3$	
	P	σ_P	P	σ_P	P	σ_P
30	3.23	0.57	6.45	0.79	9.68	0.95
50	1.96	0.27	3.92	0.38	5.88	0.46

3.5   频率计算中的几个特殊问题

3.5.1   基准面变化对参数的影响

水位累积频率计算与流量、降雨等的累积频率计算方法相似，所不同的是在水位累积频率计算中，其统计参数 $\bar{x}$、σ、C_v、C_s 与水位基准面有关。如基准面取的不同，系列的均值 $\bar{x}$ 和变差系数 C_v 也就不同，但均方差 σ 和偏态系数 C_s 则不变。因为 $\bar{x}$ 反映随机变量的位置特征，基准面增减一个数，相当随机变量密度曲线的坐标原点左右移动，曲线左右平移，密度曲线的离散度和对称性都没变。所以，若 $\bar{x}$ 变化，σ 与 C_s 都不变，但 $C_v = \sigma/\bar{x}$，因而 C_v 亦变。变化关系式为：

$$\bar{x}_{\pm a} = \bar{x} \pm a \tag{3.86}$$

$$(C_v)_{\pm a} = \frac{\bar{x}}{\bar{x} \pm a} C_v \tag{3.87}$$

式中：$\bar{x}_{\pm a}$ 为基准面增加或减少常数 a 后的均值；$\bar{x}$ 为变动前的均值；$(C_v)_{\pm a}$ 为基准面增或减一个常数 a 后的变差系数；C_v 为变动前的变差系数。

在水位资料审查与使用过程中，有时需要进行基准面转化，如由测站基面转换为绝对基面，或有原基面转换为全国统一的黄海基面，或将同一河流上的不同统一到同一基面上，这时可对原有水位资料统一加或减一个常数 a，如原参数已经过计算，则用式 3.86 和式 3.87 便可求得新统计参数。

实际工作中，常取接近最低水位（或断流水位）作为基准面进行频率计算。如果基准面过低，均值太大，则 C_v 变小，相对误差增大。

3.5.2   负偏态线型（$C_s < 0$）的频率计算

一般情况下，水文资料样本绘制的经验积累频率曲线，用 P-Ⅲ 型累积频率曲线适线时，偏态系数 $C_s > 0$。但是，有时进行年最小特征值（如最小流量和最低水位）频率分析时，经验点据往往呈负偏，$C_s < 0$，因此需用负偏累积频率曲线对经验点进行适线。而现有的 K_p 和 Φ_p 值表均属正偏情况，不能用于负偏，故需作修正。

对于负偏频率密度，可设想一个频率密度相同，但方向相反（即为正偏）的情况，如图 3.18 所示。它们的频率密度曲线分别为 $f(x)$ 负偏和 $f(x')$ 正偏。从图中可以看出，两者的统计参数除偏态系数 C_s 值符号不同外，其余参数则是一样的（以 AB 为对称轴，A 点即 $\bar{x} = \bar{x}'$ 点）。它们的频率有如下关系：

$$P(x) = \int_{x_i}^{x_0} f(x) \mathrm{d}x = 1 - \int_{x'_i}^{\infty} f(x') \mathrm{d}x' = 1 - P(x') \tag{3.88}$$

式中：$P(x)$ 为原负偏系列密度曲线图中，实线下由 x_i 积分到 x_0 的累积频率（右部阴影部分面积）；$P(x')$ 为虚线图由 x'_i 积分到右端无穷大的累积频率。

密度曲线下总面积为 1，左边阴影面积等于 $1-P(x')$，且等于右边阴影面积，两者方向相反。

由图 3.18 可知：

$$\bar{x} = \bar{x}'$$

$$x_i = x'_i + 2(\bar{x} - x'_i) = 2\bar{x} - x'_i \quad (3.89)$$

已知对于正偏的离均系数：

$$\Phi' = \frac{x'_i - \bar{x}}{\bar{x}' C_v}$$

将式 3.89 代入上式，得：

图 3.18 负偏密度曲线示意图

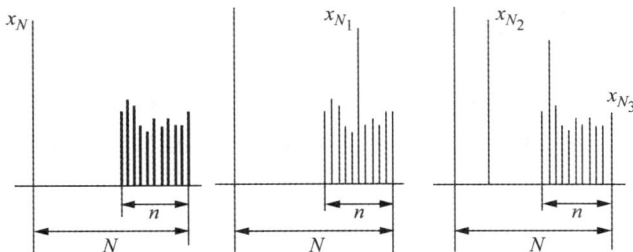

$$\Phi = \frac{x_i - \bar{x}}{\bar{x} \cdot C_v} = \frac{2\bar{x} - x' - \bar{x}}{\bar{x} \cdot C_v} = -\frac{x'_i - \bar{x}}{\bar{x} C_v} = -\Phi'$$

因此，负偏与正偏的 Φ 值的绝对值相等，符号却相反。所以，对于指定的累积频率来说，如求负偏分布 $P(x_P)$ 的 Φ 值，可根据 $1-P(x_P)$ 查求正偏离均系数表先得对应的 Φ' 值，将 Φ' 改为负值，即 $\Phi = -\Phi'$，求得 $P(x_P)$ 的 Φ 值。

例如 $C_s = -0.30$，要求 $P = 1\%$ 的 Φ 值，可先求查 $C_s = 0.3$，$P' = 1 - P(x) = 1 - 1\% = 99\%$，相应的离均系数 $\Phi' = -2.10$，然后改变负值为正，即得出 $C_s = -0.3$，$P = 1\%$ 时相应的 $\Phi = 2.10$，此后便可应用一般频率计算方法求得所需的累积频率曲线。

3.5.3 特大值处理问题

在港、航工程规划设计的水文频率计算中，往往发现年最高洪水位或流量连续系列内具有个别突出的数值（特大值），若点绘经验累积频率线很容易发觉这突出数值与其他数值之间有明显突变不连续现象。突出点的重现期要比现有的观测年数（即系列的项数）要长得多。

因此在频率分析中，不能把这个特大值与系列中的其他值同等对待，而应适当地处理或调整其重现期，即所谓的特大值处理问题。

特大值的出现，有的在实测系列之外，有的则在实测系列之内，有的在实测系列内、外都有（见图 3.19）。

特大值资料，有的测站能观测到，有的则要通过调查才能得到。特大值处理，近乎将原有

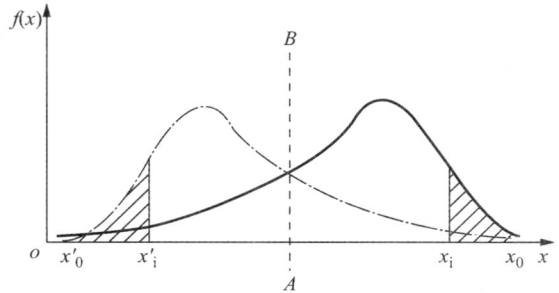

图 3.19 考虑特大值系列示意图

的实测系列由几年延长到相当于特大值考证期 N 的年限,从而起了展延系列的作用,增加了资料的代表性和计算成果的可靠性。

如华北某站 1955 年规划时,$n=20$ 年,计算设计标准 $P=0.1\%$,洪峰 $Q_{0.1\%}=7\,500$ m^3/s;1956 年发生特大洪水,实测洪峰流量 13 700 m^3/s$>Q_{0.1\%}$。若将 1956 年作特大洪水处理,考证重现期 $N=162$ 年,则计算 $Q_{0.1\%}=19\,700$ m^3/s。可见,特大洪水对计算成果的影响是非常大的。

处理特大值的关键,在于调查考证重现期 N。通常把有实测洪水资料的年份提前至能调查到历史洪水中最远年份,这段时期称为调查期。调查期以前的历史洪水情况,可以进一步通过历史文献资料的考证获得。N 一般是通过历史洪水调查和历史文献考证求得。

考虑特大洪水的经验累积频率技术及统计参数计算方法说明如下:

1) 特大洪水的经验累积频率计算方法

设在实测系列内有 l 次特大洪水,实测系列外有 b 次特大洪水(l、$b=0,1,2,\cdots$),则特大洪水的经验累积频率计算式为:

$$P = \frac{M}{N+1} \times 100\% \quad (M = 1,2,\cdots,b+l) \tag{3.90}$$

式中:N 为首项特大洪水的调查考证期(重现期);M 为特大洪水由大至小排列的序号。

一般洪水的经验累积频率计算仍用式 3.52。

如某站有 1953~1996 年共 44 年的实测洪峰流量,通过调查考证,得出该站 1829 年(3 892 m^3/s);1935 年(4 980 m^3/s);1960 年(2 960 m^3/s)的历史洪水资料。

经调查,1935 年和 1829 年的洪水是 1726 年以来发生的两次特大洪水,1726~1996 年为 271 年($N=1966-1726+1$),于是可用式 3.50 计算三个特大洪水,按 1935 年、1829 年和 1960 年排序,$M=1,2,3$,所以

$$P_1 = \frac{1}{N+1} \times 100\% = \frac{1}{271+1} \times 100\% = 0.37\%$$

$$P_2 = \frac{2}{N+1} \times 100\% = \frac{2}{271+1} \times 100\% = 0.74\%$$

$$P_3 = \frac{3}{N+1} \times 100\% = \frac{3}{271+1} \times 100\% = 1.10\%$$

2) 考虑特大洪水后统计参数的计算

当没有特大洪水时,变量由大到小排序的序号是相连的,这样的样本称连续系列。若历史洪水调查考证有特大洪水,且特大洪水与其他洪水之间年序有一些空位,由大到小的排序号是不连续的,这样的样本叫不连序系列,此类系列的统计参数计算方法与连序系列不同。

如果 n 年实测洪水资料具有代表一般年份的洪水特征,则可以假定特大洪水与实测系列之间的缺测年份的均值与 n 年实测资料的均值相等(若令实测资料内有 l 个特大值,之外有 b 个特大值,则 $l+b=a$),因此,包括特大洪水及一般洪水的 N 年系列的均值为:

$$\bar{x}_N = \frac{1}{N}\left[\sum_{j=1}^{a} x_j + \frac{N-a}{n-l}\sum_{i=l+1}^{n} x_i\right] \tag{3.91}$$

同理,假定缺测年份的方差与 n 年实测资料的方差相等,则包括特大值的均方差为:

$$\sigma_N = \sqrt{\frac{1}{N-1}\left[\sum_{j=1}^{a}(x_j - \bar{x}_N)^2 + \frac{N-a}{n-l}\sum_{i=l+1}^{n}(x_i - \bar{x}_N)^2\right]} \tag{3.92}$$

变差系数为:

$$C_{V_N} = \frac{\sigma_N}{\bar{x}_N} = \sqrt{\frac{1}{N-1}\Big[\sum_{j=1}^{a}(k_j-1)^2 + \frac{N-a}{n-l}\sum_{i=l+1}^{n}(k_i-1)^2\Big]} \qquad (3.93)$$

式中:k_j 为特大洪水模比系数 $k_j = \frac{x_j}{\bar{x}_N}$,$j=1,2,\cdots,a$;$k_i$ 为一般实测洪水模比系数,$k_i = \frac{x_i}{\bar{x}_N}$,$j=1,2,\cdots,n-l$;$\bar{x}_N$ 为考虑特大洪水后的均值。

当求出 $\bar{x}_N$ 和 C_{V_N} 后,便可用适线法推求考虑特大洪水的累积频率曲线。

3) 考证期 N 的敏感性分析

即分析考证期 N 对统计参数 $\bar{x}_N$、C_{V_N} 的影响程度。从连续系列参数 $\bar{x}$、C_v 的均方误差(见表 3.11)可看出,当 $C_s = 2C_v$、$C_v < 1.0$,若样本容量 $n > 25$,则 $\bar{x}$ 与 C_v 相对误差小于 20%;如果 $n \geqslant 100$,则相对误差小于 10%。目前,实测样本容量 $n \geqslant 100$ 的站、址极少,为了减少参数估计的相对误差,提出考证历史洪水后实测特大洪水的重现期 N 的方法,应用式 3.91 和式 3.93 计算不连续系列统计参数 $\bar{x}_N$ 和 C_{V_N}。很明显,N 的确定是有误差的,尤其是通过近百岁老人的回忆确定 N 值时误差较大,这种误差对参数的影响程度如何,可通过算例来说明。

[例 3.3] 已知某坝址断面 17 年连续实测洪峰流量资料(略),$\sum Q_i = 86\,750$ m³/s,调查历史洪水,1936 年洪峰 $Q_N = 10\,000$ m³/s,通过访问不同年龄老人考证重现期结果不同,即 $N = 38$、70、104、115、125、135 年,试分析 N 对参数 $\bar{Q}_N$,C_{V_N} 的影响。

应用式 3.91 和式 3.93 的计算成果列入表 3.11 中。

表 3.11　考证期 N 对参数 $\bar{Q}_N$,C_{V_N} 的影响

N	$\bar{Q}_N$	$\Delta\bar{Q}_N$	$f_Q/\%$	k_N	$(k_N-1)^2$	$\sum(k_N-1)^2$	C_{V_N}	ΔC_{V_N}	$f_{C_V}/\%$
38	5 230			1.912 0	0.831 7	1.806 9	0.358 8		
70	5 173	57	1.09	1.933 1	0.870 7	1.854 9	0.349 0	0.009 8	2.731 0
104	5 150	23	0.44	1.941 7	0.866 8	1.865 3	0.344 0	0.005	1.433 0
115	5 146	4	0.08	1.943 4	0.890 0	1.868 1	0.343 1	0.000 9	0.262 0
125	5 142	4	0.08	1.944 7	0.892 5	1.871 4	0.343 2	0.000 1	0.029 2
135	5 139	3	0.06	1.945 8	0.894 5	1.872 6	0.343 2	0.000 0	0.000 0
备注	$f_Q = (\Delta\bar{Q}_N/\bar{Q}_N)\times100\%$;$f_{C_V} = (\Delta C_{V_N}/C_{V_N})\times100\%$								

从表 3.12 中可以明显看出,$N > 100$ 后,考证期对参数 $\bar{Q}_N$ 和 C_{V_N} 影响很小,即 N 的敏感性较差,$f_Q(\%) \approx 0.06\% \sim 0.08\%$,$f_{C_V}(\%) \approx 0 \sim 0.262\%$。

若 C_s/C_v 取 2.0,当 N 值取 38、104、135 时,$P = 0.1\%$ 的设计洪峰流量值 Q_N 分别为 13 000 m³/s,12 400 m³/s 和 12 300 m³/s;若 C_s/C_v 取 4.0,则分别为 14 900 m³/s、14 100 m³/s 和 14 000 m³/s。取 N 值为 38 年与 135 年相比,其差值在 5% 左右;取 N 值为 104 年与 135 年相比,其差值仅在 0.8% 左右。由此可见,对于 N 值的考证,只要有一个比较可靠的范围即可,而不必拘泥于十分确切的数值,这给我们的调查工作带来极大的方便。

3.6 相关分析

3.6.1 相关关系的概念

3.6.1.1 相关的意义与应用

自然界中有许多现象之间是有一定联系的。按数理统计法建立上述两个或多个随机变量之间的联系,称之为近似关系或相关关系。把对这种关系的分析和建立称为相关分析。

相关分析可以用来延长和插补短系列。

3.6.1.2 相关的种类

根据变量之间相互关系的密切程度,变量之间的关系有三种情况:即完全相关、零相关、统计相关。

1) 完全相关(函数关系)

两变量 x 与 y 之间,如果每给定一个 x 值,就有一个完全确定的 y 值与之对应,则这两个变量之间的关系就是完全相关(或称函数相关)。完全相关的形式有直线关系和曲线关系两种,如图 3.20 所示。

2) 零相关(没有关系)

两变量之间毫无联系,或某一现象(变量)的变化不影响另一现象(变量)的变化,这种关系则称为零相关或没有关系,如图 3.21 所示。

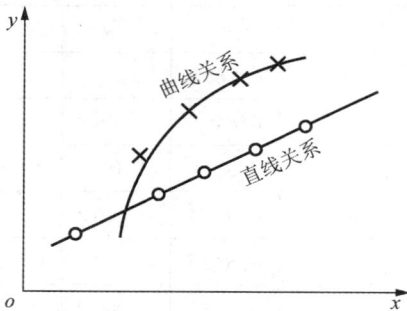

图 3.20 完全相关示意图

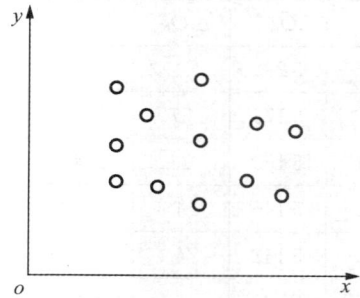

图 3.21 零相关示意图

3) 相关关系

若两个变量之间的关系介于完全相关和零相关之间,则称为相关关系或统计相关。当只研究两个变量的相关关系时,称为简相关;当研究三个或三个以上变量的相关关系时,则称为复相关。在相关的形式上,又可分为直线相关和非直线相关,如图 3.22 所示。

3.6.1.3 相关分析的内容

相关分析(或回归分析)的内容一般包括三个方面:

(1) 判定变量间是否存在相关关系,若存在,计算其相关系数,以判断相关的密切程度。

(2) 确定变量间的数量关系——回归方程或相关线。

(3) 根据自变量的值,预报或延长、插补倚变量的值,并对该估值进行误差分析。

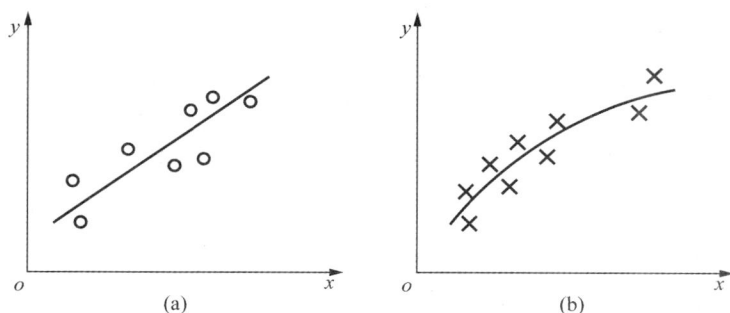

图 3.22 相关关系示意图

3.6.2 简单直线相关

3.6.2.1 相关图解法

设 x_i 和 y_i 代表两系列的观测值,共有 n 对,把对应值点绘于方格纸上,得到很多相关点。如果相关点的平均趋势近似直线,即可通过点绘出相关直线,如图 3.23 所示。

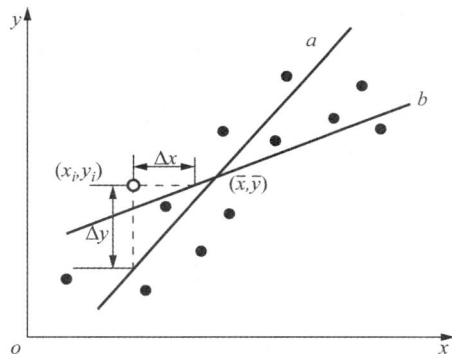

图 3.23 直线相关(a——y 倚 x 的回归线,b——x 倚 y 的回归线)

现以某站年降雨量和年径流量资料的相关分析为例,说明相关图的绘制。

该站年降雨量 x 和年径流量 y 的同期资料如表 3.12 所示。

表 3.12 某站年降雨量和年径流量资料

年份	年降雨量 x/mm	年径流量 y/mm	年份	年降雨量 x/mm	年径流量 y/mm
1954	2 014	1 362	1960	1 306	778
1955	1 211	728	1961	1 029	337
1956	1 728	1 369	1962	1 316	809
1957	1 157	695	1963	1 356	929
1958	1 257	720	1964	1 266	796
1959	1 029	534	1965	1 052	383

根据设计要求,需要延长该站的年径流量 y。从物理成因上分析,同一站的年降雨量和年径流量确有联系,根据过去水文分析计算的经验可知,它们之间的关系可近似为直线关系,再从《水

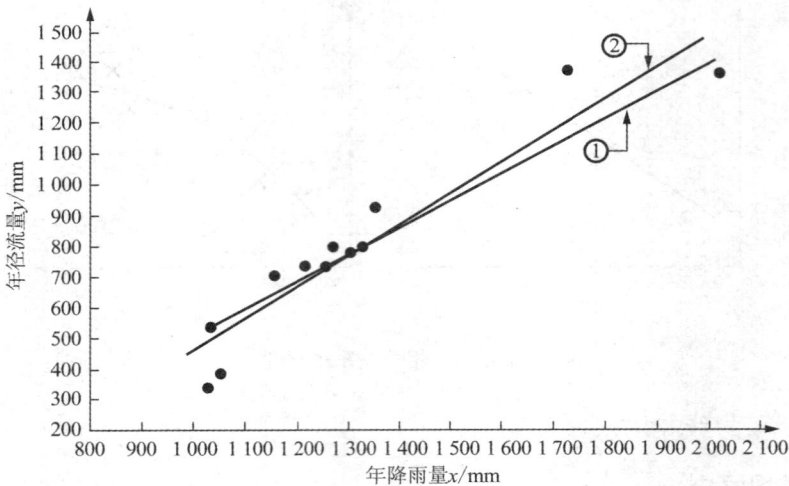

① 目估线　② 计算回归线

图 3.24　某站年降雨量和年径流量相关图

文年鉴》上看,该站年降雨量资料较长,因此可以做相关分析,用年降雨量资料延长年径流量资料。现以年降雨量 x 为横坐标,以年径流量 y 为纵坐标,将上表中各年数值点绘于图 3.24 中,得12 个相关点。这些相关点分布基本上呈直线趋势。因此,可以通过点群中间趋势目估绘出相关直线。因为我们的目的是由较长期的年降雨量资料 x 延长较短期的年径流量资料 y,所以,在定线时要尽量使各相关点距离所定直线的纵向离差的平方和最小。

3.6.2.2　相关计算法

为避免相关图解法在定线上的任意性,常采用相关计算法来确定相关线的方程,即回归方程。简单直线相关方程的形式为:

$$y = a + bx \tag{3.94}$$

式中:x 为自变量;y 为倚变量;a、b 为待定常数。

待定常数 a、b 由观测点与直线拟合最佳,通过最小二乘法进行估计。最后得到如下形式的回归方程:

$$y - \bar{y} = r\frac{\sigma_y}{\sigma_x}(x - \bar{x}) \tag{3.95}$$

式中:σ_x、σ_y 为 x、y 系列的均方差;$\bar{x}$、$\bar{y}$ 为 x、y 系列的均值;r 为相关系数,表示 x、y 两系列间的密切程度,计算式为:

$$r = \frac{\sum(x_i - \bar{x})(y_i - \bar{y})}{\sqrt{\sum(x_i - \bar{x})^2 \cdot (y_i - \bar{y})^2}} = \frac{\sum(k_x - 1)(k_y - 1)}{\sqrt{\sum(k_x - 1)^2 \cdot (k_y - 1)^2}} \tag{3.96}$$

式 3.96 称为 y 倚 x 的回归方程,它的图形称为 y 倚 x 的回归线,如图 3.23 的 a 线所示。若以 y 求 x,则要应用 x 倚 y 的回归方程,如图 3.25 的 b 线所示。x 倚 y 的回归方程为:

$$x - \bar{x} = r\frac{\sigma_x}{\sigma_y}(y - \bar{y}) \tag{3.97}$$

一般 y 倚 x 与 x 倚 y 的两回归线并不重合,但有一个公共交点 $(\bar{x}, \bar{y})$。

3.6.2.3　相关分析的误差

1）回归线的误差

回归线仅是观测点据的最佳配合线,通常观测点据并不完全落在回归线上,而是散布于回归线的两旁。

因此,回归线只反映两变量间的平均关系。按此关系推求的值和实际值之间存在着误差,误差大小一般采用均方误来表示。

如用 s_y 表示 y 倚 x 回归线的均方误,y_i 为观测值,$\dot{y}$ 为回归线上的对应值,n 为系列项数,则:

$$S_y = \sqrt{\frac{\sum\limits_{i=1}^{n}(y_i-\dot{y})^2}{n}} \cdot \sqrt{\frac{n}{n-2}} = \sqrt{\frac{\sum\limits_{i=1}^{n}(y_i-\dot{y})^2}{n-2}} \tag{3.98}$$

式中,$\sqrt{\dfrac{n}{n-2}}$ 为样本计算总体均方误的修正值,回归线的误差范围如图 3.55 所示。

同样,x 倚 y 回归线的均方误 S_x 为:

$$S_x = \sqrt{\frac{\sum\limits_{i=1}^{n}(x_i-\dot{x})^2}{n}} \cdot \sqrt{\frac{n}{n-2}} = \sqrt{\frac{\sum\limits_{i=1}^{n}(x_i-\dot{x})^2}{n-2}} \tag{3.99}$$

2）相关系数误差

在相关分析中,相关系数是根据有限的实测资料(样本)计算出来的,必然会有抽样误差。一般通过相关系数的均方误来判断样本相关系数的可靠性,按统计学原理,相关系数的均方误为:

$$\sigma_r = \frac{1-r^2}{n} \tag{3.100}$$

相关程度密切与否,一般用 r^2 的大小来判定,由其计算公式可知:若 $r^2=1$,则均方误 S_y(或 S_x)$=0$,表示对应值 x_i,y_i 均落于回归线上,两变量间具有函数关系,亦即前面说的完全相关。

图 3.25　y 倚 x 回归线的误差范围

若 $r^2=0$,则 $S_y=\sigma_y$ 或 $S_x=\sigma_x$,此时误差值达到最大值,说明以直线代表点据的误差达到最大,这两种变量没有关系,亦即前面说的零相关,也可能是非直线相关。

若 $0<r^2<1$,介于上述两种情况之间时,其相关程度密切与否视 r 的大小而定。r 值越大,均方误 S_y(或 S_x)越小。当 r 越接近于 1 时,点据越靠近于回归直线,x,y 间的关系越密切。r 为正值时,表示正相关;r 为负值时,表示负相关。

点据分布和相关关系大小的示例如图 3.26 所示。

3）相关系数的检验

总体不相关($r=0$)的两变量,由于抽样原因,样本的相关系数不一定等于零。为此,需要对相关系数进行显著性检验,检验方法一般采用统计检验或机误检验。

统计检验方法是:先选一个临界相关系数 r_a,与样本的相关系数 r 相比较,若 $r>r_a$,则具有相关关系;否则,无相关关系。r_a 可以根据样本项数 n 和置信度 α(一般采用 $\alpha=0.05$)从已制

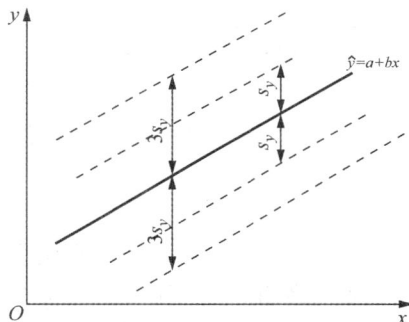

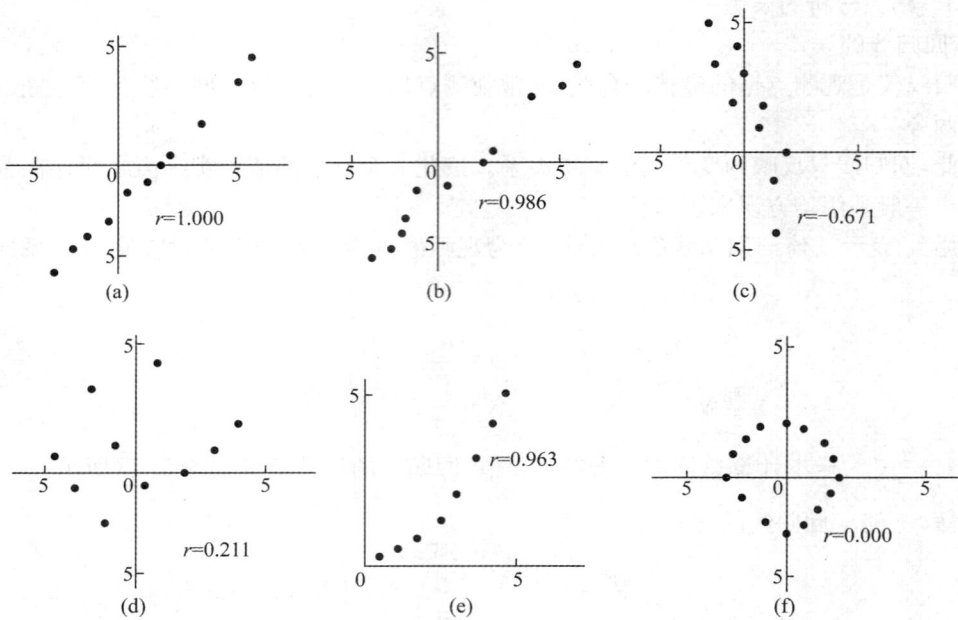

图 3.26 点据分布和相关关系大小说明图

成的相关系数检验表中查取。

除统计检验外,还可以通过相关系数的机误和相关系数的比较来粗略判断相关关系是否存在。按统计原理,相关系数的机误为:

$$E_r = 0.6745 \frac{1-r^2}{\sqrt{n}} \tag{3.101}$$

一般当 $|r| > |4E_r|$ 时,则认为相关关系存在。

因此在作相关分析时,为保证变量间相关性确实存在,用来建立相关关系的数据不能太少,一般 n 应在 12 以上,同时要求相关系数 $|r| > 0.8$。

下面通过实例说明相关分析的要领和步骤。

[例 3.4] 某站年降雨量与年径流量相关计算表如表 3.13 所示。

表 3.13 某站年降雨量与年径流量相关计算表

年份	年降雨量 x/mm	年径流量 y/mm	K_x	K_y	$K_x - 1$	$K_y - 1$	$(K_x-1)^2$	$(K_y-1)^2$	(K_x-1) $\times (K_y-1)$
1954	2 014	1 362	1.54	1.73	0.54	0.73	0.292	0.533	0.394
1955	1 211	728	0.92	0.92	−0.08	−0.08	0.006	0.006	0.006
1956	1 728	1 369	1.32	1.74	0.32	0.74	0.101	0.548	0.237
1957	1 157	695	0.88	0.88	−0.12	−0.12	0.014	0.014	0.014
1958	1 257	720	0.96	0.91	−0.04	−0.09	0.001	0.008	0.004
1959	1 029	534	0.79	0.68	−0.21	−0.32	0.044	0.102	0.067

（续表）

年份	年降雨量 x/mm	年径流量 y/mm	K_x	K_y	$K_x - 1$	$K_y - 1$	$(K_x - 1)^2$	$(K_y - 1)^2$	$(K_x - 1) \times (K_y - 1)$
1960	1 306	778	1.00	0.99	0.00	−0.01	0	0	0
1961	1 029	337	0.79	0.44	−0.21	−0.56	0.044	0.314	0.118
1962	1 310	809	1.00	1.03	0.00	0.03	0	0.001	0
1963	1 356	929	1.03	1.18	0.03	0.18	0.001	0.032	0.005
1964	1 266	796	0.97	1.01	−0.03	0.01	0.001	0	0
1965	1 052	383	10.80	0.49	−0.20	−0.51	0.040	0.260	0.102
合计	15 715	9 440	12.00	12.00	0	0	0.544	1.818	0.947
平均	$\bar{x} = 1310$	$\bar{y} = 787$							

相关分析的目的是以较长期的年降雨量资料延长较短的年径流资料，所以，这里以年降雨量为自变量 x，年径流量为倚变量 y。为了便于相关计算，有关数据列于上表，由上表的计算成果，可进一步计算出以下各值：

均值：

$$\bar{x} = \frac{15\,715}{12} = 1\,310 \text{ mm}, \quad \bar{y} = \frac{9\,440}{12} = 787 \text{ mm}$$

均方差：

$$\sigma_x = \bar{x}\sqrt{\frac{\sum_{i=1}^{n}(K_{x_i} - 1)^2}{n-1}} = 1\,310\sqrt{\frac{0.544}{12-1}} = 291 \text{ mm}$$

$$\sigma_y = \bar{y}\sqrt{\frac{\sum_{i=1}^{n}(K_{y_i} - 1)^2}{n-1}} = 787\sqrt{\frac{1.818}{12-1}} = 320 \text{ mm}$$

相关系数：

$$r = \frac{\sum_{i=1}^{n}(K_{x_i} - 1)(K_{y_i} - 1)}{\sqrt{\sum_{i=1}^{n}(K_{x_i} - 1)^2 \sum_{i=1}^{n}(K_{y_i} - 1)^2}}$$

$$= \frac{0.947}{\sqrt{0.544 \times 1.818}} = 0.952$$

回归系数：

$$R_{y/x} = r\frac{\sigma_y}{\sigma_x} = 0.952 \times \frac{320}{291} = 1.046$$

y 倚 x 的回归方程：

$$y = \bar{y} + R_{y/x}(x - \bar{x}) = 1.046x - 583$$

回归直线的均方误：

$$S_y = \sigma_y \sqrt{1-r^2} = 320 \sqrt{1-(0.952)^2} = 98 \text{ mm}$$

相关系数的机误：

$$E_r = 0.6745 \frac{1-r^2}{\sqrt{n}} = 0.018$$

$$4E_r = 0.072$$

所以 $r > 4E$，说明两变量间的相关关系存在。

算出 y 倚 x 的回归方程以后，便可由已知的自变量 x 值代入回归方程算出相应的倚变量 y 值。

上例中某站虽然只有 1954～1965 年共 12 年的年径流和年降雨同期观测资料，但降雨资料却比较长，是从 1932 年开始的。把 1932～1953 年的各年降雨量代入回归方程中，就可以将该站年径流量资料展延至 34 年(1932～1965 年)，表 3.14 中 1932～1953 年的各年年径流量就是通过这种相关计算的方法得到的。表 3.14 为该站年径流量展延成果。

表 3.14　该站年径流量展延成果表

年份	年降雨量 x/mm	年径流量 y/mm	年份	年降雨量 x/mm	年径流量 y/mm
1932	982	444	1949	992	383
1933	1080	547	1950	1460	947
1934	1320	797	1951	1195	668
1935	880	338	1952	1330	809
1936	1159	629	1953	995	457
1937	1410	894	1954	2014	1362
1938	1360	840	1955	1211	728
1939	101	475	1956	1728	1369
1940	870	328	1957	1157	695
1941	1170	641	1958	1257	720
1942	930	391	1959	1029	534
1943	1040	505	1960	1306	778
1944	885	343	1961	1029	337
1945	1265	741	1962	1316	809
1946	1165	636	1963	1356	929
1947	1070	536	1964	1266	796
1948	1360	839	1965	1052	383

3.6.3　曲线相关

许多水文现象间的关系，并不表现为直线关系而具有曲线相关的形式。水文上常采用幂函数、指数函数两种曲线，基本做法是将其转换为直线，再进行直线回归分析。

3.6.3.1 幂函数

幂函数的一般形式为：

$$y = ax^b \tag{3.102}$$

两边取对数：

$$\lg y = \lg a + b\lg x,$$

令 $Y = \lg y, A = \lg a, X = \lg x$，则：

$$Y = A + bX \tag{3.103}$$

对 X 和 Y 而言就是直线关系，可对其进行直线回归分析。

3.6.3.2 指数函数

指数函数的一般形式为：

$$y = ae^{bx} \tag{3.104}$$

两边取对数：

$$\lg y = \lg a + bx\lg e$$

令 $Y = \lg y, A = \lg a, B = b\lg e, X = x$，则：

$$Y = A + BX \tag{3.105}$$

同样，对 X 和 Y 也可进行直线相关分析。

3.6.4 复相关

研究三个或三个以上变量的相关，称为复相关，又称多元相关。

3.6.4.1 图解法

复相关的计算，在工程上采用图解法选配相关线。

在图 3.27 中，倚变量 z 受自变量 x 和 y 两变量的影响。可以根据实测点绘出 z 与 x 的对应值于方格纸上，并在点旁注明 y 值，然后作出 y 值相等的" y 等值线"。这样点绘出来的图，就是复相关关系图。

它与简相关图的区别就在于多了一个自变量，即 z 值不单是倚 x 而变，同时还倚 y 而变。因此，在使用复相关图插补（延长）z 值时，应先在 x 轴上找出 x_i 值，并向上引垂线至相应的 y_i 值，然后便可查得 z_i 值。

除图 3.27 所示的复直线相关图外，还有复曲线相关图，它们在水文计算和水文预报中经常会遇到。

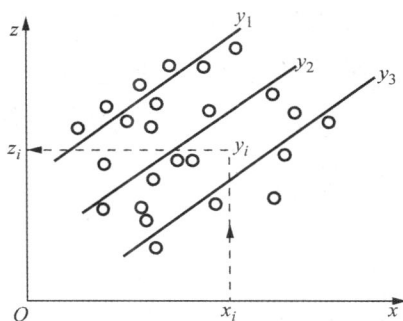

图 3.27 复相关示意图

3.6.4.2 分析法

复相关计算除用图解法以外，还可用分析法，但非常繁杂。分析法主要用于复直线相关分析（或称复直线回归分析、多元线性回归分析）。有关多个自变量的复直线回归分析，其原理与前面介绍的简直线（一元）回归分析大致相同，所不同的是回归直线方程中系数（回归系数）的确定需要求解更为复杂的线性代数方程组。

设二元线性回归方程为：

$$\dot{y} = b_0 + b_1x_1 + b_2x_2 \tag{3.106}$$

式中：b_0 为待定常数(有时 $b_0 = 0$)；b_1、b_2 分别称为 y 对 x_1、x_2 的回归系数；x_1、x_2 为自变量；y 为倚变量。

用最小二乘法得正规方程组：

$$b_0 = \bar{y} - b_1 \bar{x}_1 - b_2 \bar{x}_2 \tag{3.107}$$

$$\left. \begin{array}{l} b_1 \sum (x_1 - \bar{x}_1)^2 b_2 \sum (x_1 - \bar{x}_1)(x_2 - \bar{x}_2) = \sum (x_1 - \bar{x}_1)(y - \bar{y}) \\ b_1 \sum (x_1 - \bar{x}_1)(x_2 - \bar{x}_2) + b_2 \sum (x_2 - \bar{x}_2)^2 = \sum (x_2 - \bar{x}_2)(y - \bar{y}) \end{array} \right\} \tag{3.108}$$

求解式 3.108，可得回归系数 b_1、b_2，b_0 则由式 3.107 确定。

经推导，得回归方程为：

$$y - \bar{y} = R_{y/x_1 x_2}(x_1 - \bar{x}_1) + R_{y/x_2 x_1}(x_2 - \bar{x}_2) \tag{3.109}$$

式中：$R_{y/x_1 x_2}$、$R_{y/x_2 x_1}$ 分别为 y 倚 x_1 和 y 倚 x_2 的偏回归系数。

$$R_{y/x_1 x_2} = \frac{r_{yx_1} - r_{x_1 x_2} r_{x_2 y}}{1 - r_{x_1 x_2}^2} \times \frac{\sigma_y}{\sigma_{x_1}} \tag{3.110}$$

$$R_{y/x_2 x_1} = \frac{r_{yx_2} - r_{x_1 x_2} r_{x_1 y}}{1 - r_{x_1 x_2}^2} \times \frac{\sigma_y}{\sigma_{x_2}} \tag{3.111}$$

式中：r_{yx_1}、r_{yx_2}、$r_{x_1 x_2}$ 分别为 y 与 x_1、x_2 及 $x_1 x_2$ 的相关系数；σ_x、σ_y 分别为 x、y 系列的均方差。

y 倚 x_1、x_2 的复相关系数为：

$$r_{y/x_1 x_2} = \sqrt{\frac{r_{yx_1}^2 + r_{yx_2}^2 - 2 r_{yx_1} r_{yx_2} r_{x_1 x_2}}{1 - r_{x_1 x_2}^2}} \tag{3.112}$$

如果倚变量 y 的自变量共有 m 个，即 $x_1, x_2, \cdots, x_m$，同期观测值各有 n 个，则多元线性回归方程为：

$$\dot{y} = b_0 + b_1 x_1 + b_2 x_2 + \cdots + b_m x_m \tag{3.113}$$

仍用最小二乘法得正规方程组为：

$$nb_0 + \left(\sum x_{1j}\right)b_1 + \left(\sum x_{2j}\right)b_2 + \cdots + \left(\sum x_{mj}\right)b_m = \sum y_j \tag{3.114}$$

$$\left. \begin{array}{l} \left(\sum x_{1j}\right)b_0 + \left(\sum x_{1j}^2\right)b_1 + \left(\sum x_{1j}x_{2j}\right)b_2 + \cdots + \left(\sum x_{1j}x_{mj}\right)b_m = \sum x_{1j}y_j \\ \left(\sum x_{2j}\right)b_0 + \left(\sum x_2^2\right)b_1 + \left(\sum x_{2j}x_{2j}\right)b_2 + \cdots + \left(\sum x_{2j}x_{mj}\right)b_m = \sum x_{2j}y_j \\ \vdots \\ \left(\sum x_{mj}\right)b_0 + \left(\sum x_{mj}^2\right)b_1 + \left(\sum x_{mj}x_{2j}\right)b_2 + \cdots + \left(\sum x_{mj}x_{mj}\right)b_m = \sum x_{mj}y_j \end{array} \right\} \tag{3.115}$$

式中：x_{ij} 有两个脚标，$i = 1, 2, \cdots, m$ 表示自变量的序号，$j = 1, 2, \cdots, n$ 表示观测序号。

求解上述正规方程组，可得待估参数 $b_0, b_1, \cdots, b_m$。

3.6.4.3　多元线性回归的误差

一元线性回归方程代表一条回归直线，二元线性回归方程代表一个回归平面，多元线性回归方程代表一个超平面。多元线性回归方程的误差也可用回归方程的均方误来度量，即：

$$S_y = \sqrt{\frac{\sum_{j=1}^n (y_j - \dot{y}_j)^2}{n - m}} \tag{3.116}$$

式中：S_y 为回归方程的均方误；j 为观测组号；n 为观测总组数；m 为变量总个数；$n-m$ 为自由度。

3.7 现代数学在水文学中的应用

现代科学技术的进步使水文信息的获取更为全面和准确,例如,遥感技术的应用,使同时观测大范围内的宏观水文现象成为可能;核技术的应用使人们能够获得微观水文信息。同时,现代数学的发展也使得水文信息的分析方法有了长足的进步,例如,水文模拟方法、水文随机分析方法、水文系统分析方法,使人们研究水文现象的能力发展到新的水平;尤其是电子计算机的应用,使水文科学从水文观测到基本规律的研究,由人力和机械操作发展到以电子计算机为核心的自动化操作。

由于数学本身的博大以及在水文学中应用的广泛性和复杂性,本节仅就水文模拟中常用的水文模型的数值求解方法、模型参数的率定和参数灵敏度分析等数学技术方法进行简要介绍。

水文模型的求解是水文应用中面临的难点问题之一,目前,对于大多数复杂水文模型的求解应用较多的是数值方法,包括有限差分法、有限单元法、有限体积法、边界元法等。

模型参数的率定(Calibration),即调参、参数估计或参数优化,使模型的模拟输出值与实际观测值误差最小。水文模型参数可分为两类:一类具有明确的物理含义,可以根据实际情况进行确定;另一类没有或者物理含义不明确,这些参数需要根据以往的观测数据进行率定。参数率定是水文模拟中不可避免的重要环节。调参的方法可以根据经验手工进行,但往往费时而且很难得到最优解。随着计算机的发展,利用数学手段进行模型参数的率定成为一种快捷的途径,尤其对于敏感性参数较多的模型。目前,关于参数率定的优化方法从数学方面已经进行了很深的研究,本节仅介绍几种水文中常用的方法,包括传统的最小二乘法(Least-Square Method,LSM)、面向全局优化的遗传算法(Genetic Algorithm,GA)、SCE-UA 优化算法(Shuffled Complex Evolution)和贝叶斯方法(Bayesian Method)。

模型参数的灵敏度分析(Sensitivity Analysis)就是研究参数变化所引起的模型响应,是模型参数不确定分析的重要内容之一,也是学习、研发和评价模型不可缺少的重要环节。通过参数灵敏度分析,有助于深入理解模型的特性并改进模型结构的稳定性。本节对当前常用的模型参数灵敏度的分析方法进行简单介绍,内容包括传统的扰动分析法、全局灵敏度分析的RSA(Regionalized Sensitivity Analysis)方法和 GLUE(Generalized Likelihood Uncertainty Estimation)方法。其中,RSA 方法和 GLUE 方法是另一类不同于传统优化方法的参数识别方法。

4　水文测量

水文测量是获取水文数据的手段,是水文分析的基础。为了对水文分析进行补充和验证,非常有必要进行测量。水文测量经常是在一定领域内利用特定的仪器和技术来测量一些变量在特定水文周期内的特性。比如,用雨量计来测量降雨,用蒸发盆来测量蒸发量,以及用水文观测技术测量河道水流。

4.1　降雨测量

在我国周朝时期,已发现有雨量记录,距今已超过三千多年历史。在希腊及印度,雨量记录亦可追溯至公元前 400～500 年。较为近期的最完整记录则在韩国。15 世纪,朝鲜世宗皇帝有意改善农业生产技术,而他的儿子文宗皇帝便发明了雨量计,并把雨量计分派到每个村落,从雨量来评估当地的收成,以决定向村民征税的多寡。

大约在 1660 年,英国的建筑设计师 Christopher Wren 用标准称锤来测量收集的少量雨水。到 1722 年,现代雨量计的发明者 Reverend Horsley 确立了沿用至今的雨量计标准。

降雨量是利用雨量计来进行测量的。雨量计是用来在特定的一段时间内捕获降雨并测量其累积体积的一种仪器。在该时段内降雨深度等于累积体积除以容器的收集面积。平均降雨密度等于降雨深度除以该时间长度。

雨量计可以分为两大类:无记录雨量计和有记录雨量计。无记录雨量计在一段时间内的总的雨水累积深度(通常为一天)。目前我国普遍使用的有:

(1) 虹吸式雨量计:作为早期的雨量检测仪器,主要用于人工观测。

(2) 翻斗式雨量计:20 世纪 70 年代设计而成,分为单翻斗和双翻斗雨量计,便于自动遥测。

(3) 普通雨量计:是最常见的雨量计(见图 4.1),它是一个简单的雨水收集器,顶部设有漏斗,把雨水引入并储存于量杯内以作测量。量杯有特定的刻度,可量度雨量至毫米量级。在雨特别大时,雨量计亦可将雨水收集于较大的容器内。而测量雨量时,便把容器内的雨水倒入量杯以读取其雨量数值。

有记录雨量计可以记录降雨累积深度及相对应的时间。因此,它不仅可以测量降雨深度还可以测量降雨强度。可以算出降雨累积深度与相对应时间的曲线斜率,即为瞬时降雨强度。记录雨水测量仪依赖以下三个设备:一个倾倒桶、一个测重装置和一个浮体室。

倾倒桶测量仪的特点是有两个隔间。校正后的设备中,当一个隔间满后(固定的雨水量)而另一个还是空的,这个桶就会失去平衡而倾倒。一开始,雨水漏入处于装水位置的那个隔间中。随着雨水持续漏入第一个隔间,另一个隔间仍然是空的。当第一个隔间装满,该桶翻倒,将该桶的水放入蓄水池,同时使第二个隔间处于装水的位置。这个倾倒组成一个闭合回路,通过它来带动笔在带状记录纸上记录,该带状记录纸贴有顺时针旋转鼓轮。因此,每一次电接触都可以记录一次雨量。两个桶之间满桶与空桶相互交替,直到降雨停止。

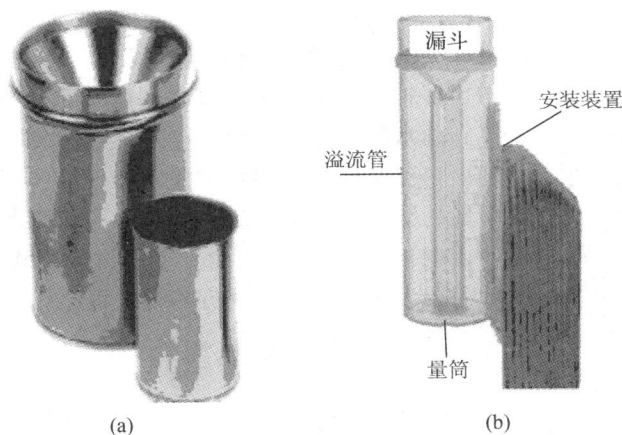

图 4.1 普通雨量计

(a) 黄铜造的普通雨量计(Casella) (b) 安装在柱上的普通雨量计元件

这种倾倒桶测量仪存在一些缺点:在强暴雨时段,桶翻倒期间有部分雨水没有被测量到。另外,这个记录是由一个个点组成,而不是一条光滑的曲线,并且这种桶不适合对积雪进行测量。然而,倾倒桶测量仪非常耐用,操作简单,总体可靠性好。

4.1.1 自动雨量计

翻斗式雨量计是起源于 1662 年 Christopher Wren 发明的雨量计所采用的技术。他的仪器是利用小桶承载着指定容量的雨水,而利用标准称锤作为平衡。当小桶注满雨水时,便会与标准称锤失去平衡以致倾斜。此翻侧动作不仅将雨水从桶内倒出,并且触发机械装置刺孔于纸带上。因此,小桶收集到的雨量便和纸带上孔的数目成比例。

新式的翻斗式雨量计利用了电子仪器以取代纸带记录小桶翻侧的次数。现今的所有翻斗式雨量计内均有一对特别设计的斗状容器来承载指定容量的雨水,如 0.1 mm,0.2 mm 或 0.5 mm 的雨量。当其中一个雨斗翻侧,另外一个雨斗便立刻接替,继续承接雨水。每当雨斗翻侧时,都会产生电子信号并传到记录器。记录器同时也记录了当时的时间。因此,这仪器不单可自动记录雨量,还可以记录降雨开始及结束的时间,或某一段时间内的雨量。如今,大多数翻斗式雨量计中的雨水都可不经人工而自动从底部排出,为理想的自动雨量计,如图 4.2 所示。

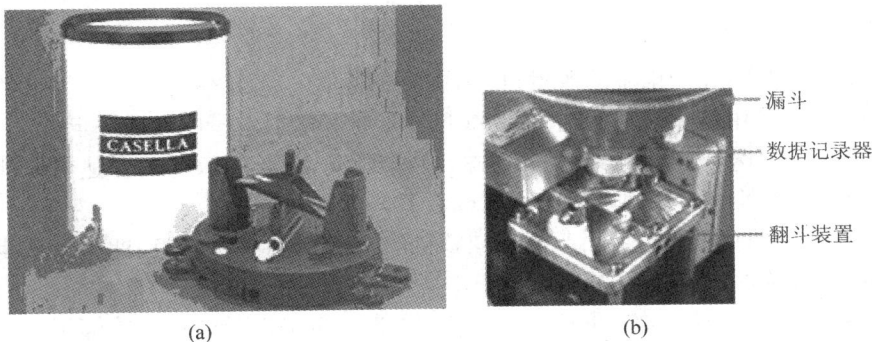

图 4.2 翻斗式雨量计

(a) 新式翻斗雨量计(Casella) (b) 商业翻斗雨量计(Lambrech GmbH)

图 4.3　雨量自计器

图 4.3 为雨量自计器,在这个雨量自计器中有一个浮子,浮子带动绘图笔,在纸上绘出雨量线。

另一种测量雨量的方法是利用称重式雨量计量度容器内所收集到雨水的重量。这类仪器是将容器放置在秤上,便可不断地量度出容器及容器内雨水的重量。而仪器的刻度可调校至只读取雨量的数值。记录方法一般是用笔和墨水划在记录表上,目前已使用电子仪器来记录雨量。此类雨量计普遍都不能自动去水,因此需要人工进行一般例行的维护程序。

4.1.2　遥测降雨传感仪

遥测降雨传感仪拥有自动数据传输性能。这种雨水测量仪利用无线电广播发射机实时地从地方站传播雨水测量值给中央站。在暴风雨期间,遥测站的优势在于缩短了雨量数据的收集时间。在一定情况下,特别是对处理速度要求很高的时候,由遥测仪连接雨量传感系统可能是收集降雨数据仅有且可行的方法。基本站与总站通常都是用广播、电话、卫星建立联系。当广播频率不足时,则用电话线来转换数据。如 ST-Ⅲ 型无线远程遥测温度、雨量二要素气象仪内置手机模块,采用手机短信方式交换数据,可定时或实时传送观测数据。其功能为:自动显示与记录,记录 02、08、14、20 时的温度,记录 24 h 降雨量,记录日最高、最低温度,记录日温度合计值,实时显示当前温度值,实时显示降雨累计值,可查询三个月内的历史记录。翻斗式雨量传感器通常具有分辨率:0.1 mm,雨强:0～4 mm/min,准确度:±0.4 mm(≤10 mm)。

4.1.3　降雨量的雷达测量

气象雷达系统是在时间和空间上测量暴风雨变化的一种有力工具。该系统利用从天线上发射一个常规连续的电磁辐射脉冲来操作雷达系统。脉冲周期为 1s,而系统大约 1s 发射 1000 个这样的脉冲。在脉冲之间,该系统天线成了被各种对象分散的发射脉冲的能量接收者。在雷达范围内,这些返回的信号被传输到一个显示仪上。

球状物(例如雨点)接收到的能量可以表示如下:

$$P = \frac{k \sum nD^6}{\lambda^4 R^2} \tag{4.1}$$

式中:P 为接收的能量;n 为雨滴的数量;D 为雨滴的直径;λ 为辐射波长;R 为雷达探测的范围;k 为一个因子,它由传输信号的功率、天线尺寸形状和散射粒子的性质决定。

波长 3 cm 的雷达可以探测到微弱的目标,如小雨滴;波长 10 cm 的雷达可以测得很大的雨滴,一般用于探测特大暴风雨。对于小雨或者雪,可用短波雷达。

由于雨和降雨的吸收和分散引起的衰减,可能也会影响到雷达的功能。衰减是雷达波长的一个函数,波长越短,衰减越厉害。

当接收能量 p 为直径 D 的雨滴的 1/6 能量时,3～10cm 波长的雷达能够很容易地感觉到雨滴的大小。

雷达反射率和降雨强度之间具有如下经验关系:

$$Z = AI^B \tag{4.2}$$

式中：Z 为雷达反射率；I 为降雨强度；A 和 B 为经验常数。A 和 B 值由观测的降雨类型决定，常用值为 $A=200$，$B=106$。

当利用雷达来观测降雨时可能出现一些错误。它需要利用雨水测量仪校准系统来解决。可以固定式 4.2 中的指数 B，并且利用雨水测量仪来导出系数 A 的值。

4.2 积雪的测量

积雪的测量包括新降雪和积雪。积雪的测量用水当量来表示，也就是融化一定深度的积雪所能得到的水深。

就像降雨量测量一样，积雪也必须采用在几个点取样来进行测量，取各点平均作为积雪的代表值。一个简单的测量降雪的方法是，将雪板放置在地面或积雪表面上来保证新雪堆积在上面，再用一个倒置的雨水测量仪气缸来隔离新雪，然后将其融化，利用测雨量的方法对其进行测量。如果整个季节都在持续降雪，可在测量降雪量后重新放置干净雪板接收新降雪，以此类推，就可以知道整个季节的降雪量。实际证明，这种测量方法是相当可靠的。雪标桩也经常用来测量积雪。

雪密度是融化后水的体积与样本的初始体积之比，以百分比的形式表示。积雪的雪密度变化范围通常很大，它与积雪的结构和时间有关。

4.3 蒸发量的测量

直接测量蒸发量的经验方法是把蒸发盆放入一定的水，并暴露在空气中，经过一段时间后（一般为 1 天），通过测量蒸发掉的水来确定。

相同条件下，利用盆来进行蒸发量测量与在湖泊和水库中的测量是不一样的，这种差别归于盆的安装和暴露程度。例如，安装在地面上的盆，边上容易受到周围土环境之间的热交换，使得盆总体的热平衡成为一个相当复杂的现象。

通常情况下，盆测量都要比实际的湖泊和水库蒸发量要大。因此，为了达到实际湖泊和水库的蒸发量，通常引入一个称为盆系数的修正因子。

4.3.1 A 类盆

美国国家气象局 A 类盆是被西方广泛使用的蒸发盆。这种盆被世界气象组织认为是测量蒸发量的标准工具。

A 类盆是由无漆镀锌铁制作的。其直径为 122 cm，高为 25.4 cm。在地面上允许盆周围及下面的空气自由流动（见图 4.4）。水的流失由每日的水位测量来决定，水位测量是利用装在盆上的千分尺测量计来进行的。该盆内水的初始高度是 20 cm，当水位降到 17.5 cm 时再填充，每日蒸发量由连续两次的观测差来计算，并且对介入的雨水进行修正（由附近的降雨量测量计测得）。

由于边界面对日光辐射的拦截，A 类盆和其他暴露在外的盆类似，通常会夸大实际湖泊和水库的蒸发量。因此，其盆系数是小于 1 的，每年的平均值大约为 0.7 左右。蒸发量的空间变

图 4.4 蒸发皿:测量蒸发量

化是很难获知的,但空间变化可能并没有降雨量那么大。为了达到初步估计蒸发量的目的,各站的密度应该在 5 000 km²。

4.3.2 蒸发蒸腾计

蒸发蒸腾计是用来测量潜在的土壤水分蒸发蒸腾损失总量的一种仪器。蒸发蒸腾计由一个中央容器和至少两个不漏水的土壤容器组成。该土壤容器上方与空气接触,上面的自然降雨或者人工降雨通过下面的管子直接进入中央容器中的收集罐。在一个周期中,进入土壤容器的水量和进入各收集罐的累积水量之差即为水分蒸发的流失量。

为了使土壤中的滤水达到最小,将前一天滤出的水混入灌溉水中,土壤水分蒸发蒸腾损失总深度等于降雨深度加上灌溉深度再减去滤出深度。然而,由于土壤湿度很难每天都保持一个常数,因此,在雨天,测量通常需要一个高的 PET 值;反之,雨后在接下来的几天它就会呈现一个低的,有时甚至为负的 PET 值。只有在无降雨的长周期中测量,即每月或者每个季节,才会给出一个精确的随时间(天数)变化的 PET 值。

如图 4.5 所示,经恰当安置的蒸发计如同一个微型气象站,可提供 PET 值。蒸发计的主要组成部分是一个置于圆柱形储水容器上的湿陶杯,陶杯上覆有绿色纤维织物以模拟作物冠层。容器可储水高度为 300 mm,其中充满蒸馏水,水受蒸发拉力作用,并经过一直延伸到容器底部的吸管,从陶杯顶部蒸发出去。仪器使用蒸馏水是为防止一些固体溶解物在陶杯的孔隙及表面沉积而影响蒸发速率。在纤维织物的下方,陶杯上还覆盖一层特殊的膜以防止雨水入渗。容器上设有一个进气孔以保持容器内外气压平衡,接有直径约 1 cm 的透明塑料管以指示水位。蒸发消耗的水深可以通过前后两次从塑料管读取的水位值的差确定。

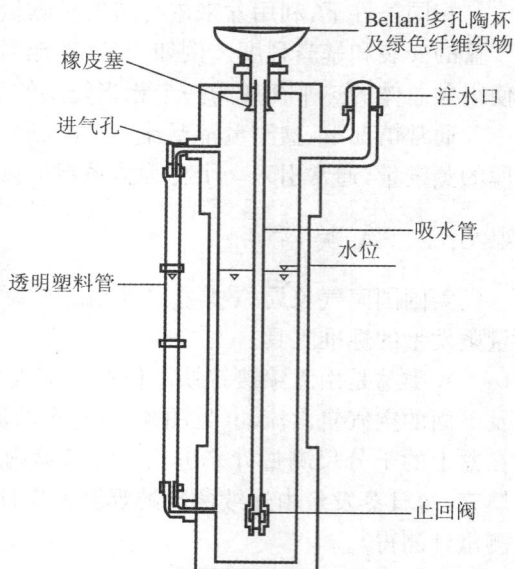

图 4.5 蒸发计结构示意图

储水容器通过玻璃或塑料吸管给湿陶杯充水。吸管通过密封性能好的橡皮塞与陶杯的颈部相连,在底部设有止回阀。止回阀用来使水向上流入陶杯,防止水倒流入储水容器。

4.4　渗透和土壤湿度的测量

渗透率在时间和空间上的变化是很大的,但不管是一种测量方法还是一系列的测量方法,都要保证其在该区域是具有代表性的。在实际中,渗透率不仅与渗透计的使用有关,而且与自然集水区的降雨—径流数据的分析方法有关。

4.4.1　渗透计

渗透计是用来测量一个小区域内土壤表面吸收水的速度的一种仪器。渗透计有两种基本型号:灌溉型和洒水装置型。

一个灌溉型渗透计包括两个同心金属环,大约相距 2~5 cm 的距离插入地面。通常情况下,内环的直径为 25 cm,外环为 35 cm。将水提供给内环,并保持 0.5 m 的常水头,其加水的速度即为渗透率。为了阻止地表以下的水侧向传播,需要在两环之间的环形区域保持相同的水头。

许多因素导致用灌溉渗透计测得的渗透率与实际的渗透率不同。一方面,插入环的插入立即破坏了周围的土壤,导致渗透率的增加。内环与环间区域水头的差别很可能引起误差。另外,覆盖条件也难以代表实际条件。用灌溉渗透计法,通常得到的渗透率会偏高。此外,为了估计渗透率的空间变化,则需要很大数量的实验。

洒水装置型渗透计的设计避免了灌溉型渗透计的某些缺陷。洒水装置型渗透计利用洒水车在小块土地上提供一个模拟的降雨条件。利用的小块土地称为 F 场地,宽 1.8 m、长 3.6 m。在 F 场地内的两条长边上安装了两排特殊的喷嘴,从喷嘴上喷出的雨滴降到该场地及周围的地区。这些喷嘴直接向上喷射,雨滴轻轻地覆盖这个场地,还可以通过使用喷嘴的数量来控制降雨强度,分别为 4.5 cm/h,9.0 cm/h,13.5 cm/h。雨滴可以达到场地表面以上 2 m,因此可以产生侵蚀和实际降雨类似的表面条件,模拟降雨一直持续进行,直到在 F 场地出口外产生稳定径流。

鉴于渗透在空间和时间上的变化,区域测量仅能提供定性的资料。定量的估计,很可能只有基于降雨—径流分析方法获得。

4.4.2　渗透率的分析

利用降雨—径流数据来决定渗透率是对洒水装置型渗透率测量技术的延伸。对于一个单峰径流的暴风雨,利用综合的雨量图来计算总降雨体积。用综合径流水位曲线来计算径流体积,渗透体积则是降雨体积减去径流体积。该暴风雨的平均渗流率是由降雨的持续时间区分渗流体积来获得的。然而,当利用降雨—径流分析来确定渗流率时,需要考虑的一个因素是长期蓄水的影响。对于大流域,降雨与径流间的时间差可能很大,以致无法在合理的时间内确定单场暴雨所产生的径流量。

4.4.3　土壤湿度的测量

反映土壤湿度的两个标准:田间含水量和永久枯萎点。田间含水量是最大湿度,其土壤结构能够容纳的最大含水量,即经水饱和的土壤自由排水二、三天后土壤的含水量。永久枯萎点是植物开始发生枯萎时土壤的水分含量。

土壤湿度可以直接或者间接地测得。直接测量由烘烤炉出来的样本的失重来决定。每个样本在之前已经被测量过,在 105℃ 被烘干后再次进行测量。湿土时丢失水的重量与烘干后土壤的质量之比为一个百分数。这种测量方法,与时间有关,并且没有考虑土壤湿度随时间连续变化的因素。

间接测量土壤湿度包括利用张力计来测量吸引力,即在潮湿土壤中锁住水的力。该仪器包括一个装满水的管子,在底部有多孔漏水杯,顶部有塞子。这根管子连接着一个水银压力计或者一个真空测量计。当管子插入土壤中,水沿着多孔漏水杯流到环境土壤中,引起压力下降并记录于压力计中。土壤越干燥,水离开管子的重量就越大,同时压力的减小量也越大。

中子探测仪是用来直接测量土壤湿度的工具。这种方法是基于这样的一个事实:当中子与氢原子的质子撞击时,高速中子被离散并降速。这个探针包括高速中子源和慢速的中子计数仪,当土壤湿度高时记录数高,当土壤湿度低时记录数低。中子探测仪的优势在于测量速度快,其劣势为很难探知土壤随深度的变化。

水平衡方法是另一种间接测量土壤湿度的方法。这种方法是基于这样一个假设,土壤湿度可以视为是降雨量与土壤水分蒸发蒸腾损失总量之差。因此,湿度可以直接从容易得到的降雨量和土壤水分蒸发蒸腾损失总量数据得到。

4.5　流速及流量的测量

水文测站是在河流上或流域内设立的按一定技术标准经常收集和提供水文要素的各种水文观测现场的总称。按目的和作用分为基本站、实验站、专用站和辅助站。

基本站是为综合需要的公用目的、经统一规划而设立的水文测站,基本站应保持相对稳定,在规定的时期内连续进行观测,收集的资料应刊入水文年鉴或存入数据库。实验站是为深入研究某些专门问题而设立的一个或一组水文测组实验站,也可兼作基本站。专用站是为特定目的而设立的水文测站,不具备或不完全具备基本站的特点。辅助站是为帮助某些基本站正确控制水文情势变化而设立的一个或一组站点。辅助站是基本站的补充,弥补基本站观测资料的不足。

基本水文站按观测项目可分为流量站、水位站、泥沙站、雨量站、水面蒸发站、水质站、地下水观测井。流量站(通常称作水文站)均应观测水位,有的还兼测泥沙、降水量、水面蒸发量与水质等。水位站也可兼测降水量和水面蒸发量。

4.5.1　水位测量

1) 手动测量计

最简单的手动测量类型是竖杆测量仪。竖杆上标有刻度,可读到厘米或毫米。竖杆必须垂直地固定在水中,例如桥墩。

另一类手动测量计是金属丝测量计。该测量计包括一个卷轴,附有一定长度的轻质电缆,电缆的末端附有一个砝码。这个卷轴安装在固定位置,比如在桥跨上,水位由非卷轴电缆测量直到砝码碰到水表面。每一次卷轴的旋转都会松开一个特定的长度,可以计算到水表面的距离。

手动测量计通常用于从一次测量到另外一次测量变化不大的地方,不能用于小的或者有暴洪的河流。

2) 记录测量计

记录测量计用于连续记录水位并将其记录在条状图表上。记录测量计的装置用浮力或者用压力发动。这种类型的测量仪通常用于河流湖泊中水位的连续测量。

浮筒法是经典的水位测量方法。浮筒法简单易行,但其转换、传动机构的机械摩擦、变形、受潮锈蚀、霉变及水流、风浪波动等都将对测量精度和可靠性产生较大的影响。如果对江河湖海等动水水位进行监测,常建立专门的测量井。

3) 遥感测量计

该测量计带有自动数据转化能力,被叫做自报测量计,或者叫水位传感计。这种工具是利用测距仪来实时测量水位。这种测量仪应用较简便,处理速度快,有利于实时预报洪水。

超声波数字水位计利用声学原理对液面进行测量,不与被测液体直接接触,从而大大减少了外界因素对数据准确性的干扰。其测量程序简单,测量精度和稳定性高,因此,在我国得到广泛使用。

近年来,激光测距技术也用于水位测量,水位激光测量仪的精度极高,使用方便。

4.5.2 流量的测量

在我国的江、河水文测量工作中,流量测量是最主要、最基本的工作之一。测量流量的方法很多,常用的方法为流速面积法,其中包括流速仪测流法、浮标测流法、比降面积法等,这些是我国目前使用的基本方法。此外,还有水力学法、化学法、物理法、直接法等。

在过水断面上,流速随水平及垂直方向的位置不同而变化。从水平方向看,中间流速大,两岸流速小;从水深方向看,河床流速最小。用流速仪测流实际上是将过水断面划分为若干部分,计算出各部分面积,然后用流速仪近似地测算出各部分面积上的平均流速,两者的乘积为通过各部分面积的流量,累计各部分面积上的流量即得全断面的流量。因此,流速仪测流工作包括断面测量和流速测量两部分工作。

目前,在江河的过水流量测量中,大多是采用机械转子流速仪测量水的流速,再根据所测的过水断面面积计算出流量。在河流过水断面上流量的测量要求确定水深和给定水位的平均流速,过水断面应该和流速垂直,在过水断面上测得足够多点的流速资料的基础上得到断面平均流速。

对于一个典型的河流测量过程,一个过水断面上常布设有 20~30 条测深垂线。如图 4.6 所示,每次测深与河流部分断面相关,该部分断面上的水深等于测得的水深(见图 4.6 中 h_3 部分),在其周围取一个矩形区域,其宽度等于相邻垂线间距的一半。对每根垂线开展以下观测:

(1) 从河流或者河岸上到参考点的距离。

(2) 河流的水深。

(3) 沿垂线用流速仪测量一点或者两点以上的流速。

在两点法中,流速测量在河流水深的 0.2 倍和 0.8 倍处测量。在一点法中,流速测量在河

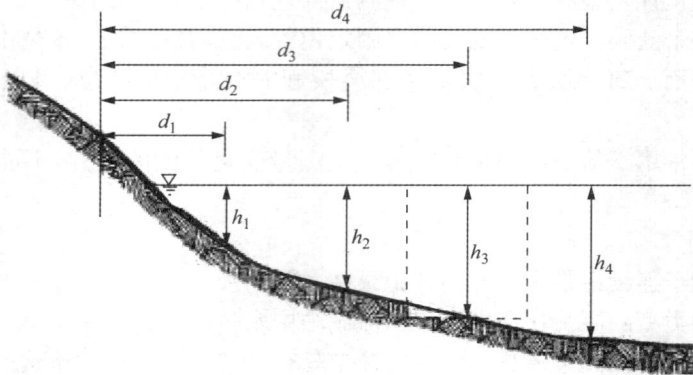

图 4.6　水流测量中的剖面划分

流水深的 0.6 倍高处进行测量。将 0.2 倍和 0.8 倍水深的流速平均值和 0.6 倍水深高处的流速值作为是该垂线上流速的平均速度。在很浅的河流中,也许只能使用一点法。

第三小部分区域的面积:

$$a_3 = h_3 \times \left(\frac{d_4 - d_2}{2} \right) \tag{4.3}$$

对于每一个部分断面,流量的计算公式为:

$$q = v \times a \tag{4.4}$$

式中:q 为流量;v 为平均速度;a 为水流面积。

总的流量 Q 等于各部分断面流量之和。

4.5.3　流速测量计

流速仪是一种专门测定水流速度的仪器。流速测量的传统方法:转子流速仪接上讯响器(或电铃)人工计数、计时、再手工计算出流速,不仅时效低,而且,大洪水期间的风雨声和水浪声,极易造成人为误差。为解决测量流速时的计数问题,国内一些厂家先后研制出了多种电子计数器,经不同的用户试用后,大多没有得到推广应用。我国使用较多的是重庆水文仪器厂生产的 LS68-2 型旋杯式流速仪和 LS25-1 型旋桨流速仪。

流速仪的测速原理是利用水流冲动流速仪的旋杯或旋桨,同时带动转轴转动,在装有信号的电路上发出讯号,便可知道在一定时间内的旋转次数,流速愈大,转轴转得愈快,流速与转速之间有一定的关系,这种关系是由厂家在仪器出厂之前,把流速仪放在特定的检定水槽里,通过实验方法来确定流速与转速间的函数关系。关系式如下:

$$V = KN / T + C \tag{4.5}$$

式中:K 为水力螺距,表示流速仪的转子旋转一周时水质点的行程长度;N 为流速仪在测速历时 T 内的总转数,一般是根据讯号数,再乘上每一讯号代表的转数求得;T 为测速历时,为了消除水流脉动的影响,测速历时一般不应少于 100 s;C 为附加常数,表示仪器在高速部分内部各运动件之间的摩阻,称为仪器的摩阻常数。

式 4.5 中,系数 K、C 是通过水槽实验事先确定的。

测量非恒定流和受潮汐影响的流量一直是水文工作者所面临的难题。多变的流态使得传统的流速仪测流方法受到测流时间的限制,这种方法测量通常至少需要 1 h,而受潮汐影响的流量在 10 min 内的变化可能超过 100%。随着 1982 年世界第一台声学多普勒流速剖面仪(Acoustic Doppler Current Profiler,缩写 ADCP)的出现,使得更准确测量非恒定流和受潮汐影响的流量成为可能。该仪器是一种利用声学换能器所发射的声脉冲在随水流运动的悬浮物质中所产生的多普勒频移进行流速测量的仪器,其突出特点是能够测量不同水层的三维流速和流向,即测出海流(河流)的流速剖面,具有测量时间短、测量精度高、资料完整丰富的特点,特别适合于流态复杂条件下的测量,具有极高的测量效率。

1) 测流计测速

一种依据河流大小变化使用的测流计,如声学多普勒流速仪,如果河流是可涉水通过的,仪器被固定在一个带刻度的深度杆上。如果河流太深不能涉水,则悬挂在一条缆绳上使用测深铅锤掷于水中,铅锤被制成不同大小,从 6.8 kg 到 135 kg。测量使用的悬浮电缆是由桥梁、空中索道、小船构成的。当使用巨大的测深铅锤或者小船时,可能需要测深盘铅锤。

测流计贴在位于测深铅锤顶部的一个杆上,将测深铅锤靠在河床,由放置在水表面的仪表来进行测深。速度测量可以由一点、两点或多点测量得到。测深铅锤的大小是一个河流的深度和灵敏度的函数。如果流速对铅锤来说太快了,铅锤会漂移到下游且会明显夸大流动深度。这种情况下,必须进行下流漂移较正。

对于水深较浅的河渠,声学多普勒流速剖面仪(ADCP/ADP)为测流速带来了极大的方便,它不但能测量水深,而且能测出瞬时沿水深的流速分布。目前,ADCP 的可测深度达 100 m,对较高含沙量的河流适应性较好,而且型式多样,在我国逐步得到广泛使用。

(1) 声学多普勒流速仪(ADV)。ADV 声学多普勒流速仪最初是 SonTek 公司为美国陆军工程兵团水道实验室设计制造。该流速仪运用多普勒原理,采用遥距测量的方式,对距离探头一定距离的采样点进行测量。ADV 系列包括:实验室型、野外河渠型、海洋型。

ADV 的特点如下:

① 高精度测出三维流速。

② 遥距测量,不干扰流场。

③ 测点可以离边界非常近(毫米量级)。

④ 可以用于极慢流速测量。

⑤ 启动时无需启动数据。

⑥ 所测数据包括声学逆向散射强度,经过标定可用来确定水体中的悬沙浓度。

ADV 探头有四种形式:三维—俯视、三维—侧视、三维—仰视和二维—侧视。测量单元(及测点)距探头距离可以为 5 cm 或 10 cm。二维—侧视探头可用于水深极浅的情况(2~3 cm)。

(2) 声学多普勒水流剖面仪(ADCP)。声学多普勒水流剖面仪测量原理:有多个超声波换能器(探头)同时向多个方向发射超声波,因为自然界的水中都有一些悬浮颗粒,这些在不同距离的悬浮颗粒会将传播到该位置的部分声波反射回发射的仪器,仪器收到不同距离的反射信号之后就可以加以分析,如果这些悬浮颗粒是向着仪器追近,反射的频率会高于发射的频率,如果是远离则会低于发射频率,ADCP 借着这种频率的微小差异,代入上述的多普勒频移方程式,就可以计算出水流的速度。通常,ADCP 会有 2~3 个发射探头,根据几何学原理,两个方向的测量可以计算出平面的二维流速,而三个方向的测量就可以计算出水中三维的流速流向。水越深处的数据反射回来得越慢,将各个时段传回的数据分别运算就可以知道各层次的流速流向。

2）浮标法测速

浮标测流法是一种简便的测流方法。在洪水较大或水面漂浮物较多，特别是在使用流速仪测流有困难的情况下，浮标法测流是一种切实可行的办法。浮标测流的主要工作是观测浮标漂移速度，测量水道横断面，以此来估算断面流量。

理论上，凡能漂浮在水面上的物体都可以制成浮标。用水面浮标法测流时，测得的是浮标在水面的漂移速度，这种流速称浮标虚流速，它不能代表断面平均流速，将它与过水断面相配合，计算出断面虚流量，然后乘上浮标系数才能得到断面实际的流量。

然而，浮标系数与浮标类型、风力风向等因素有关。浮标系数需要率定确定。

为了估算河流流量，有时采用临时浮标简测法。就地选一简易的浮标，用步测距离，然后测量浮标走完该距离所需要的时间，计算出流速。水浅时，可涉水测量过水断面，水深可行船时，也可乘船测量断面，此时浮标系数可粗略地取，然后估算流量。

浮标与摄像相结合，录得的浮标在水体表面漂移的过程，然后通过图像分析，可以提高浮标测流的精度。

3）物理方法测速

使用超声波方法，两种音速的脉冲发出并收回，发射与接受装置放置在各自的河岸上，并且和河流方向成 45°夹角。两个脉冲传输时间的区别是由于河道内纵向流速引起的。通过换算，可以求得河道断面平均流速。该方法适用于那种使用测流计和其他直接技术无法测速的大河，其精度可以达到 2%之内。

4.5.4　洪峰流量的间接测量

大洪水产生的高水位和高流速增加了测量事故和人身伤害的可能性。因此，通常不能在大洪水通过时测量流量。此时，可采用比降面积方法，通过使用明渠流动公式间接得到洪峰流量的估计值。

应用比降面积方法必须具备以下数据：

（1）河段长度。

（2）河段上下游过水断面的水位落差。

（3）过水断面的湿周，以及上游和下游过水断面的速度水头系数。

（4）河段的曼宁系数 n 的平均值。

在选择合适的河段时需遵循以下几点：

（1）高水位标记很容易被识别。

（2）河段足够长才能够准确地测量水位落差值。

（3）上下游过水断面形状和明渠尺寸相对恒定。

（4）河段比较顺直。

（5）要避免桥梁、明渠弯曲，瀑布和其他流动导致曼宁系数改变大的情况。

比降面积方法的准确性随着流域长度的增加而提高。一个合适的河段须满足下面几个标准中的一个或多个：

（1）河段长度和水深的比率应该大于 75。

（2）水位落差值应该大于等于0.15 m。

（3）水位落差值应该比在上游和下游的过水断面处的速度水头值大。

计算过程如下：

（1）计算上游和下游断面的运输值：

$$K_u = \left(\frac{1}{n}\right) A_u R_u^{\frac{2}{3}} \tag{4.6}$$

$$K_d = \left(\frac{1}{n}\right) A_d R_d^{\frac{2}{3}} \tag{4.7}$$

式中：K 为流域运输值；A 为过水断面面积；R 为水力半径；n 为流域曼宁系数；下标 u 和 d 各自表示上游和下游。

（2）计算流域传输值，等于上游和下游过水断面运输值的几何平均值：

$$K = (K_u K_d)^{\frac{1}{2}} \tag{4.8}$$

式中：K 为流域运输值。

（3）计算第一次比降的近似值：

$$S = \frac{F}{L} \tag{4.9}$$

式中：S 为比降的第一次近似值；F 为水位差；L 为河段长度。

（4）计算第一次洪峰流量近似值：

$$Q_i = KS^{\frac{1}{2}} \tag{4.10}$$

Q 为第一次洪峰流量近似值。

（5）计算速度水头：

$$h_{vu} = \frac{\alpha_u (Q_i/A_u)^2}{2g} \tag{4.11}$$

$$h_{vd} = \frac{\alpha_d (Q_i/A_d)^2}{2g} \tag{4.12}$$

式中：h_{vu} 和 h_{vd} 是上游和下游过水断面各自的速度水头；α_u 和 α_d 是上游和下游过水断面处各自的速度水头系数；g 为重力加速度。

（6）计算比降的校正值：

$$S_i = \frac{F + k(h_{vu} - h_{vd})}{L} \tag{4.13}$$

式中：S 为比降的校正值；k 为损失系数。对于扩展河槽，即 $A_d > A_u$，k 取 0.5；对于收缩河槽，$A_u > A_d$，k 取 1。

（7）计算校正峰流量值：

$$Q_i = KS_i^{\frac{1}{2}} \tag{4.14}$$

（8）返回第（5）步，重复第（6）第（7）步。

在第（5）步中，利用在第（7）步之前得到的校正峰流量值。在第（6）步中，使用在第（5）步中得到的校正流速水头值。在第（7）步中，利用第（6）步得到的校正比降值。当由连续两个计算所得的洪峰流量值之差可以忽略不计时，该程序终止。实际计算中，通常情况只需要 3～5 个循环就可以完成。

[**例 4.1**]　问题：使用以下数据利用比降面积法来计算洪峰流量：河段长度为 500 m，水位差为 0.5 m；n 取 0.04；上游过水断面面积为 1050 m²，上游湿周为 400 m，上游的流速水头系数取 1.1；下游过水断面面积为 1000 m²，下游湿周为 375 m，下游流速水头系数为 1.12。推求

洪峰流量。

求解：上游过水断面水力半径和运输值分别为 $R_u = 2.625$ m 和 $K_u = 49.952$ m³/s。下游过水断面水力半径和运输值分别为 $R_d = 2.667$ m 和 $K_d = 48.075$ m³/s，河段运输值 $K = 49.005$ m³/s。第一个比降近似值 $S = 0.5/500 = 0.001$。第一个洪峰流量近似值 $Q_1 = 1550$ m³/s。因为 A_u 大于 A_d，k 取 1。其余计算列在表 4.1 中（第（5）到第（7）步）。三个循环后，最后得到的洪峰流量为 $Q_p = 1526$ m³/s。

表 4.1 比降面积法计算洪峰流量

迭代步骤	h_{vu}/m	h_{vu}/m	比降/(m/m)	洪峰流量/(m³/s)
1	—	—	0.00100	1550
2	0.122	0.137	0.00097	1526
3	0.118	0.133	0.00097	1526

4.6 海洋水文要素的观测

我国 1953 年在青岛的小麦岛建立了第一个海洋波浪观测站，1964 年国家海洋局成立后才开始全面、系统地建设和发展我国沿海的海洋观测站。至 2006 年，我国沿岸及岛屿已建有 56 个海洋站，其中 38 个海洋站有海浪观测项目。另外，在我国近海已有七个固定和五个临时浮标观测站位。加上断面调查、航空遥感、国际国内船舶观测，已构成了我国近海海浪监测系统。目前世界上监测海浪的主要手段仍以海洋船舶、海洋浮标站、岸边和岛屿海洋站为主。常用的海浪观测仪器有六种：视距测波仪（也叫光学测波仪），刀电阻和电容测波仪，压力测波仪；声学测波仪，重力测波仪和遥感测波仪。10 年前，美国和日本等国的科学家根据世界海洋环流实验（WOCE）所取得的经验，提出了在世界大洋上建成一个全球实时海洋剖面观测网的设想。认为该系统与新一代的 JASON 雷达高度计一起，将会对全球海洋要素，比如温度、盐度、海流和风等的采集发生革命性的变化，并首次实现全球性的实时海洋观测，使人类应对由全球气候变化所带来的许多严重环境问题成为可能。

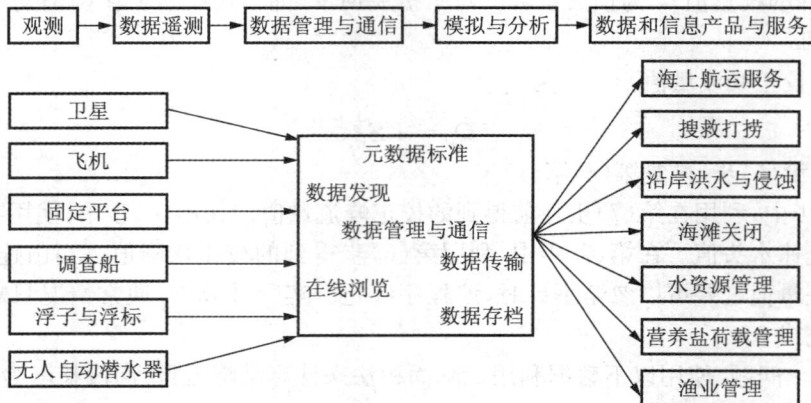

图 4.7 美国 21 世纪综合海洋观测系统（IOOS）的功能结构

美国正在按计划逐步实施综合海洋观测系统(IOOS,见图4.7),预计该系统到2010年投入全面使用,将有效地与地区、美国和国际观测网及数据管理和分析网相联结,为更好地认识和预报全球变化提供所需信息。

海洋水文要素主要包括:海水运动要素(如波浪、潮汐、海流、海啸、风暴潮等),海水物理性质要素(如温度、盐度、密度等)以及其他水文现象(如泥沙运动、冰凌等)。

4.6.1 波浪的观测

沿岸波浪站使用海底超音波式及浮球式两种波浪观测技术。观测时间间隔均为1 h量测10 min,观测项目有全波数、最大波高及周期、1/10波高及周期、1/3波高及周期(示性波高及周期)、平均波高及周期。

观测站点布设、观测仪器、数据采集、波浪记录处理、观测资料综合分析等具体要求详见《水运工程波浪观测和分析技术规程(JTJ/T 277—2006)》,本规程适用于海岸、近海和内陆等水域波浪的观测和分析,从2007年5月1日起开始实施。

4.6.2 潮汐的观测

根据牛顿万有引力定律,宇宙中任何物体之间都存在着相互吸引力,这种引力的大小与两物体质量的乘积成正比,与它们距离的平方成反比。月球、九大行星、太阳等对地球都有吸引力。比较而言,月球是最主要的,其次是太阳。地球表面的海水属于流体,在吸引力和离心力的作用下,海水便出现周期性的涨落,由此形成了潮汐。潮汐会以"天"为周期变化。这个"天"不是我们平常说的一个"太阳日"24小时,而是一个"太阴日"为24小时50分钟。对于某地来说,如果昨天第一次高潮出现在8点,那么,今天第一次高潮则在8点50分。

潮汐对农业、渔业、航运、国防建设等都有一定影响,潮汐还可作为动力资源加以利用。我国各地的海拔高度就是根据潮汐观测记录,以青岛验潮站多年平均的黄海海面作为基准面起算的。海洋潮汐以准确的规律产生,在大洋上的变化幅度在0~1 m。大洋和陆架潮汐的观测极为困难,而其观测结果却对研究沿岸潮汐和潮汐理论本身很有帮助。岸边潮汐观测使用浮子式,外海测潮采用压力式自容仪,大洋潮波的观测依靠卫星上的雷达测高仪。

4.6.3 海流的观测

海洋水体的水平移动称为海流。海流可分为潮流和非潮流(余流)。潮流为周期性运动,和潮汐一样是天体运动引起的。非潮流是海水非周期运动,主要为风吹流(或称漂流)及热盐环流(或称密度流),潮流和非潮流在海洋中是合在一起的。

海流测验主要是为了了解海岸工程区的流场特征。同一海区的海流,随季节不同有时差异很大。一般海流观测应根据海岸工程区的实际情况,选择不同的季节进行。通常在夏、冬季分别进行。海流观测包括流向和流速,测流方式有锚碇、走航和跟踪浮标等。一般海岸工程现场海流观测通常在工作区设若干条测流垂线,采用锚碇方式进行大、小潮或大、中、小潮同步观测。每一潮次要求连续观测25 h以上,垂线上的观测层次视当地水深和实际工程需要而定。

海流观测相当困难,或用仪器定点测量,或用漂流物跟踪观测。定点测流是海洋观测中常用的办法,所用仪器有转子式海流计、电磁式海流计、声学海流计等,其中最流行的是转子式仪器。

4.6.4　海啸的观测

海啸是指由海底地震、火山爆发和海底滑坡、塌陷所产生的具有超大波长和周期的长波，当其行近近岸浅水区时，波速减小而波幅骤增，有时可达 30 m 以上，骤然形成"水墙"而淹没滨海地区，造成灾害。

海啸分为两种：一种是横跨大洋或从远洋传播而来的海啸，这种海啸可在大洋中传播数千公里而甚少衰减。另一种是近海海啸，海啸生成源地和受灾地在同一地区，因此海啸波到达沿岸的时间很短，有时仅有几分钟或几十分钟，往往难以预警而造成严重灾害。目前人类尚不能直接预测或预报海啸的发生，只能依靠海底地震记录和岸站潮位变化的异常来确定海啸的发生。

4.6.5　风暴潮的观测

风暴潮系指由强烈的大气扰动（热带风暴或温带风暴）所引起的海面异常升高现象。相反的，在离岸大风强烈作用下，沿岸水位会产生异常下降，有人称其为负风暴潮。一般所谓的风暴潮，往往是指前者。风暴潮，也有人称其为风暴增水或气象海啸；负风暴潮也可称为风暴减水。通常，人们称湖泊中的水位异常变化为增、减水；而气象海啸是在风暴条件下，由风暴增（减）水与天文潮以及短周期风浪相叠加的综合结果。风暴潮是一种重力长波，周期长介于低频天文潮和地震海啸的周期之间。目前，人们通常采用实测潮位减去正常天文潮预报值的办法来计算风暴潮位。

4.7　水文观测的现代技术及手段

随着雷达监测技术、核物理技术、现代通信技术、空间数据采集技术和计算机网络技术等一大批现代科学技术的广泛应用，水文观测的设备及相关技术获得了飞速发展，体现现代水文技术特点的各种水文测验设备、设施（遥测技术、自动测报技术、ADCP 及微机辅助测流、水位雨量自记仪及自动存储和远程数据传输、GPS 定位等等）的运用，水文信息化、网络水文站建设的兴起，大大地推动了水文技术的扩展、改进和提高，为现代化水文技术的理论创新和实践，提供了发展平台。

当前水文观测技术一般归为三类：一是水热通量观测技术，包括新型的降水、蒸散发和径流观测技术；二是示踪剂和同位素观测技术；三是卫星遥感遥测技术，包括基于 GIS 平台的水文空间信息的处理和挖掘技术。水文观测技术的现代化趋势，促进了海洋观测技术及其设备的不断更新与发展。20 世纪 50 年代以前，海洋观测主要使用机械式仪器，回声测深仪是唯一的电子式测量装置。60 年代以后，海洋观测仪器在设计上大量采用新技术，逐步实现了电子化，除传感器多样化外，信号形式和仪器终端将日趋通用化，并进一步向智能化发展，一批具有现代测试技术的声学式仪器、光学式仪器、电子式仪器、机械式仪器，以及遥测遥感仪器广泛应用于海洋水文观测，如电子式盐温测量仪、投弃式深温计、红外辐射温度计、雷达测高仪等。

此外，随着数据采集及网络技术的应用，相应的多目标监测及数据采集系统得以实现，如运用卫星遥感和雷达等空间数据采集技术，实现对云团、降水、蒸发等大气水的实时在线监测；根据流域水资源管理、配置的需求，调整充实地表水资源监测站网，并充分运用 GPS、ADCP、振动式测沙仪、自记水位记、雨量计等在线监测技术利巡测技术，加强地表水资源的监测，实现地表水资源的多层面连续在线监测：应用同位素示踪技术和超声波技术等现代测试技术实现对地下水（包括壤中流和地下径流）的连续在线监测等。

5 海岸工程设计的水文要素计算

海岸工程设计的水文要素计算是海岸工程的规划设计及建筑物本身安全和防护区安全的决策关键,内容包括设计洪水与水位、设计波浪与潮位、设计通航水位、近岸波浪要素、近岸带泥沙的运动等。

5.1 设计洪水与水位

设计洪水与水位是工程设计中至关重要的要素,它直接关系到工程的规模、风险、效益和投资。设计水位并非越高越好,设计水位越高,单位投资的效益越低,资金积压的风险越大;如果设计水位定得较低,虽然工程的投资效益较高,但是在一定时期内发生灾害的可能性也较大,对社会的危害和环境破坏的可能性就越大。因此,设计洪水的确定不仅要从投资效益和可能发生的灾害损失两方面综合考虑,还要考虑社会效益、环境与生态效益,权衡利弊,进行方案对比优化。

5.1.1 洪水及其基本要素

设计洪水

1) 洪水过程特征要素

图 5.1 为洪水变化过程图,洪水过程通常用三个要素描述,即洪峰流量 Q_m、一次洪水过程总量 W(图中 $ABCDE$ 所包围的面积,AC 为地表和地下径流分割线)、洪水历时(由涨水历时 t_1 与退水历时 t_2 相加求得)。

实际洪水过程可能退水历时很长,为简化而取 C 点,使其与起涨流量相等,假定 C 以后退水水量与 A 点以前上次洪水的退水水量相等。

2) 洪水设计标准

洪水设计标准是水工建筑物在规定条件下抗御洪水的能力,一般以洪水重现期表示。与海洋潮位相关的沿海地区,水电枢纽工程洪水设计标准用潮位的重现期表示。

现行的方法是选择某一累计频率(如 1%、0.1%)的洪水作为设计依据或标准。由于洪水表现为随机现象,在考虑洪水资料实际分布状况时,应该以概率形式估算未来可能发生的洪水;同时采用洪水出现累计频率作为设计标准,可视工程大小与重要程度选定不同累计频率。库大、防护对象重要的设计标准可高一些(如 $P=0.2\%$ 或 0.1%);若水库较小且下游无妨或不重要,设计标准可定得低一些(如 $P=1\%$ 或 2%)。

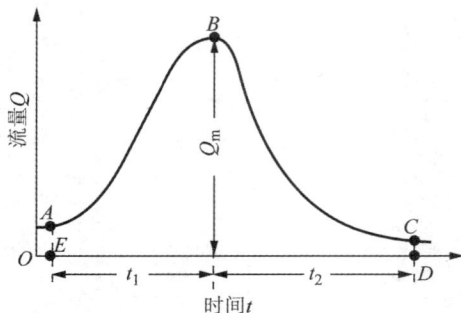

图 5.1 洪水流程过程

3）设计洪水

设计洪水是洪水设计标准之一，又称正常运用洪水，指当出现该标准洪水时，能够保证水工建筑物的安全或防洪设施的正常运用。设计标准确定后，按标准推求的洪水，称为设计洪水。

设计洪水的内容包括设计洪峰、不同时段的设计洪量、设计洪水过程线、设计洪水的地区组成和分期设计洪水等。可根据工程特点和设计要求计算其全部或部分内容。按工程性质不同，设计洪水分为水库设计洪水，下游防护对象的设计洪水，施工设计洪水，堤防设计洪水、桥涵设计洪水等。推求设计洪水有多种途径，如由流量资料推求设计洪水等。

设计任何水工建筑物时，都需要选定某一量级的洪水作为设计依据，以便规划设计建筑规模、进行结构计算等。若洪水的量级定得太大，工程规模大，投资多而不经济；如量级太小，工程不安全，可能造成巨大损失。因此需选择一个对水工建筑物既安全又经济适应的洪水作为设计依据。

4）校核洪水

校核洪水是洪水设计标准之一，又称非常运用洪水，指当出现该标准洪水时，采取非常运用措施，在保证主要建筑物安全的前提下，允许次要建筑物遭受破坏。校核洪水是为提高工程安全和可靠程度所拟定的高于设计洪水的标准，用以对主要水工建筑物的安全性进行校核，这种情况下，安全系数允许适当降低。

为保证水库大坝安全，规范中又规定了校核标准。一般情况下校核标准也用累计频率表示，但对重要的土石坝水库，除以累积频率作为设计标准外，还规定以可能最大洪水作为保安全的校核标准。所谓的可能最大洪水，是指当代气候条件下，流域可能产生的最大所能形成的洪水。

在水利工程的规划与设计中，由国家制定统一规范，按工程的种类、重要性，将水工建筑划分为若干等级，根据不同级别规定出相应的设计标准。规范中，设计永久性水工建筑采用的洪水标准，分为正常运用（即设计）和非常运用（即校核）两种情况。根据正常运用累计频率的设计洪水，调节计算决定水利枢纽工程的设计洪水位。依据非常累计频率的校核洪水，调节计算决定校核洪水位。如发生校核洪水时，可以允许水库高水位至坝顶之间的安全超高留得少一些，水电站的正常工作允许暂时破坏，但水库的主要建筑物（如大坝、溢洪道等）必须确保安全。如所设计的水工建筑物担负保护下游地区的防洪时，还规定有下游防护对象的防洪标准。这种标准，依被保护对象的类型（城市、农村等）和重要程度而不同。但此标准通常都比大坝的设计标准低，通过洪水调节计算求得相应的防洪高水位。

5.1.2　洪水的设计标准

洪水的设计标准是根据工程的重要性，即工程等别与级别来确定的。海岸带不仅涉及水电枢纽工程的洪水设计标准，而且还包括沿海城市的洪水设计标准等。

值得注意的是，防洪标准确定后也不是追求一步到位的，应根据国家财政能力，保持每年都有较稳定的投入，分轻重缓急逐步达标，这样不仅降低投资积压的风险，同时也可以维持一支较稳定的建设队伍，避免投资大起大落所造成的困难。

5.1.2.1　水电枢纽工程的洪水设计标准

水电枢纽工程等别与级别的划分与相应的洪水设计标准应该按照《水电枢纽工程等级划

分及设计安全标准,J229》和国标《防洪标准 GB50201》执行,具体分述如下:

1) 工程等别

为适应建设项目不同设计安全标准和分级管理的要求,水电枢纽工程按照库容大小和装机容量对工程建设规模进行分类。水电枢纽工程划分五等(一、二、三、四、五),分别对应大(1)型、大(2)型、中型、小(1)型和小(2)型工程,具体应按表 5.1 确定。

表 5.1 水电枢纽工程的等级划分指标

工程等别	工程规模	水库总库容/10^8 m³	装机容量/MW
一	大(1)型	≥10	≥1 200
二	大(2)型	≥1,<10	≥300,<1 200
三	中型	≥0.10,<1.0	≥50,<300
四	小(1)型	≥0.01,<0.10	≥10,<50
五	小(2)型	<0.01	<10

综合利用的水电枢纽工程,当其水库总库容、装机容量分属不同的等别时,工程等别应取其中最高的等别。

2) 水工建筑物级别

根据水工建筑物所属工程等级及其在该工程中的作用和重要性,对设计安全标准有不同要求。在具体的水电枢纽工程中,永久性水工建筑物的级别高于临时性水工建筑物级别,主要建筑物级别高于次要建筑物级别。水工建筑物级别愈高,设计安全标准也愈高。

水工建筑物级别,根据工程等别及建筑物在工程中的作用和重要性划分为 5 级,应按表5.2 确定。

表 5.2 水工建筑物级别的划分

工程等别	永久性水工建筑物	
	主要建筑物	次要建筑物
一	1	3
二	2	3
三	3	4
四	4	5
五	5	5

失事后损失巨大或影响十分严重的水电枢纽工程中的 2~5 级水工建筑物,经技术经济论证,可提高一级,洪水设计标准也相应提高。

如果坝高超过表 5.3 所列的指标,按表 5.3 确定的 2~3 级壅水建筑物级别应该提高一级,洪水设计标准也相应提高。

表 5.3 提高壅水建筑物级别的坝高指标

壅水建筑物原级别		2	3
坝高/m	土坝、堆石坝	100	80
	混凝土坝、浆砌石坝	150	120

当水工建筑物地基的工程地质条件特别复杂或采用实践经验较少的新型结构时,2～5 级水工建筑物的级别可提高一级,但洪水设计标准不提高。

当工程等别仅由装机容量决定时,挡水泄水建筑物级别经技术经济论证可降低一级;当工程等别仅由水库总库容大小决定时,水电站厂房和引水系统建筑物级别经技术经济论证可降低一级。

仅由水库总库容大小决定工程等别的低水头壅水建筑物(最大水头小于 30 m),符合下列条件之一时,1～4 级壅水建筑物可降低一级:

(1)水库总库容接近工程分等指标的下限。

(2)非常洪水条件下上下游水位差小于 2 m。

(3)壅水建筑物最大水头小于 10 m。

临时性水工建筑物系指仅在枢纽工程施工期使用的建筑物,如围堰、导流洞以及导流明渠临时挡墙等。此外,临时性水工建筑物限于临时挡水和泄水建筑物。临时性挡水泄水建筑物的施工级别应根据保护对象的重要性、失事危害程度、使用年限和临时性建筑物规模按表 5.4 确定。

临时性水工建筑物施工时,应按表 5.4 中的上限执行。但对 3 级临时性水工建筑物,符合该级别规定的指标不得少于两项,且建筑物规模指标高度和库容应同时得到满足。

利用临时性水工建筑物挡水发电时,临时挡水建筑物级别可提高一级。

表 5.4 临时性水工建筑物级别

级别	保护对象	失事危害程度	使用年限/年	建筑物规模	
				高度/m	库容/10⁸ m³
3	有特殊要求的 1 级永久性水工建筑物	淹没重要城镇、工矿企业、交通干线或推迟总工期及第一台机组发电工期,造成重大灾害和损失	>3	>50	>1.0
4	1 级、2 级永久性水工建筑物	淹没一般城镇、工矿企业或影响工程总工期及第一台机组发电工期,造成较大损失	3～2	50～15	1～0.1
5	3 级、4 级永久性水工建筑物	淹没基坑,但对总工期及第一台机组发电工期影响不大,经济损失较小	<2	<15	<0.1

3)水工建筑物的洪水设计标准

水工建筑物的洪水设计标准应根据工程所处位置,分山区、丘陵区和平原、滨海区分别确定。

当山区、丘陵区水工建筑物挡水高度低于 15 m,且上下游最大水头差小于 10 m 时,其洪水设计标准宜按平原滨海区标准确定;当平原、滨海区水工建筑物挡水高度高于 15 m,且上下游最大水头差大于 10 m 时,其洪水设计标准宜按山区、丘陵区标准确定。

河流梯级开发中各梯级水电枢纽工程中的水工建筑物的洪水设计标准,应结合流域综合治理和水电开发规划方案统筹研究相互协调合理确定。

山区、丘陵区水电枢纽工程(包括抽水蓄能电站工程)、永久性壅水、泄水建筑物的洪水设计标准,应按表 5.5 确定。

表 5.5　山区、丘陵区水电枢纽工程永久性壅水、泄水建筑物的洪水设计标准

不同坝型的枢纽工程		永久性壅水、泄水建筑物级别				
		1	2	3	4	5
正常运用洪水重现期/年		1 000~500	500~100	100~50	50~30	30~20
非常运用洪水重现期/年	土坝、堆石坝	可能最大洪水或 10 000~5 000	5 000~2 000	2 000~1 000	1 000~300	300~200
	混凝土坝、浆砌石坝	5 000~2 000	2 000~1 000	1 000~500	500~200	200~100

土坝堆石坝及其泄水建筑物失事将导致下游特别重大的灾害时,1 级永久性壅水、泄水建筑物的非常运用洪水,应采用可能最大洪水,或重现期为 10 000 年的洪水;2~4 级永久性壅水、泄水建筑物的非常运用洪水标准可提高一级。

混凝土坝和浆砌石坝,如洪水漫顶将造成极严重的损失时,1 级永久性壅水泄水建筑物的非常运用洪水,经专门论证并报主管部门审批,可采用重现期 10 000 年的洪水。

当抽水蓄能电站的装机容量较大,而上、下水库库容较小时,若工程失事后对下游危害不大,则挡水、泄水建筑物的洪水设计标准可根据电站厂房的级别按表 5.6 的规定确定;若失事后果严重,会长期影响电站效益,则上、下水库挡水泄水建筑物的洪水设计标准宜根据表 5.5 规定的下限确定。

山区、丘陵区水电枢纽工程消能防冲建筑物的洪水设计标准可低于相应泄水建筑物的洪水设计标准,应根据泄水建筑物的级别按表 5.6 确定。在低于正常运用洪水时,消能防冲泄水建筑物应避免出现不利的冲刷和淤积;在遭遇超正常运用洪水时,允许消能防冲建筑物出现可修复的局部破坏,并不危及大坝和其他主要建筑物的安全。当消能防冲建筑物的局部破坏有可能危及壅水建筑物安全时,应研究采用正常运用洪水或非常运用洪水进行校核。

表 5.6　山区、丘陵区水电枢纽工程消能防冲建筑物的洪水设计标准

永久性泄水建筑物级别	1	2	3	4	5
正常运用洪水重现期/年	100	50	30	20	10

山区、丘陵区水电站厂房的洪水设计标准应根据厂房的级别按表 5.7 确定。河床式水电站厂房的洪水设计标准应与其壅水建筑物的洪水设计标准一致。水电站副厂房、主变压器场地、开关站、出线场和进厂交通洞等附属建筑物的洪水设计标准,应与水电站厂房的洪水设计标准相同。

平原地区水电枢纽工程永久性壅水、泄水建筑物和水电站厂房的洪水设计标准应按表 5.8 确定。

表5.7 山区、丘陵区水电站厂房的洪水设计标准

水工建筑物级别	1	2	3	4	5
正常运用洪水重现期/年	200	200~100	100~50	50~30	30~20
非常运用洪水重现期/年	1 000	500	200	100	50

表5.8 平原区永久性壅水、泄水建筑物和水电站厂房的洪水设计标准

水工建筑物级别	1	2	3	4	5
正常运用洪水重现期/年	300~100	100~50	50~20	20~10	10
非常运用洪水重现期/年	2 000~1 000	1 000~300	300~100	100~50	50~20

潮汐河口段和滨海地区水电枢纽工程永久性水工建筑物的潮水设计标准,应根据建筑物的级别按表5.9确定。对1级、2级建筑物,若按表5.9确定的设计潮水位低于当地历史最高潮水位时,应采用历史最高潮水位进行校核。

表5.9 潮汐河口段和滨海区水电枢纽工程永久性水工建筑物的潮水设计标准

水工建筑物级别	1	2	3	4、5
设计潮水位重现期/年	≥100	100~50	50~20	20

临时性水工建筑物的洪水设计标准应根据建筑物结构类型及其级别,在表5.10所规定的范围内综合分析确定。对失事后果严重的,应考虑遭遇超洪水设计标准的应急措施。

表5.10 临时性水工建筑物的洪水设计标准

临时性水工建筑物级别	3	4	5
土石类结构重现期/年	50~20	20~10	10~5
混凝土类结构重现期/年	10~10	10~5	5~3

坝体施工期临时度汛的洪水设计标准应根据坝型及坝前拦蓄库容按表5.11确定。考虑失事后对下游的影响程度,洪水设计标准还可适当提高或降低。

表5.11 坝体施工期临时度汛洪水设计标准

坝型	拦蓄库容/10^8 m^3		
	>1.0	1.0~0.1	<0.1
土坝、堆石坝重现期/年	>100	100~50	50~20
混凝土坝、浆砌石坝重现期/年	>50	50~20	20~10

导流泄水建筑物封堵后,如永久性泄水建筑物尚未具备设计泄洪能力,坝体度汛的洪水设计标准应通过分析坝体施工和运行的要求,在表5.12所规定的范围内确定。

表 5.12　导流建筑物封堵后坝体度汛洪水设计标准

坝型		拦河坝的级别		
		1	2	3
土坝	正常运用洪水重现期/年	500～200	200～100	100～50
堆石坝	非常运用洪水重现期/年	1 000～500	500～200	200～100
混凝土坝	正常运用洪水重现期/年	200～100	100～50	50～20
浆砌石坝	非常运用洪水重现期/年	500～200	200～100	100～50

5.1.2.2　沿海城市的洪水设计标准

城市防洪标准和防洪体系的制定,是一项涉及面很广的综合性系统工程,它与城市总体规划、城市规模、市政建设以及江河流域防洪规划等均有联系,我国城市防洪标准的表达方式一般用洪水的重现期或发生的频率来表示。城市防洪体系由各种防洪工程措施和非工程防洪措施所构成,不同类型城市和不同洪灾成因具有不同的防洪措施和防洪体系。

国内外城市防洪标准从 100 年一遇到 10 000 年一遇不等,差异很大,如美国及我国的武汉、南京等直接采用历史最大洪水作为防洪设计标准,如北京采用可能最大洪水作为防洪标准,而多数防洪工程的设计标准都是某一重现期的水位(如 100 年、150 年、200 年、1 000 年一遇等)再加上安全超高值。

1) 国外城市的防洪标准

日本农业地区的堤防一般为 50 年一遇,城市堤防多为 100 年一遇,对少数经济高度发达地区的堤防为 200 年一遇。美国把 100 年一遇洪水作为标准洪水,对少数经济高度发达地区的堤防为 500 年一遇,如美国密西西比河下游地区,用历史最大洪水放大 25% 作为防洪设计标准,相当于 100～500 年一遇。英国一般城市则用防御 50 年一遇及以上洪水作为设计标准。奥地利维也纳的防洪标准定为 1 000 年一遇,按流量计算相当于 100 年一遇洪水放大 35%,规划的防洪标准还拟提高,拟采取在维也纳市附近平行多瑙河挖一条分洪道的措施,将城市防洪标准提高到 10 000 年一遇。瑞士对城市和工业区采用 100 年一遇的防洪标准。加拿大蒙特利尔市采用的防洪标准为 500 年一遇。巴西里约热内卢市的防洪标准为 200 年一遇。阿根廷布宜诺斯艾利斯的防洪标准为 300 年一遇。在法国,巴黎的防洪标准是 800 年一遇,其他城市是 100～500 年一遇。在德国,内陆城市的防洪标准是 200 年一遇,沿海城市的防洪标准是 1 000 年一遇。意大利罗马和韩国首尔的防洪标准是 200 年一遇。泰国曼谷的防洪标准只有 100 年一遇。波兰华沙的防洪标准只有 500 年一遇,规划建设目标为 1 000 年一遇。

2) 我国城市的等级和防洪标准

我国城市应根据其社会经济地位的重要性或非农业人口的数量分为四个等级。各等级的防洪标准按表 5.13 的规定确定。

然而,城市可以分为几部分单独进行防护。各防护区的防洪标准,应根据其重要性、洪水危害程度和防护区非农业人口的数量,按表 5.13 的规定分别确定。

位于山丘区的城市,当城区分布高程相差较大时,应分析不同量级洪水可能淹没的范围,并根据淹没区非农业人口和损失的大小,按表 5.14 的规定确定其防洪标准。

表 5.13 城市的等级和防洪标准

等级	重要性	非农业人口/万人	防洪标准重现期/年
Ⅰ	特别重要的城市	≥150	≥200
Ⅱ	重要的城市	150~50	200~100
Ⅲ	中等城市	50~20	100~50
Ⅳ	一般城镇	≤20	50~20

表 5.14 圈围工程等级划分

工程用途		等别				
		Ⅰ	Ⅱ	Ⅲ	Ⅳ	Ⅴ
一类	耕地/万亩	面积≥100	30≤面积<100	5≤面积<30	1≤面积<5	面积<1
	设计重现期/年	≥20	10~20	5~10	2~5	1~2
二类	养殖、高新农业基地/万亩	面积≥25	5≤面积<25	1≤面积<5	0.2≤面积<1	面积<0.2
	设计重现期/年	≥50	30~50	10~30	5~10	2~5
三类	工业开发区 GDP/亿元	≥100	20≤GDP<100	4≤GDP<20	1≤GDP<4	GDP<1
	设计重现期/年	≥500	500~200	100~200	50~100	20~50
四类	居民区人口/万人	≥150	50~150	10~50	10~1	<1
	设计重现期/年	≥200	100~200	50~100	20~50	10~20

注:① 如围堤有多类防护对象,其工程等级按要求最高的确定;对于关系国计民生、涉及军事基地、设施和特殊科研基地、设施以及对社会、经济、环境影响十分巨大的防护对象,可提高防护标准;而对于防护区内的人口密度不大、工农业产值相对较低或多属临时性过渡性的设施和工程等,可降低其防护标准;

② 如工程同时满足同一等级内的 2~3 项指标,则经过论证其等级可提高一等;

③ 上表中未包括的工程,其工程等级可参照该表进行类比分析确定。

位于平原、湖洼地区的城市,当需要防御持续时间较长的江河洪水或湖泊高水位时,其防洪标准可取表 5.13 规定中的较高项。

3)滨海城市的防潮标准

位于滨海地区中等及以上城市,当按表 5.13 确定的设计高潮位低于当地历史最高潮位时,应采用当地历史最高潮位进行校核。

沿海受风暴潮威胁地区的堤防标准都较高,如荷兰等欧洲国家的防潮标准多在 1 000 年一遇至 10 000 年一遇。分析其原因有:

(1)在发生风暴潮时,伴随大浪,破坏力较大。

(2)潮水量大,一旦漫堤或破堤,将形成灭顶之灾,后果严重。

(3)海堤标准由 100 年一遇提高至 1 000 年一遇,实际潮位相差不多,对投资影响不大。

(4)考虑到全球温升可能产生的海平面上升,应该留有余地。

上海自 1913 年有水文记录以来,台风、暴雨、高潮同时到达上海,迫使黄浦江水位抬高,黄浦公园站的潮位超过 4.75m 的有七次,其中五次分别发生在 1949 年 7 月 25 日、1962 年 8 月 2 日、1974 年 8 月 20 日、1981 年 9 月 1 日和 1989 年 9 月 4 日。其中以 1981 年 9 月 1 日为最高,如以黄浦公园站水位达5.22 m推算,上海防汛标准仅为百年一遇重现期。对于如此重要的工业和港口城市,防汛标准太低,必须提高到千年一遇标准。1987年底,上海市人民政府决定按千年一遇潮位标准规划改造,使黄浦公园防汛水位达5.86 m,吴淞口水位6.27 m,墙顶超高根据不同情况分别采用1.0 m、0.7 m、0.5 m,决定改造外滩防汛墙,并在吴淞路苏州河建设闸桥结合的开启式挡潮闸工程。黄浦江其他河段的防汛工程也按千年一遇标准进行改建。

圈围工程的等级应该根据其所造土地的用途、规模和重要程度而定。根据圈围工程的用途及规模分为四类:第一类是指除用于养殖和高新农业基地外的耕地;第二类是在投资与效益上与一般耕地有较大差别的养殖、高新农业基地;第三类是工业开发区;第四类是居民区。对不属于以上四类的其他工程,可根据具体情况进行类比分析,确定其工程等级。根据圈围工程规模和重要性可分为表5.14规定的五等。

5.1.2.3 乡村的防洪标准

以乡村为主的防护区,应根据其人口或耕地面积分为四个等级,各等级的防洪标准按表5.15的规定确定。

人口密集、乡镇企业较发达或农作物高产的乡村防护区,其防洪标准可适当提高。地广人稀或淹没损失较小的乡村防护区,其防洪标准可适当降低。蓄、滞洪区的防洪标准,应根据批准的江河流域规划的要求分析确定。

表 5.15　乡村防护区的等级和防洪标准

等级	防护区人口/万人	防护区耕地面积/万亩	防洪标准,重现期/年
I	≥150	≥130	100～50
II	150～50	300～100	50～30
III	50～20	100～30	30～20
IV	≤20	≤30	20～10

5.1.2.4 工矿企业的防洪标准

根据冶金、煤炭、石油、化工、林业、建材、机械、轻工、纺织、商业等工矿企业的规模将其分为四个等级,各等级的防洪标准按表5.16的规定确定。

表 5.16　工矿企业的等级和防洪标准

等级	工矿企业规模	防洪标准重现期/年
I	特大型	200～100
II	大型	100～50
III	中型	50～20
IV	小型	20～10

注:① 各类工矿企业的规模,按国家现行规定划分;
　　② 如辅助厂区(或车间)和生活区单独进行防护的,其防洪标准可适当降低。

滨海地区中型及以上的工矿企业,当按表5.16确定的设计高潮位低于当地历史最高潮位时,应采用当地历史最高潮位进行校核。

当工矿企业遭受洪水淹没后,损失巨大,影响严重,恢复生产所需时间较长的,其防洪标准可取表 5.16 规定的上限或提高一等。

工矿企业遭受洪灾后,其损失和影响较小,很快可恢复生产的,其防洪标准可按表 5.16 规定的下限确定。

对于地下采矿业的坑口、井口等重要部位,应按表 5.16 规定的防洪标准提高一等进行校核,或采取专门的防护措施。

当工矿企业遭受洪水淹没后,可能引起爆炸或会导致毒液、毒气、放射性等有害物质大量泄漏、扩散时,其防洪标准应符合下列的规定:

(1)对于中、小型工矿企业,应将其规模提高两个等级后,按表 5.16 的规定确定其防洪标准。

(2)对于特大、大型工矿企业,除采用表 5.15 中 Ⅰ 等的最高防洪标准外,还应采取专门的防护措施。

对于核工业与核安全有关的厂区、车间及专门设施,应采用高于 200 年一遇的防洪标准。对于核污染危害严重的,应采用可能最大洪水校核。

5.1.2.5 铁路的防洪标准

国家标准轨距铁路的各类建筑物、构筑物应根据其重要程度或运输能力分为三个等级,各等级的防洪标准按表 5.17 的规定,并结合所在河段、地区的行洪和蓄、滞洪的要求确定。表中运输能力为重车方向的运量,每对旅客列车上下行各按每年 $70 \times 10^2 t$ 折算。

铁路经过蓄、滞洪区时不得影响蓄、滞洪区的正常运用。

工矿企业专用标准轨距铁路的防洪标准应根据工矿企业的防洪要求确定。

表 5.17　国家标准轨距铁路各类建筑物、构筑物的等级和防洪标准

等级	重要程度	运输能力 /($10^2 t$/年)	防洪标准(重现期/年)			
			设计			校核
			路基	涵洞	桥梁	技术复杂、修复困难或重要的大桥和特大桥
Ⅰ	骨干铁路和准高速铁路	≥1500	100	50	100	300
Ⅱ	次要骨干铁路和联络铁路	1500～750	100	50	100	300
Ⅲ	地区(包括地方)铁路	≤750	50	50	50	100

5.1.2.6 公路的防洪标准

汽车专用公路的各类建筑物、构筑物应根据其重要性和交通量分为高速、Ⅰ、Ⅱ 三个等级,各等级的防洪标准按表 5.18 的规定确定。注意,公路经过蓄、滞洪区时不得影响蓄、滞洪区的正常运用。

一般公路的各类建筑物、构筑物应根据其重要性和交通量分为 Ⅱ～Ⅳ 三个等级,各等级的防洪标准按表 5.19 的规定确定。Ⅳ 级公路的路基、涵洞及小型排水构筑物的防洪标准,可视具体情况确定。注意,公路经过蓄、滞洪区时,不得影响蓄、滞洪区的正常运用。

表 5.18 汽车专用公路各类建筑物、构筑物的等级和防洪标准

等级	重要性	防洪标准(重现期/年)				
		路基	特大桥	大、中桥	小桥	涵洞及小型排水构筑物
高速	政治、经济意义特别重要的,专供汽车分道高速行驶,并全部控制出入的公路	100	300	100	100	100
I	连接重要的政治、经济中心,通往重点工矿区、港口、机场等地,专供汽车分道行驶,并部分控制出入的公路	100	300	100	100	100
II	连接重要的政治、经济中心或大工矿区、港口、机场等地,专供汽车行驶的公路	50	100	50	50	50

表 5.19 一般公路的各类建筑物、构筑物的等级和防洪标准

等级	重要性	防洪标准(重现期/年)				
		路基	特大桥	大、中桥	小桥	涵洞及小型排水构筑物
II	连接重要的政治、经济中心或大工矿区、港口、机场等地的公路	50	100	100	50	50
III	沟通县城以上等地的公路	25	100	50	25	25
IV	沟通县、乡(镇)、村等地的公路	100	50	25		

5.1.2.7 航运的防洪标准

天然河道不能满足航运要求时常采取一些工程措施,诸如疏浚滩险,整治河槽;进行渠化,淹没滩险;修建库、闸等,增加河道调节流量,加大水深,达到正常通航的设计流量和设计水位、保障通航的目的。

港航工程规划、设计和施工所依据的流量或水位称为设计流量或设计水位,即保证河道有足够水深和跨河或通航建筑不碍航的设计流量和水位;洪水期桥梁净空不碍航的设计流量和水位。

此类问题,除应用频率分析解决设计通航高水位问题外,还需运用历时曲线和保证率频率法推求设计通航最低水位。其中关键之一是设计洪水的推求问题。

1) 江河港口主要港区陆域的等级和防洪标准

江河港口主要港区的陆域应根据所在城镇的重要性和受淹损失程度分为三个等级,各等级主要港区陆域的防洪标准按表 5.20 的规定确定。

当港区陆域的防洪工程是城镇防洪工程的组成部分时,其防洪标准应与该城镇的防洪标准相适应。

表 5.20 江河港口主要港区陆域的等级和防洪标准

等级	重要性和受淹损失程度	防洪标准(重现期/年)	
		河网、平原河流	山区河流
I	直辖市、省会、首府和重要的城市的主要港区陆域,受淹后损失巨大	100～50	50～20
II	中等城市的主要港区陆域,受淹后损失较大	50～20	20～10
III	一般城镇的主要港区陆域,受淹后损失较小	20～10	10～5

2)天然、渠化河流和人工运河上的船闸的防洪标准

天然、渠化河流和人工运河上的船闸的防洪标准应根据其等级和所在河流以及船闸在枢纽建筑物中的地位,按表 5.21 的规定确定。

表 5.21 船闸的等级和防洪标准

等级	I	II	III、IV	V、VI、VII
防洪标准(重现期/年)	100～50	50～20	20～10	10～5

3)海港主要港区陆域的等级和防洪标准

海港的安全主要是防潮水,为统一起见,本标准将防潮标准统称防洪标准。海港主要港区的陆域应根据港口的重要性和受淹损失程度分为三个等级,各等级主要港区陆域的防洪标准按表 5.22 的规定确定。

当按表 5.22 确定的海港主要港区陆域的设计高潮位低于当地历史最高潮位时,必须采用当地历史最高潮位进行校核。有掩护的III等海港主要港区陆域的防洪标准,可按 50 年一遇的高潮位进行校核。

表 5.22 海港主要港区陆域的等级和防洪标准

等级	重要性和受淹损失程度	防洪标准(重现期/年)
I	重要的港区陆域,受淹损失巨大	200～100
II	中等港区陆域,受淹损失较大	100～50
III	一般港区陆域,受淹损失较小	50～20

4)码头前沿高程设计标准

码头前沿高程设计标准如表 5.23 所示。码头分类按其受淹损失大小划分:损失重大者为一类,有一定损失者为二类,损失较小者为三类。

表 5.23 码头前沿高程设计标准

码头高程	设计标准(年最高水位累计频率)		
	河网地区	平原地区	山区河流
一类	1%	2%	2%～5%
二类	2%	5%	5%～10%
三类	5%	10%	10%～20%

5.1.2.8 管道工程的防洪标准

对于跨越内陆水域的输水、输油、输气等管道工程,根据其工程规模分为三个等级,各等级的防洪标准应按表 5.24 的规定和所跨越水域的防洪要求确定。但经过蓄、滞洪区的管道工程,不得影响蓄、滞洪区的正常运行。

从洪水期冲刷较剧烈的内陆水域底部穿过的输水、输油、输气等管道工程,其埋深应在相应的防洪标准洪水的冲刷深度以下。

表 5.24 输水、输油、输气等管道工程的等级和防洪标准

等级	工程规模	防洪标准(重现期/年)
Ⅰ	大型	100
Ⅱ	中型	50
Ⅲ	小型	20

5.1.2.9 灌溉、治涝和供水工程的防洪标准

灌溉、治涝和供水工程主要建筑物的防洪标准,应根据其级别分别按表 5.25 和表 5.26 的规定确定。灌溉和治涝工程主要建筑物的校核防洪标准,可视具体情况和需要研究确定。

表 5.25 灌溉和治涝工程主要建筑物的防洪标准

水工建筑物级别	防洪标准(重现期/年)
1	100～50
2	50～30
3	30～20
4	20～10
5	10

表 5.26 供水工程主要建筑物的防洪标准

水工建筑物级别	防洪标准(重现期/年)	
	设计	校核
1	100～50	300～200
2	50～30	200～100
3	30～20	100～50
4	20～10	50～30

灌溉、治涝和供水工程系统中的次要建筑物及其管网、渠系等的防洪标准,可根据其级别按表 5.25 和表 5.26 的规定适当降低。

5.1.2.10 堤防工程的防洪标准

江、河、湖、海及蓄、滞洪区堤防工程的防洪标准,应根据防护对象的重要程度和受灾后损失的大小,以及江河流域规划或流域防洪规划的要求分析确定。

堤防上的闸、涵、泵站等建筑物、构筑物的设计防洪标准,不应低于堤防工程的防洪标准,

并应留有适当的安全裕度。

潮汐河口挡潮枢纽工程的安全主要是防潮水,为统一起见,本标准将防潮标准统称防洪标准。潮汐河口挡潮枢纽工程主要建筑物的防洪标准,应根据水工建筑物的级别按表5.27的规定确定。

表 5.27 潮汐河口挡潮枢纽工程主要建筑物的防洪标准

水工建筑物级别	1	2	3	4、5
防洪标准(重现期/年)	≥100	100~50	50~20	20~10

对于保护重要防护对象的挡潮枢纽工程,如确定的设计高潮位低于当地历史最高潮位时,应采用当地历史最高潮位进行校核。

5.1.2.11 文物古迹和旅游设施的防洪标准

不耐淹的文物古迹,应根据其文物保护的级别分为三个等级,各等级的防洪标准按表5.28的规定确定。对于特别重要的文物古迹,其防洪标准可适当提高。

表 5.28 文物古迹的等级和防洪标准

等级	文物保护的级别	防洪标准(重现期/年)
I	国家级	≥100
II	省(自治区、直辖市)级	100~50
III	县(市)级	50~20

受洪灾威胁的旅游设施,应根据其旅游价值、知名度和受淹损失程度分为三个等级,各等级的防洪标准按表5.29的规定确定。

表 5.29 旅游设施的等级和防洪标准

等级	旅游价值、知名度和受淹损失程度	防洪标准(重现期/年)
I	国线景点,知名度高,受淹后损失巨大	100~50
II	国线相关景点,知名度较高,受淹后损失较大	50~30
III	一般旅游设施,知名度较低,受淹后损失较小	30~10

供游览的文物古迹的防洪标准,应根据其等级按表5.28和表5.29中较高者确定。

5.1.3 设计洪水计算的基本途径

设计洪水的计算主要包括设计洪峰、洪量和洪水过程线的计算。常用的计算方法有:

1) 根据流量资料推求设计洪水

当工程所在地或其附近有较长的洪水流量观测资料,而且有若干次历史洪水资料时,逐年选取当年最大洪峰流量和不同时段(如1 d、3 d和7 d等)的最大洪量,分别组成最大洪峰流量和不同时段最大洪量系列,然后进行频率分析,以确定相应于设计标准的设计洪峰和时段设计洪量。最后,选择典型洪水过程线,按求出的设计洪峰和各时段设计洪量,对典型洪水过程线进行同频率或同倍比放大,作为设计洪水过程线。

2）根据雨量资料推求设计洪水

当工程所在地及其附近洪水流量资料系列过短,不足以直接用洪水流量资料进行频率分析,但流域内具有较长系列雨量资料时,可先求得设计暴雨,然后通过产流和汇流计算,推求设计洪峰、洪量和洪水过程线。该法是基于一定重现期的暴雨产生相同重现期的洪水这样一个假定。

3）地区综合法

如果工程所在地的洪水流量和雨量资料均短缺,可用水文比拟法、等值线图法、水力学公式法等推求。如在自然地理条件相似的地区,对有资料流域的洪水流量、雨量和历史洪水资料进行分析和综合,绘制成各种重现期的洪峰流量、雨量、产流参数和汇流参数等值线图,或将这些参数与流域自然地理特征(如流域面积和河道比降等)建立经验关系,然后借助这些图表和经验关系推算设计地点的设计洪水。

5.1.4　流量与潮位序列插补延长的基本方法

如何合理进行水文资料的插补延长,一直是水文计算中的一个难题。当设计站观测系列较短,或在观测期内有缺测年份时,为了使所采用的洪水系列具有代表性、连续性,需要进行资料的插补延长,插补延长的方法如下:

（1）当设计站水位观测系列长、流量观测系列短或某些年份流量缺测时,则可利用本站水位流量关系推算相应流量。

（2）利用上、下游站的相应水位或相应流量进行相关插补,当区间面积较小时,可直接利用两者之间的相关关系进行插补;如区间面积较大,则应分析洪水特性,加入适当的参数进行插补延长。

（3）当设计站洪峰与洪量或不同时段洪量相关关系较好时,可以根据该相关关系,相互插补延长所需要年份的洪峰或洪量。

（4）对某些缺测年份,可利用暴雨与洪水相关或通过产、汇流方法推算出洪水过程线,求得洪峰和各时段洪量。

（5）冰川融雪地区可根据其洪水的组成及相关的气象影响因素,选择与洪水要素关系较好的气象要素(如气温、降水强度等),建立洪水要素与相关气象要素的相关关系,以此插补延长洪水资料。对于冰川、积雪比例较大的流域,其洪水过程与气温具有较好的相关关系,可建立气温与洪水要素的相关关系图,插补延长洪水资料。

（6）当设计潮位站实测系列较短或实测期内有缺测年份,为了使所采用的潮位资料系列具有代表性、连续性,应进行插补延长。如设计站资料较短,邻近站具有 20 年以上潮位资料系列,可用邻近站插补设计站资料。但两站之间应符合潮汐性质相似、地理位置临近、受河流径流(包括汛期)的影响相似、受风暴潮增水减水影响相似等条件,且两站同期资料具有较好的相关关系。

在采用相关插补延长洪水、暴雨、潮位资料时,如果相关关系较好,则外延幅度可稍大些,反之应小些。一般情况,相关线外延幅度和展延的系列长度均不宜超过 50%。

对插补的暴雨、洪水和潮位资料应进行合理性分析。插补延长的暴雨、洪水和潮位资料的可靠程度,受基本资料的精度、实测点据的数量及幅度、相关程度以及外延幅度等多种因素的影响。因此,任何一个因素都可能影响插补延长成果的质量。为保证所采用资料的精度,应对相关关系的突出点据进行逐一分析,合理采用。对插补延长的洪水成果应从上下游的水量平衡、上下游峰或量相关关系、上下游相应水位相关关系、本站峰量和长短时段洪量相关关系及降雨径流关系的变化规律等方面进行综合分析,检查插补成果的合理性。对插补的暴雨成果应从暴雨成因、暴雨地区分布规律等方面进行合理性分析。对插补延长的潮位资料应从潮汐过程,逐日、逐月、逐年高低潮位的变化规律,涨落潮差等方面进行合理性分析。

(7) 采用人工神经网络模型:采用人工神经网络建立两个水文相似流域之间的耦合模型,用一个流域的资料来推求另一个流域的径流量;另外,人工神经网络还用来捕捉降雨与径流间潜在的关系,从另一途径解决水文资料的插补延长问题。大量的数值实验表明,人工神经网络可以成功地用于水文资料的外插或无资料地区的径流模拟预测。

5.1.5　由流量资料推求设计洪水的基本步骤

采用点暴雨或面暴雨计算设计洪水,资料系列不足 30 年或实测系列中有缺测年份时,应进行插补延长。有三种方法:第一种方法只适用于插补点暴雨;第二种方法可直接从等值线图上查该处点暴雨,也可量算出面暴雨;第三种方法主要针对调查洪水或历史洪水而言,且直接插补出的是面暴雨,通过暴雨的点面换算关系,也可求出点暴雨。

5.1.6　统计参数及其对频率曲线的影响

资料系列的数量水平和变化幅度等情况的综合特征值称为统计参数。当把水文变量和频率表达成一定的数学关系式并将它画成图形,即为频率曲线。绘制频率曲线,除了需掌握系列各项的经验频率之外,还需了解系列的统计参数。水文频率分析中,常用的统计参数主要有均值(算术平均值的简称)、标准差 σ(也称为均方差)、离差系数 C_v(也称变差系数)和偏差系数 C_s。均值是集中表示系列数量级大小或水平高低的指标,例如对降雨系列,均值大的表示雨量充沛,反之,表示雨量稀少。离差系数表示系列中各项值对其均值的相对离散程度的指标,它是系列均方差 σ 与均值之比。如果离差系数 C_v 较大,即系列的离散程度较大,亦即系列中各项的值对均值离散较大;如果 C_v 较小,则系列的离散程度较小,亦即系列各项的值同均值相差较小。偏差系数是表示系列中各项的值偏于均值左右的情况的相对指标。如果大于均值的各项值占优势称为正偏($C_s > 0$);若小于均值的各项值占优势称为负偏($C_s < 0$);当大于均值和小于均值的各项值都不偏时称为对称($C_s = 0$)。图 5.2～图 5.4 分别显示了不同统计参数对频率曲线和密度曲线的影响。

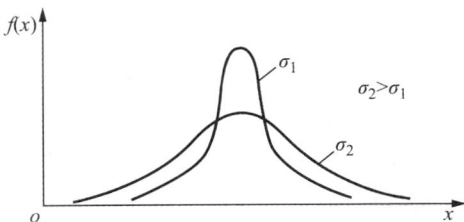

图 5.2　标准差 σ 对频率曲线的影响　　　　图 5.3　变差系数 C_v 对密度曲线的影响

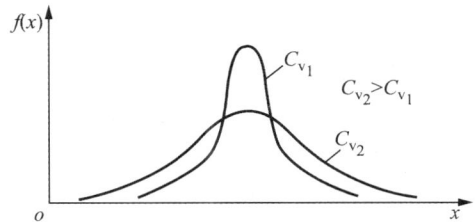

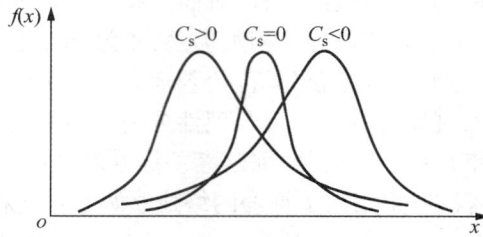

图 5.4   偏差系数 C_s 对密度曲线的影响

5.1.7   经验频率曲线及理论频率曲线的特点

在实际的资料分析中,常常根据估计的频率分布曲线和样本经验点据配合是否最佳来优选样本统计特征,该方法也称为适线法或配线法,由此点绘的频率曲线称为经验频率曲线。图5.5 所示的折线状的分布曲线,如果消除折线状而画成一条光滑的曲线,水文计算中习惯上称此曲线为经验频率曲线。经验频率曲线的形状与每一项频率的估算,关系极为密切。若所掌握的资料是总体样本,这样计算比较合理,但用于样本资料就存在不足,因为实际上仍有可能出现比经验曲线中所显示的 $P=100\%$ 的最小值更小的数值。

由上述分析可知,必须探求一种合理的分布曲线方法。由于水文随机变量究竟服从何种分布,至今仍没有充足的论证。在水文计算中,当前最为广泛应用的理论曲线为 P-Ⅲ型分布曲线,是一条一端有限一端无限的不对称单峰曲线,如图5.6 所示。

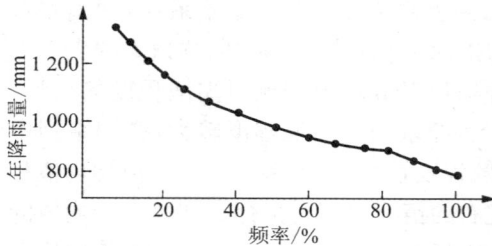

图 5.5   某地年降雨量的经验分布曲线

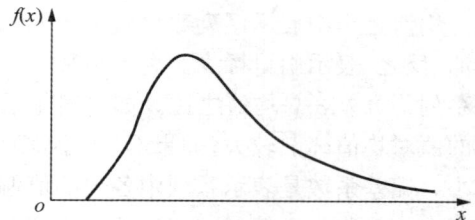

图 5.6   P-Ⅲ型概率密度曲线

5.1.8   洪水特大值处理的意义和方法

所谓洪水特大值是指实测和调查到的历史特大洪水。一般来讲,对于较短的资料系列,通过插补展延的延长系列极为有限,若只根据短系列资料计算,所得成果很不稳定。如能将特大洪水的出现频率估计较为准确,则根据这些点据所选配的频率曲线就比较可靠,因而考虑了特大洪水,也就相当于展延了系列。在确定特大洪水的重现期时,除了审查特大洪水数值上的可靠性外,还应详细研究历史文献,并将重点放在近二、三百年期间,也可以取若干不同的期限,分析各段的误差、可靠性和一致性,然后选定。如难于确定一个重现期,也可给出一定的变动范围,以作频率曲线配线时的参考。此外,当加入特大洪水配线时,不宜机械地通过特大洪水点据,而使曲线对点群偏离过大,但也不能因照顾点群趋势使曲线离开特大洪水点据过远。比较合理的处理原则是：在特大洪水的误差范围内调整，并在配线时应考虑统计参数在地区上的变化规律。

5.2 设计波浪与潮位

波浪分析计算是海堤设计的基础，应该给予足够的重视。遗憾的是，以往的海堤设计工作中，对波浪分析计算工作做得相当粗，集中表现在：一是分不清风浪和涌浪的特性，计算中不加以区分，基本上都是按风浪计算；二是在计算中没有考虑波浪在向岸边传播时发生的折射、绕射、反射、破碎等变形，致使计算结果偏差很大；三是对计算波浪涉及到的基础资料的收集、分析、选用重视不够。

5.2.1 港口工程设计潮位标准

海港工程的设计潮位应包括：设计高水位、设计低水位；极端高水位、极端低水位。

在海港工程的总体设计和水工建筑物结构设计中，可用相同的设计高水位、设计低水位和极端高水位，而极端低水位主要用于水工建筑物结构设计。

对于海岸港和潮汐作用明显的河口港，设计高水位应采用高潮累计频率 10％ 的潮位，简称高潮 10％；设计低水位应采用低潮累计频率 90％ 的潮位，简称低潮 90％。

对于海岸港和潮汐作用明显的河口港，如已有历时累计频率统计资料，其设计高水位和设计低水位也可分别采用历时累计频率 1％ 和 98％ 的潮位。

对于汛期潮汐作用不明显的河口港，设计高水位和设计低水位应分别采用多年的历时 1％ 和 98％ 的潮位。

海港工程的极端高水位应采用重现期为 50 年的年极值高水位，极端低水位应采用重现期为 50 年的年极值低水位。

5.2.2 设计潮位的统计与计算方法

确定设计高水位和设计低水位，进行高潮和低潮累计频率以及乘潮潮位累计频率统计，应具有完整的一年或多年的实测潮位资料。

潮位累计频率按下列方法统计：

1）高潮或低潮累计频率的统计步骤

（1）从潮位资料中摘取各次的高潮或低潮位值，统计其在不同潮位级内的出现次数，潮位级的划分采用 10 cm 为一级。

（2）由高至低逐级进行累计，统计出现次数。

（3）各潮位级的累计频率为年或多年高潮或低潮总潮次除各潮位级相应的累计出现次数。

（4）在方格纸上以纵坐标表示潮位，以横坐标表示累计频率，将各累计频率值点于相应潮位级下限处，连绘成高潮或低潮累计频率曲线，然后在曲线上摘取高潮 10％ 或低潮 90％ 的潮位值。

2）乘潮潮位累计频率的统计步骤

（1）当考虑船舶进出港时，首先确定乘潮所需持续时间 t。

（2）在潮位过程线上，量取各次潮历时等于 t 的潮位值，统计其在不同潮位级出现的次数。

（3）其余步骤与高潮或低潮累计频率统计步骤相同。

（4）在乘潮潮位累计频率曲线上选取所需的累计频率潮位值。

在新建港口的初步设计阶段，若潮位实测资料不足一整年时，可采用"短期同步差比法"，与附近有一年以上验潮资料的港口或验潮站进行同步相关分析，计算相当于高潮 10% 或低潮 90% 的数值。并应继续观测，对上述数值进行校正。

在进行差比计算时，两港口或验潮站之间应符合三个条件：潮汐性质相似、地理位置邻近、受河流径流包括汛期径流的影响相似。

3）潮汐性质相似性的判断方法

（1）潮位过程线比较法：将两个港口半个月以上短期的同步每小时潮位分别点绘在两张透明的格纸上，重叠此两过程线，使两过程线的平均海平面重叠在一起，且使两过程线的高潮和低潮时间尽量一致，比较两过程线的潮形、潮差和日不等等情况。

（2）高潮或低潮相关比较：在方格纸上，以纵、横两坐标分别代表两个港口的高潮位和低潮位，将一个月以上短期同步的逐次高潮位或低潮位点在图上，连绘成相关线，比较两港口高潮位或低潮位的相关情况。

采用短期同步差比法计算高水位或低水位：

$$h_{sy} = A_{Ny} \frac{R_y}{R_x}(h_{sx} - h_{Nx}) \tag{5.1}$$

$$A_{Ny} = A_y - \Delta A_y \tag{5.2}$$

式中：h_s、h_{sy} 分别为原有港口和拟建港口的设计高水位或低水位（m）；R_x、R_y 分别为原有港口和拟建港口在一个月以上短期同步的平均潮差（m）；A_N、A_{Ny} 分别为原有港口和拟建港口的年平均海平面（m）；A_y 为拟建港口短期验潮资料的月平均海平面（m）；ΔA_y 为拟建港口所在地区海平面的月份订正值或近似地用原有港口海平面的月份订正值（m）。

在新建港口初步设计阶段，若潮位实测资料不足一整年，又不具备进行差比计算条件时，设计高水位和低水位可按设计水位的近似计算方法计算相当于高潮 10% 或低潮 90% 的数值，并应继续观测，对上述数值进行校正。

设计水位的近似计算方法：在潮位实测资料不足，又不具备进行差比计算条件的港口，可按该方法近似计算设计高水位与设计低水位。

（1）当有短期验潮资料时，采用计算公式：

$$h_s = A_N \pm (0.6R + K) \tag{5.3}$$

$$A_N = A + \Delta A \tag{5.4}$$

式中：h_{sx}、h_{sy} 分别为原有港口和拟建港口的设计高水位或低水位（m）；R_x、R_y 分别为原有港口和拟建港口在一个月以上短期同步的平均潮差（m）；A_{Nx}、A_{Ny} 分别为原有港口和拟建港口的年平均海平面（m）；A_y 为拟建港口短期验潮资料的月平均海平面（m）；ΔA_y 为拟建港口所在地区海平面的月份订正值或近似地用原有港口海平面的月份订正值（m）。

（2）当有本港的平均大潮升等资料时，采用计算公式：

$$h_s = A_N \pm [0.90(R - A_0) + K] \tag{5.5}$$

式中：R 为对于半日潮港和不规则半日潮港用平均大潮升，日潮港和不规则日潮港用回归潮平均高高潮位；A_0 为大潮升或回归潮平均高高潮；A_N 为按当地验潮零点起算的年平均海平面；K 为常数，对设计高水位可采用 0.45 m，对设计低水位可采用 0.4 m。

确定极端高水位和低水位，进行高潮和低潮的年频率分析，应有不少于连续 20 年的年最高潮位和年最低潮位实测资料，并应调查历史上出现的特殊水位。

当有 n 个年最高潮位值或年最低潮位值，h_i 可采用极值 I 型分布计算不同重现期的高潮位和低潮位：

$$h_P = \bar{h} \pm \lambda_{Pn} S \tag{5.6}$$

$$\bar{h} = \frac{1}{n} \sum_{i=1}^{n} h_i \tag{5.7}$$

$$S = \sqrt{\frac{1}{n} \sum_{i=1}^{n} h_i^2 - \bar{h}^2} \tag{5.8}$$

式中：h_P 是与年频率 P 对应的高潮位或低潮位值，式中，高潮用正号，低潮用负号；λ_{Pn} 是与年频率 P 及资料年数有关的系数，可查《海港水文规范，JTJ213》附录 B；$\bar{h}$ 为 n 年 h_i 的平均值；S 为 n 年 h_i 的均方差；h_i 为第 i 年的年最高潮位值或年最低潮位值。

按式 5.3 求出对应于不同 P 的 h_P，在几率格纸上绘出高潮位或低潮位的理论频率曲线，同时绘上经验频率点。在对高潮位按递减、对低潮位按递增的次序排列的 h_i 中，第 m 项的经验频率和重现期可按下列公式计算：

$$P = \frac{m}{n+1} \times 100\% \tag{5.9}$$

$$T_R = \frac{100}{P} \tag{5.10}$$

式中：P 为经验频率（%）；T_R 为重现期（年）。

若在原有 n 年的验潮资料以外，根据调查得出在历史上 N 年中出现过的特高潮位值或特低潮位值，应按以下公式计算不同重现期的高潮位值或低潮位值。

$$h_P = \bar{h} \pm \lambda_{PN} S \tag{5.11}$$

$$\bar{h} = \frac{1}{N} \left(h_N + \frac{N-1}{n} \sum_{i=1}^{n} h_i \right) \tag{5.12}$$

$$S = \sqrt{\frac{1}{N} \left(h_N^2 + \frac{N-1}{n} \sum_{i=1}^{n} h_i^2 \right) - \bar{h}^2} \tag{5.13}$$

式中：λ_{PN} 为年频率 P 及资料年数有关的系数，可查《海港水文规范，JTJ213》附录 B；h_N 为 N 年中出现过的特高潮位值或特低潮位值（m）。

特大值的经验频率可按下式计算：

$$P = \frac{1}{N+1} \times 100\% \tag{5.14}$$

对于有不少于连续五年的最高潮位和最低潮位的港口，极端高水位和极端低水位可用极值同步差比法与附近有不少于连续 20 年资料的港口或验潮站进行同步相关分析，计算相当于重现期为 50 年的年极值高潮位和年极值低潮位。

但用极值同步差比法进行同步相关分析的两港口，除应符合潮汐性质相似、地理位置邻近、受河流径流包括汛期径流的影响相似等三个条件以外，还应满足受增减水影响相似的条件。

采用极值同步差比法的计算公式：

$$h_{jy} = A_{ny} + R_y/R_x \times (h_{jx} - A_{nx}) \tag{5.15}$$

式中：h_{jx}、h_{jy}分别为原有港口和拟建港口的极端高水位或极端低水位(m)；R_x、R_y分别为原有港口和拟建港口的同期各年年最高潮位或年最低潮位的平均值与平均海平面的差值(m)。

对于不具满足极值同步差比法计算条件的港口，可按下式近似计算极端高水位和极端低水位：

$$h_j = h_s \pm K \tag{5.16}$$

式中：h_j、h_s两者需同时采用高水位或低水位；K为常数，采用与表5.30中潮汐性质、潮差大小、河流影响以及增减水影响都较相似的附近港口相应的数值，高水位时用正值，低水位时用负值。

表 5.30　常数 K 在我国不同位置的大小

站 位	水 位		站 位	水 位	
	极端高水位	极端低水位		极端高水位	极端低水位
海洋岛	0.8	1.4	西 泽	1.2	1.1
太 连	1.0	1.6	浙江海门	1.4	0.8
鲅鱼圈*	1.0	1.3	大 陈*	0.9	1.0
营 口	1.1	1.5	坎 门	1.6	0.9
葫芦岛	1.0	1.5	福建龙湾	1.4	0.9
秦皇岛	1.0	1.6	沙 埕*	1.1	1.3
塘 沽	1.6	1.8	三 沙*	1.1	1.3
龙 口	1.6	1.5	梅 花*	1.0	1.1
烟 台	1.1	1.2	马 尾	1.4	1.0
乳山口	0.9	1.3	平 潭*	1.3	1.0
威 海	1.1	1.1	崇 武	1.3	1.0
青 岛	1.2	1.3	厦 门	1.5	1.0
石臼所	1.2	1.2	东 山	1.0	0.9
连云港	1.3	1.2	汕 头	2.3	0.7
燕 尾	1.1	1.2	汕 尾	1.5	0.7
吴 淞	0.6	1.0	赤 湾	1.1	1.0
高 桥*	1.4	1.0	泗盛圈*	1.1	0.7
中 浚	1.3	1.0	黄 埔	1.0	0.7
大戴山	1.0	1.1	横 门*	1.3	0.6
绿华山	1.6	0.9	灯笼山	1.2	0.6

（续表）

站 位	水 位		站 位	水 位	
	极端高水位	极端低水位		极端高水位	极端低水位
金山嘴*	1.2	1.4	大万山*	0.9	0.7
滩浒*	1.5	1.4	黄冲*	1.3	1.0
镇海	1.5	0.9	黄金*	1.2	0.8
长涂*	1.1	1.0	三灶*	1.1	0.8
沈家门*	0.8	1.0	闸坡*	1.2	0.8
湛江	2.4	0.9	八所	0.9	0.8
硇洲*	1.3	0.9	湘洲*	1.0	1.1
秀英	1.8	0.7	石头埠*	1.1	1.4
清洪*	1.2	0.6	北海	1.1	0.9
榆林*	0.9	0.6	白龙尾*	1.3	0.8

注：*表示该站采用条件分布联合概率法的计算结果。

5.2.3 设计波浪标准

设计波浪的标准包括设计波浪的重现期和设计波浪的波列累计频率。

在进行直墙式、墩柱式、桩基式和一般的斜坡式建筑物的强度和稳定性计算时，设计波浪的重现期应采用 50 年。而对于斜坡式护岸等非重要建筑物，破坏后不致造成重大损失者，其设计波浪的重现期可采用 25 年。对于特别重要的建筑物，如海上灯塔等，当实测波高大于重现期为 50 年的同一波列累计频率的波高时，可适当提高标准，必要时可按实测波高计算。当推算的波高大于浅水极限波高时，应按极限波高采用。

在进行直墙式、墩柱式、桩基式和斜坡式建筑物的强度和稳定性计算时，设计波高的波列累计频率标准应按表 5.31 采用。

表 5.31 设计波高的累计频率标准

建筑物形式	部 位	设计内容	波高累计频率 $F/\%$
直墙式、墩柱式	上部结构、墙身、墩柱、桩基	强度和稳定柱	1
	基床、护底块石	稳定性	5
斜坡式	胸墙、堤顶方块	强度和稳定性	1
	护面块石、护面块体	稳定性	13（注）
	护底块石	稳定性	13

注：当平均波高与水深的比值 $H/d < 0.3$ 时，F 宜采用 5%。

按我国交通部现有《海港水文规范》，一般港工建筑物设计波浪的重现期标准为 50 年，国外海工建筑物设计波浪的重现期标准一般为 50～100 年。因此，建议对于不同的海岸工程，应该根据工程的重要性，对于其海工建筑物采用不同的设计波浪重现期。

波浪周期可采用平均周期,波长可按下式计算:

$$L = \frac{g \overline{T}^2}{2\pi}\left(\frac{2\pi d}{L}\right) \tag{5.17}$$

式中:L 为波长(m),$\overline{T}$ 为平均周期(s),g 为重力加速度(m/s^2),d 为水深(m)。

当 $d \geqslant L/2$ 时,$\text{th}(2\pi d/L) \approx 1.0$,为深水波,其波长用 L_0 表示。波长 L 可按《海港水文规范,JTJ213》附录 G 浅水波高、波速和波长与相对水深的关系表确定。

有效波周期可按下式计算:

$$T_s = 1.15 \overline{T} \tag{5.18}$$

式中,T_s 为有效波周期(s)。

在校验港域平稳的设计波浪时,其重现期应根据使用要求确定,但不宜大于 2 年;波高的累计频率可采用 4%;周期和波长的规定与上述相同。

5.2.4　典型累计频率波高间的换算

对于不规则的海浪,可用其统计特征值表示。常用的波高统计特征值有平均波高 H、均方根波 H_r、累计频率为 $F(\%)$ 的波高 H_F 以及 $1/p$ 大波的平均波高 $H_{1/p}$。当已知 $H_{4\%}$ 或 $H_{13\%}$ 和 d 时,由 $H_{4\%}/d$ 或 $H_{13\%}/d$ 直接在图 5.7、图 5.8 上查得 $H_p/H_{4\%}$ 或 $H_F/H_{13\%}$;若已知 H/d,也可在图上查得相应的 $H_F/H_{4\%}$ 或 $H_F/H_{13\%}$。

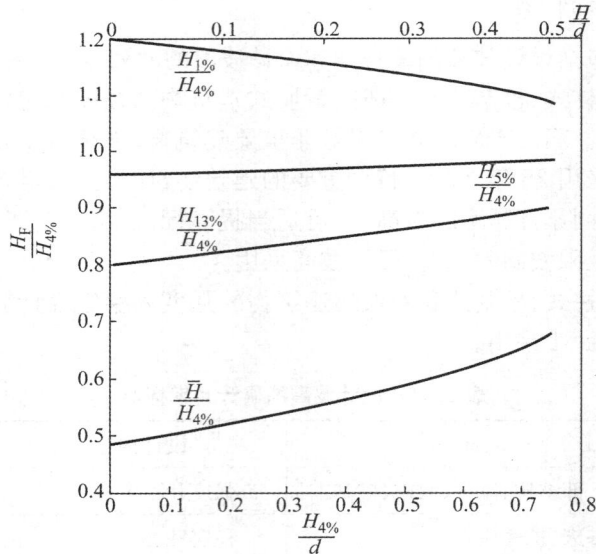

图 5.7　$H_F/H_{4\%}$ 与 $H_{4\%}/d$ 关系

对于深水波,设计标准中规定的波高可按下列公式计算:

$$H_{1\%} = 2.42 \overline{H} \tag{5.19}$$

$$H_{5\%} = 1.95 \overline{H} \tag{5.20}$$

$$H_{13\%} = 1.61 \overline{H} \tag{5.21}$$

对于深水波,常见的 $1/p$ 大波的平均波高和均方根波高可按下列公式计算:

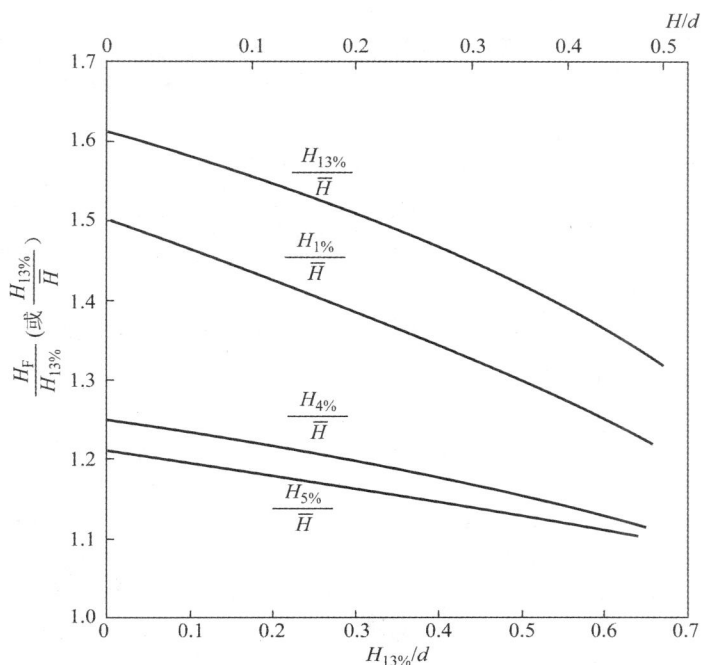

图 5.8 $H_F/H_{13\%}$ 与 $H_{13\%}/d$ 关系

$$H_{1\%} = 2.66\,\overline{H} \tag{5.22}$$

$$H_{10\%} = 2.03\,\overline{H} \tag{5.23}$$

$$H_{1/3} = 1.6\,\overline{H} \tag{5.24}$$

$$H_r = 1.13\,\overline{H} \tag{5.25}$$

在不同 H/d 情况下，$H_{1/100} \approx H_{0.4\%}$，$H_{1/10} \approx H_{4\%}$，$H_{1/3} \approx H_{13\%}$。

5.2.5 不同重现期设计波浪的推算

当海港工程所在位置或其附近有较长期的波浪实测资料时，应按不同方向的、某一累计频率波高的、年最大值系列进行频率分析，确定不同重现期的设计波高。而对于当地历史上大的台风等情况和个别年份对大浪缺乏测量的情况，可用历史天气图进行波浪要素的计算，以延长、插补实测波浪系列。

与某一重现期的设计波高相对应的波浪周期的推算方法如下：

（1）如果当地大的波浪主要为风浪，用当地风浪的波高与周期的相关关系外推与该设计波高相对应的周期，或按表 5.32 确定相应的周期。

表 5.32 风浪的波高与周期的近似关系

$H_{1/3}/\text{m}$	2	3	4	5	6	7	8	9	10
T_s/s	6.1	7.5	8.7	9.8	10.6	11.4	12.1	12.7	13.2

（2）如果当地大的波浪主要为涌浪或混合浪，用与波浪年最大值相对应的周期系列进行

频率分析,确定与设计波高为同一重现期的周期值。

(3) 当采用海港工程附近观测台站的波浪资料时,应考虑地形和水深的影响,分方向检验资料的适用程度。如果地形不十分复杂,可对观测点某一重现期的波浪进行浅水折射分析,确定海港工程所在位置同一重现期的波浪要素。

(4) 在进行波高或周期的频率分析时,连续的资料年数不宜少于 20 年。

当需要确定某一主波向不同重现期的设计波浪时,可在该方向左右各 22.5°的范围内选取年最大波高及其对应周期的数据。若需每隔 45°的方位角都进行统计时,对每一波向则只须归并其相邻一个 22.5°内的数据。

波高和周期的频率曲线可采用 P-Ⅲ型曲线表达。n 个波高或周期的平均值和变差系数按下列公式计算:

$$\overline{X} = \frac{1}{n} \sum_{i=1}^{n} X_i^2 \tag{5.26}$$

$$C_V = \sqrt{\frac{1}{n-1} \sum_{i=1}^{n} \left(\frac{X_i}{\overline{X}} - 1 \right)^2} \tag{5.27}$$

式中:X_i 为波高或周期变量,$\overline{X}$ 为变量 X_i 的平均值,C_V 为变量 X_i 的变差系数。

现在有一些用 Fortran、VB、Excel 等编制的 P-Ⅲ型分布曲线的数值计算程序,采用适线法确定不同重现期的设计波浪。在按递减次序排列的变量 X_i 中,第 m 项经验频率 P 按式 5.6 计算。重现期与年频率的关系按式 5.7 确定。

当条件允许时,可以与实测资料拟合最佳为原则,选配其他的理论频率曲线,如极值 A 型分布、对数正态分布和威布尔分布等,最终确定不同重现期的设计波浪。

若在原有 n 年的波浪资料以外,根据计算或调查得出在历史上 N 年中出现过特大波高值,其统计参数应按以下公式计算:

$$\overline{X} = \frac{1}{N} \left(X_N + \frac{N-1}{n} \sum_{i=1}^{n} X_i^2 \right) \tag{5.28}$$

$$C_V = \sqrt{\frac{1}{N-1} \left(\frac{X_N}{\overline{X}} - 1 \right)^2 + \frac{1}{n} \sum_{i=1}^{n} \left(\frac{X_i}{\overline{X}} - 1 \right)^2} \tag{5.29}$$

式中:X_N 为 N 年中的特大波高值(m)。

经验频率的计算采用式 5.8～式 5.10。

当海港工程所在位置及其附近均无较长期的测波资料,且其对岸距离小于 100 km 时,可根据当地的风速资料间接确定不同重现期的设计波浪。具体方法如下:

首先计算不同重现期的设计风速,其方法与上述相同,然后用某一重现期的风速值和对岸距离,计算出同一重现期的波浪要素。由此得出的结果,应与短期测波资料推算的结果相互比较分析,最终确定设计波浪。

对短期测波资料进行经验频率分析,其方法如下:当有完整一年或几年的测波资料时,可用全部观测次数不分方向地对某一累计频率的波高进行频率分析。将波高以均匀坐标表示,大于和等于某波高的经验频率 P 以对数坐标表示,频率曲线可以近似直线外延。若观测 a 年中最大值的频率为 P_a,则重现期为 b 年的频率 P_b,可按下式计算:

$$P_b = a/b \times P_a \tag{5.30}$$

当缺乏较长期的测波资料,且对岸距离较长时,可在历史天气图上选择各方向每年最不利的天气过程,计算波浪要素的年最大值,然后按上述的规定进行频率分析。但由此得出的结果最后要与短期测波资料推算的结果相互比较分析,最终确定设计波浪。

[例 5.1]　岭澳核电站(简称二核)位于广东省大亚湾西部、大鹏澳的北岸、大亚湾核电站(简称一核)东约 1 000m 处。根据岭澳核电工程的重要性,对于其海工建筑物采用百年一遇的设计波浪重现期,与大亚湾核电站防波堤标准一致。

海工建筑物设计潮位标准:

设计高水位:百年一遇高潮位,珠江基准面+2.89 m。

设计低水位:百年一遇低潮位,珠江基准面−2.18 m。

计算高水位:历时 1% 高潮位,珠江基准面+0.87 m。

计算低水位:历时 98% 低潮位,珠江基准面−1.16 m。

校核高水位:最高天文潮+百年一遇增水,珠江基准面+3.70 m。

设计基准洪水位:珠江基准面+6.35 m。

对于斜坡式防波堤的设计波高累计频率,《海港水文》中规定为 13%,波高 $H_{13\%}$,即相当于 $H_{1/3}$。根据近年的不规则波试验结果,国外有些规范如英国海工建筑物设计标准已采用 $H_{1/10}$ 作为防波堤的设计波高,$H_{1/10}$ 即相当于 $H_{4\%}$。在深水中 $H_{1/10}B = 1.27 H_{1/3}$。

岭澳核电站工程海域由于水深较浅,$H_{1/10}$ 与 $H_{1/3}$ 的比值仅为 1.15 左右。岭澳核电站设计中,对于斜坡式防波堤,设计波浪的累计频率确定为 $H_{4\%}$。对于直立式防波堤和斜坡式防波堤的胸墙,设计波浪的累计频率均采用 $H_{1\%}$。

5.3　设计通航水位

航道设计通航水位是确定航道水深和通航历时的基准要素,无论是在航道整治工程规划、设计和研究阶段,还是在航道维护运行阶段都十分重要。关于内河航道或海港航道的设计通航水位确定方法及标准,我国现行的相关标准规范中均有规定。

通航标准和设计通航水位是紧密联系的。通航水位包括设计最高通航水位和设计最低通航水位。通航标准越高,要求设计最高通航水位越高,设计最低通航水位越低。

内陆河流主要受径流的影响,其设计通航水位可按现行《内河通航标准》(GB50139)的有关规定确定;沿海地区主要受海洋潮汐和气象因素的影响,其设计通航水位可按照现行的JTJ213《海港水文规范》和 JTJ311《通航海轮桥梁通航标准》中的有关规定确定。至于感潮河段,其水位变化既受径流影响,又与海洋潮汐有关,影响因素复杂,设计人员在使用时对感潮河段设计通航水位确定问题应做相关研究。

5.3.1　设计最高通航水位

设计最高通航水位(简称最高通航水位)是通航建筑物正常营运的上限水位和跨河建筑物净高的起算水位,也是要保证船舶正常通航,航道水位能够达到的最高上限水位。

对于船闸而言,最高通航水位是指船闸运行的上限水位,当河水超过这一水位时,船闸即停止通航。上游最高通航水位一般为大坝的正常蓄水水位,下游最高通航水位则是在最大通航流量时船闸下游的相应水位,由船闸所受洪水的频率和船闸所在河段的特点来确定。

［例 5.2］　葛洲坝船闸最高通航水位上游为▽67m，下游为▽54.4m。

最高通航水位是确定闸室墙、小闸首边墩墙、下闸门及上下游引航道中导航墙与靠船建筑物顶部高程的依据，各闸有关顶部高程如下：

人字门顶部高程一号船闸上下闸首均为▽68m；二号船闸上闸首为▽68.5m，下闸首为▽68m；三号船闸上闸首为▽68.5m，下闸首为▽68m。船闸顶部高程葛洲坝三座船闸均为▽70m。

设计最高通航水位的确定方法：

(1) 对于沿海地区，采用多年高潮累计频率10％的潮位作为设计最高通航水位，简称高潮累计频率法。对于内陆地区，采用多年高洪水累计频率10％的水位作为设计最高通航水位。

(2) 使用频率分析法计算设计最高通航水位，主要根据多年的年最高水位值进行频率分析，由此求出设计最高通航水位。

5.3.2　设计最低通航水位

设计最低通航水位（简称最低通航水位）是航道与通航建筑物标准水深和水下过河建筑物标高的起算水位。是要保证船舶正常通航时航道内能够达到的最低下限水位。

如对于船闸而言，最低通航水位是船闸安全运行的下限水位，低于该水位时，标准船舶（队）减载过闸甚至停航。最低通航水位是确定船闸坎顶高程的依据，其减去坎上水深，即可确定船闸的坎顶及引航道底部的高程。

［例 5.3］　葛洲坝最低通航水位上游为▽63m，下游为▽39m。葛洲坝船闸底坎高程上闸首一号船闸为▽57m，二号船闸为▽55m，三号船闸为▽56m；下闸首一号船闸为▽33.5m，二号船闸为▽34m，三号船闸为▽35m。

设计最低通航水位的确定方法：

(1) 对于沿海地区，采用多年低潮累计频率90％的潮位作为设计最低通航水位，简称低潮累计频率法。对于内陆地区，采用多年低洪水累计频率90％的水位作为设计最低通航水位。

(2) 使用综合历时曲线法推求设计最低通航水位，也就是对多年日均水位作保证率计算，然后按给定的保证率确定设计最低通航水位。

5.3.3　通航设计保证率

要保证船舶正常通航，航道水位应在最高通航设计水位及最低通航设计水位之间。一年中航道保持正常通航水位的历时称为正常通航历时 t^*，通常以日计算；其余时间，水位不能保证正常通航，其历时为 $365-t^*$ 天。当设计通航水位确定后，可通航的历时也就基本确定了，通常采用通航保证率来表示：

通航保证率 ＝ 正常通航日数÷全年总日数

但是，河川径流是不断变化的，不仅年内水位变化剧烈，而且不同年份水位也有较大变化。如果要求在任何特别丰水年，均保证航道在高水位安全通航，在任何特别枯水年，也保证航道在低水位通航，航道建设的工程就很大，不仅技术上很难实现，而且在经济上也不合算。因此，航道工程设计使用设计通航保证率作为设计指标，不仅反映一定时期内保证正常通航概率，也反映航道工程设计标准的高低。

设计通航保证率高，河流利用率就高，工程投资也相应较大；反之，设计通航保证率低，河流的利用率就低,工程投资也相对较小。因此,设计通航保证率非常重要,应根据河流的特性、航运要求、技术经济的可能,结合实际经验,依据技术规范来确定。

通航保证率应该分别考虑高、低水位的通航要求,分别确定设计最高通航水位和设计最低通航水位。例如,通航桥梁净高,船闸闸门、闸墙、导航墙等顶高程的确定,均应以设计最高通航水位为依据;而船闸闸首门槛、引航道底高程以及整治工程中,水下过河建筑物高程及航道底高程等,都需根据设计最低通航水位来确定。由此可见,设计通航水位是航运工程规划设计施工的重要依据。

一般情况下,设计最高通航水位以"频率"作为设计指标,设计最低通航水位以"保证率"或"保证率频率"作为设计指标。

简单地说,对较高等级的航道,其设计最高通航水位则较高,设计最低通航水位则较低,保障船舶在较高和较低水位时均能通航,即通航保证率较高。对于较低等级的航道,则反之。

5.3.4 感潮航道的设计通航水位

由于感潮河段存在河流与海洋两种动力的相互作用和影响,其水位变化不仅与河道径流下泄有关,也与河口外海滨潮汐有关,因而对航道设计通航水位的确定影响很大。目前,我国《内河航道与港口水文规范》JTJ214 和《内河通航标准》GB50139 等标准规范中,虽对感潮河段航道设计通航水位的确定有所涉及,但并未彻底解决问题,例如,采用何种确定方法和标准、感潮河段区段划分、标准确定及其衔接、样本资料取用年限等问题,均急需研究解决。

一般来说,使用内河规范时,水位值通常是指日平均水位,但是,对于感潮河段来说,究竟应取日平均水位还是瞬时高潮位还有待探讨。常征等人(1997)针对长江感潮河段的一级航道,以 20 年一遇为准,分析计算设计最高通航水位,同时以 10 年一遇最高通航水位进行对比。图 5.9 为各种方法计算所得设计最高通航水位结果,其计算结果主要呈现出以下特点:

(1)各种方法中,按年最高瞬时潮位频率分析法(简称高潮频率法)所得的设计最高通航水位值要比其他方法高。以 20 年一遇为例,该法比按年最高日均水位频率分析法(简称日均水位频率法)所确定的设计最高通航水位要高 0.07 ~ 2.07 m,比高潮累计频率法高 1.57 ~ 2.80 m。究其原因,关键在于高潮频率法中取年最高瞬时潮位进行计算,并且 20 年才出现一次(20 年一遇),所以其值较高。

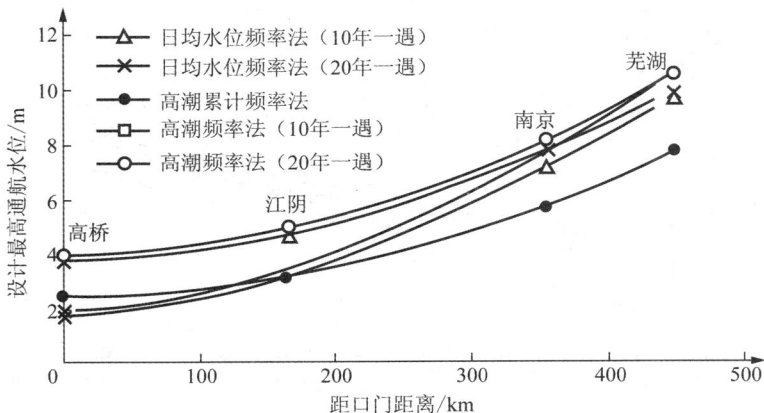

图 5.9 长江下游感潮河段设计最高通航水位计算值比较

（2）在河口附近的高桥站,由日均水位频率法所得的设计最高通航水位要低于高潮累计频率法 0.50m,随着距河口距离的增加,前者确定的设计最高通航水位逐渐高出,到芜湖站前者要高出后者 2.73m,两者的交点在江阴附近。就这两种方法来说,在江阴以下的河口段,由高潮累计频率法确定的设计最高通航水位略高,从偏于安全的角度考虑,海港规范较为适宜;而在江阴以上的感潮河段,由日均水位频率法确定的设计最高通航水位要高,从偏于安全的角度考虑,内河规范较为适宜。

（3）由高潮频率法所确定的设计最高通航水位始终高于日均水位频率法,但两者的差值随距河口距离的增加而逐渐减少,由高桥站的 2.07m 减少至芜湖站的 0.07 m,说明潮汐的影响逐渐减少。

对于最低通航水位,常征等人根据 GBJ139《内河通航标准》,对长江感潮河段,使用综合历时曲线法确定设计最低通航水位时,分别就保证率为 98%、99% 和 100% 三种情况进行了计算,并将其与低潮累计频率法进行比较(见图 5.10),可以归纳如下:

（1）由历时曲线法可见,保证率越高,设计最低通航水位越低,如保证率为 100% 的设计最低通航水位分别较 98% 和 99% 的低 0.28～0.48 m 和 0.20～0.37 m。此外,保证率 98% 与 99% 的设计水位较为接近,两者仅相差 0.08～0.13 m。

（2）在河口附近河段,按低潮累计频率法计算的设计最低通航水位比其他计算结果要低,如在高桥站,其结果较保证率为 98%、99% 和 100% 时的综合历时曲线法计算值分别低 1.09 m、1.00 m 和 0.77 m,说明在河口附近潮汐影响明显的河段使用海港规范较为适宜。

（3）随着距河口距离的增加,潮汐影响逐渐减弱,径流影响渐渐趋强,海港规范已不再适宜,按低潮累计频率法计算的设计最低通航水位比其他方法计算结果要高,如在芜湖站,其结果较保证率为 98%、99% 和 100% 时的综合历时曲线法计算值分别高 0.23 m、0.33 m 和 0.70 m,此时内河规范较为适宜。

（4）如果仅仅考虑保证率为 98% 和 99% 的综合历时曲线法计算结果,则按海港规范方法与内河规范方法计算所得设计最低通航水位的交点位于南京附近。因此,可以初步认为,在确定设计最低通航水位时,南京以下河段受潮汐影响较大,采用海港规范较为适宜;而南京以上河段受径流影响较大,采用内河规范较为适宜;至于南京附近河段,两种方法应同时使用,取水位较低者为宜。

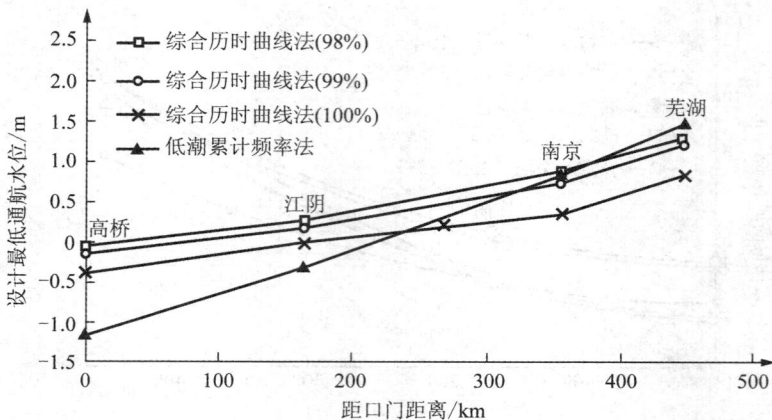

图 5.10　长江下游感潮河段设计最低通航水位计算值比较

　　此外,张幸农等人新近研究了感潮河段设计通航水位确定方法及标准。他们的研究表明,对于设计最高通航水位,由内河频率分析法所得水位值,比海港高潮累计频率法所得潮位值高很多。相对的,高潮累计频率由年平均和多年综合两种方法所得到的计算结果相差很小,在5 cm以内,说明该潮位值的重现期较低,若高潮位出现的历时在年际间变化不大,最不利的情况是每年均会出现,即1年一遇,如采用其作为航道设计通航水位显然是偏低的。他们认为,将高潮累计频率10%的水位作为感潮河段航道设计最高通航水位是不合适的。

　　对于设计最低通航水位,张幸农等(2006)的研究表明,在大致枯水潮流界以下的大部分感潮河段,以日均水位为样本按综合历时曲线法(保证率为98%)推算的水位普遍高于低潮累计频率90%水位,且距入海河口越近,结果相差越大。实际上,在日均水位高于保证率98%水位的357.7天中,因受潮汐影响,仍有一些时段的水位是低于该水位,反之,在日均水位低于该水位的7.3天中,也有一些时段的水位是高于该水位。低于保证率98%水位时间长短与潮汐作用强弱紧密相关,距河口越近,潮汐作用越强,水位涨落幅度越大,存在日内部分时段水位低于保证率98%水位的天数越多,则低于该水位的总时间越长,从历时的概念上而言,保证率达不到98%。因此,采用日均水位为样本按综合历时曲线法推算的保证率98%水位,保证率概念较难确定,且有可能使标准偏低,不宜采用,而应取每日低潮位为样本,按累计频率法推算设计最低通航水位。

　　由海港水文标准可知,在潮汐作用明显的情况下,低潮累计频率90%潮位与历时保证率98%潮位基本相同,说明从历时概念出发,在河口、海岸地区,海港与内河航道设计最低通航水位的标准是一致的。低潮累计频率90%潮位意味着平均每年有73个低潮位是低于该潮位,但这73个潮中只有部分时间的潮位低于该潮位。显然,在河口以上的感潮河段,由于径流影响的存在,尤其是对河口远或低潮历时较长的情况,低潮90%潮位已达不到历时保证率98%的潮位。对此,张幸农等人导出低潮累计频率潮位的历时保证率计算公式:

$$P_2 = \left[1 - \frac{\sum_{i=1}^{n} T_i}{m \times 365 \times 24}\right] \times 100\% \qquad (5.31)$$

$$n = (1 - P_1)N \qquad (5.32)$$

式中:P_1 为低潮累计频率;P_2 为低潮累计频率潮位相应的历时保证率;m 为统计年数;N 为统计年份内总的低潮次数;n 为低于低潮累计频率潮位的低潮次数;T_i 为各潮次低于低潮累计频率 P_1 潮位的历时。

　　以长江、珠江等水系的39个站为例,按上式计算各站低潮累计频率90%和95%潮位对应的历时保证率,统计计算结果如表5.33和表5.34所示。长江江阴以下,低潮累计频率90%的历时保证率基本上是98%以上,江阴以上则达不到98%,芜湖仅为93.9%,即使是低潮累计频率95%,芜湖的历时保证率也达不到98%。珠江水系情况类似,磨刀门、洪奇沥水道等处低潮累计频率为90%,历时保证率尚能达到98%;西江马口、北江三水的历时保证率仅为95%。

　　可见,在河口较远时,低潮累计频率90%～95%的潮位只达到Ⅲ、Ⅳ级航道标准的下限,与Ⅰ、Ⅱ级航道标准相比偏低。因此,在感潮河段中,统一采用低潮累计频率90%潮位作为设计通航水位是不合适的。

　　张幸农等人新近依据前述39个水文站实测资料,统计计算各站不同低潮累计频率潮位所

对应的历时保证率 $P(\%)$，以及相应的多年月平均水位变幅和多年平均潮差的比值 $\Delta Z_1/\Delta Z_2$，并点绘两者关系（见图 5.11），提出如表 5.35 所示的感潮河段航道设计最低通航水位标准。

表 5.33　长江低潮累计频率潮位的历时保证率

河流	站名	低潮累计频率潮位		低潮总次数	最低低潮位	低于 P_1 潮位低潮数		最低低潮位低于 P_1 潮位的历时/(h/d)		历时保证率/%	
		$P_1=90\%$	$P_1=95\%$			$P_1=90\%$	$P_1=95\%$	$P_1=90\%$	$P_1=95\%$	$P_1=90\%$	$P_1=95\%$
长江	芜湖	3.43	3.18	14 003	2.43	1 400	700	12	12	93.9	97.3
	南京	2.74	2.54	14 057	1.89	1 406	703	10.8	9.45	95.5	98.0
	镇江	2.25	2.11	14 016	1.56	1 411	705	8.2	6.8	96.6	98.6
	江阴	1.61	1.51	14 115	0.92	1 412	705	4.2	4	98.2	99.2
	高桥	0.51	0.43	14 097	−0.16	1 410	705	3.6	3.4	98.5	99.3

表 5.34　珠江低潮累计频率潮位的历时保证率

河流	站名	低潮累计频率90%潮位	低潮总次数	最低低潮位	低于潮位低潮数	最低低潮位低于潮位的历时/(h/d)	历时保证率/%
西江干流	马口	0.08	10 197	−0.40	1 020	24.0	95.0
	甘竹	−0.12	13 058	−0.61	1 306	19.2	96.0
	大敖	−0.38	13 362	−0.74	1 336	10.1	97.9
西江磨刀门水道	竹银	−0.52	13 572	−0.95	1 357	9.2	98.1
	灯笼山	−0.73	13 857	−1.08	1 386	7.2	98.5
北江	三水	0.03	9 225	−0.46	923	24.0	95.0
	紫洞	−0.26	13 578	−0.83	1 358	10.8	97.7
顺德水道	三善	−0.66	14 009	−1.19	1 410	8.4	98.2
洪奇沥水道	板沙尾	−0.74	13 785	−1.24	1 379	7.2	98.5
	万顷沙	−0.95	13 839	−1.35	1 384	6.0	98.7

表 5.35　感潮河段航道设计最低通航水位标准

航道等级	常年潮流段	季节性潮流段	常年径流段
	$\Delta Z_1/\Delta Z_2 \leqslant 1$	$\Delta Z_1/\Delta Z_2 = 1 \sim 5$	$\Delta Z_1/\Delta Z_2 > 1$
Ⅰ、Ⅱ	≥90%	90%～95%	≥98%
Ⅲ、Ⅳ	90%	90%～95%	95%～98%
Ⅴ、Ⅵ	≥85%	≥90%	90%～95%

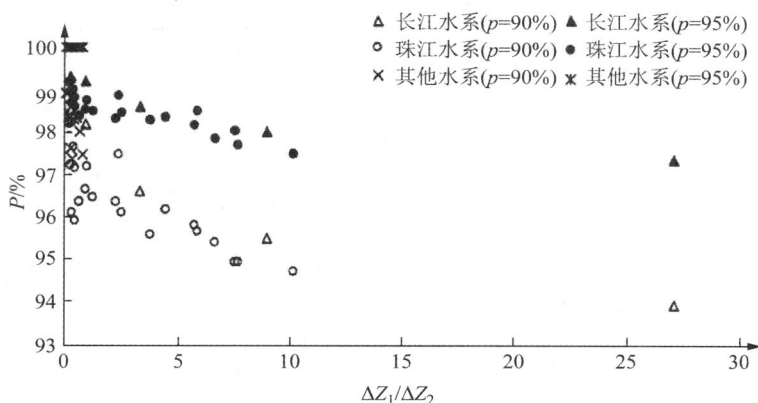

图 5.11 低潮累计频率潮位的历时保证率变化

5.3.5 计算所需样本年限

在进行设计通航水位计算时,所需资料的年份随地点不同而有所区别,沿海地区应有完整的 1 年潮位实测资料即可,内陆河流需 20 年以上的连续系列资料,感潮河段所需资料介于 1～20 年之间,究竟多长为宜,有待根据当地实际情况进行深入研究。

5.4 近岸波浪要素

波浪要素是海岸工程建筑物设计的最重要参数之一,是决定海岸工程建筑物结构形式和尺寸的基本条件,其计算和选用是否准确、合理,不仅直接关系到工程设计工作的质量和水平,而且极大地影响着工程的建设投资,因此是设计和工程建设的前提。

5.4.1 近岸波浪要素

近岸波浪要素包括波高、波周期和波向。波向指波浪传播的方向,通常与波高相对应。

1)波高

波高是衡量波浪大小及强度的尺度,是指波峰至邻近波谷的垂直距离。一般可以认为波高服从高斯分布,波列中波高随机取值的统计规律是计算各特征波高及其相互换算的依据,在海岸及海洋工程设计中有着广泛的应用。

通常人们所说的海面波高,系指 1/3 大波的平均波高,在我国一般指 1/10 大波的平均波高,记作 $HB_{1/10}B$。

如表 5.36 所示,山东石臼所、小麦岛、石岛站因为北面离陆地近,冬季北风时海面受大陆屏障,波高较小,全年各月平均 $HB_{1/10}B$ 最大值一般为 0.7～0.9 m,出现时间在 7 月和 8 月。千里岩由于附近海域水较深(20～30 m),离陆地较远(>50 km),冬季较易受偏北风的影响,所以冬季月平均 $HB_{1/10}B$ 较其他站大,可达 1.1 m。这说明山东半岛离岸较远的海域,月平均 $HB_{1/10}B$ 较近岸大,而且冬季大于夏季。而烟台、龙口站地处山东北部沿海,冬季受偏北风的作用,月平均 $HB_{1/10}B$ 可达 0.9～1.0 m,而夏季仅 0.1～0.2 m。成山角近海,偏南风和偏北风时,均无陆地屏障,所以 $HB_{1/10}B$ 月平均变化不明显。

表 5.36　山东省七个海洋站观测到的 $HB_{1/10}B$ 表

项目	$H_{1/10}$月平均最大值		$H_{1/10}$月平均最小值		最大单个波高	
站名	量值/m	出现月份	量值/m	出现月份	量值/m	出现月份
石臼所	0.7	7,8	0.5	12,1,5	3.6	9
小麦岛	0.9	7	0.5	12,1,2	6.8	8
千里岩	1.1	11,12,1	0.8	3,4,5,6	6.0	1,2
石岛	0.7	7	0.2	12,1	6.8	9
成山角	0.4	4,6,8,9,11	0.3	1,2,3,5,7	8.0	5,8
烟台	0.9	1	0.1	7	4.7	3
龙口	1.0	11,12,1	0.2	6		

至于单个波高,山东南部沿海明显大于北部沿海,尤其是成山角附近,单个波高较其他站大。

石臼所:$HB_{1/10}B$ 按波向的平均值,最大为 0.7m,出现在东北偏北、东北、东北偏东和东向,而西、西北偏西和西北向最小,为 0.3m。

小麦岛:最大值 1.0m,出现在东北偏东向。由于北面为大陆,偏北向的浪极小,约 0.2m。

千里岩:最大值为 1.2m,出现在西北偏北向。最小为 0.7m,出现在东北偏东和东向。

石岛:最大值 1.1m,出现在东南偏东、东南和东南偏南向。最小值 0.2m,出现在西北偏西、西北和西北偏北向。

成山角:最大值 1.3m,出现在东南偏东向。最小值 0.1m,出现在西向。

烟台:最大值 1.6m,出现在北、东北向。最小值 0.5m,出现在西南偏南和西南偏西向。

龙口:最大值 1.5m,出现在东北偏北、西北和西北偏北向。偏南风时,该海洋站附近测到的浪极小。

各海洋站附近海域的海浪受地理位置的影响是很明显的,向海的一侧波高大,向岸的一侧波高小。例如,在山东南部沿海的石臼所、小麦岛和石岛站,朝东南的一侧平均波高大,朝西北一侧的平均波高小。成山角东侧的波高大于西侧。此外,比较千里岩和小麦岛两站的分布图还可以看出,离岸一定距离后海浪具有外海的特征,不再受岸线影响。

2）波高出现频率

波高出现频率是指各级波高出现的概率,现以各站 1970 年 2 月和 8 月的波高频率为例作说明:

石臼所近海不论 2 月还是 8 月,波高主要为 0.3~0.9 m,而且以 0.5 m 为多,频率可达 20% 以上。累计率 50% 的波高 2 月与 8 月均为 0.65 m。

小麦岛近海 2 月波高主要为 0.3~0.8m,频率为 45%;8 月波高主要为 0.4~0.8m,频率为 43%,累计率 50% 的波高 2 月为 0.75m,8 月为 0.81m。

千里岩海洋站的观测结果与上两站不同,2 月波高为 0.8~1.0 m,频率为 31%,累计率 50% 的波高为 0.76 m;8 月波高为 0.5~0.8 m,频率为 46%,累计率 50% 的波高为 0.82 m。

石岛近海 2 月和 8 月大部分时间里海面波高很小,在 0.3m 以下。8 月也是如此。

成山角海洋站附近,2 月与石岛海洋站类似,而且见不到 1.0 m 以上的波高。8 月虽然大部分时间波高小,但可见到 1.0 m 以上甚至 3 m 多的波高。

龙口附近海域,2月波高 0.2 m 以下约占 1/3。累计率 50% 的波高约为 0.64 m。8月约有一半时间波高小于 0.3 m,但夏季观测到 2.0 m 的波高,冬季甚至出现过 4.0 m 的波高。

3）波浪周期

波浪周期是相邻波峰(或波谷或波形上某个位相点)相继通过同一点所经历的时间间隔,相当于水质点完成一次圆形轨迹运动所需的时间,通常指每次波浪观测的平均周期。

从表 5.37 可知,石臼所、小麦岛和千里岩波浪周期的月平均值在 3.3~5.2s,而以千里岩的最大。石岛和成山角波浪周期的月平均值明显减小,月平均最小值仅为 1.1s。而北部沿海波浪周期的月平均值小于南部沿海,南部沿海 7、8 两个月波浪周期的月平均值大,其他月份波浪周期的月平均值小,而北部沿海恰与此相反。这是由于南部沿海有外海涌浪传入,增大了海浪周期,而北部沿海多系风浪,周期较短。

表 5.37　山东沿海各海洋站波浪周期的月平均最大值和最小值表

项目站名	最大值		最小值		最大单个波周期	
	量值/s	出现月份	量值/s	出现月份	量值/s	出现月份
石臼所	3.9	7,8	3.3	12	10.4	7
小麦岛	5.1	7,8	3.4	12	14.7	10
千里岩	5.2	7	4.0	3	16.9	7
石岛	4.2	7	1.1	1	15.8	7
成山角	2.4	8	1.1	12	13.3	8
烟台	2.7	1,11	0.5	7	9.1	10
龙口	3.6	12	1.2	6,7	13.1	4

根据各站的资料统计得出,各方位的周期平均值如下:

石臼所:平均周期的平均值东向最大,为 4.3s。西北偏西和西北向最小,为 2.7s。

小麦岛:东南向最大,为 4.6s。

千里岩:东南向最大,为 6.3s。西南向最小,为 4.0s。

石岛:东南偏南向最大,为 6.0s。西北向最小,为 1.5s。

成山角:东南偏东向最大,为 5.2s。西北向最小,为 0.9s。

烟台:北和东北向最大,为 5.1s。西南偏西向最小,为 2.8s。

龙口:东北偏北向最大,为 4.8s。

平均周期各方向的平均值的分布形状与波高的方向分布十分相似。此外,还有一个明显的特点:由于山东南部沿海海域开阔,有涌浪传入,因此南部沿海的最大值为东南向,北部沿海则为东北向,而在量值上南部沿海大于北部沿海。

5.4.2　我国近岸波况特点

根据海洋观测站的统计资料,除南沙群岛以外,我国沿岸海域年平均波高(HB$_{1/10}$B 的年平均值)的总趋势是由北向南递增。渤海沿岸大致为 0.3~0.6 m,渤海海峡、山东半岛南部和苏浙一带沿岸大致为 0.6~1.2 m,两广沿岸大致为 1.0 m,海南岛和北部湾北部沿岸为 0.6~0.8 m,西沙海域为 1.4 m。

各海区各季节波浪的大小分布也不同。北方海域冬季波浪较大,渤海海峡冬季平均波高可达 1.7 m,居全国各海区同期之首。春季各海区平均波高都较小。夏、秋季南方海域平均波高较北方大,西沙海区约为 1.4 m,两广、福建、浙江沿岸为 1.0~1.3 m,其他海区大致在 0.6~0.9 m。

我国沿海大浪受台风与寒潮大风的影响十分明显,最大波高(指 $HB_{1\%}B$)分布的特点大致为:北方沿海冬季在寒潮大风作用下波浪较大;夏天东南沿海受台风影响波浪较大。最大波高超过 10m 与平均周期 10s 以上的大浪多出现在开敞的东海。例如,1986 年 8 月 27 日用海洋遥测浮标测得我国近海最大波高达 18.2m 的巨浪;其次,浙江嵊山海洋站也曾观测到最大波高 17m 和周期 19.8s 的大浪。表 5.38 为我国沿海最大波浪的分布统计,表中所列波高和周期均为各观测站观测到的历史上之最大值,但并非同一场波浪的对应值。

表 5.38 我国沿海最大波浪分布统计

海 区	测站名称	最大波高($HB_{1\%}B$)		最大周期 T/s	备 注
		波高/m	波向		
黄海渤海	小长山	5.5	SSW	9.7	
	老虎滩	8.0	SW	9.0	7416 号台风
	葫芦岛	4.6	SSW	8.2	
	塘沽	6.5	NE	7.3	
	妃姆岛	7.2	NE	13.1	
	北隍城	13.9	N	13.5	6208 号台风
	成山头	8.0	ENE	13.3	
	小麦岛	6.1	ESE	14.7	
	连云港	8.0	NE	8.3	
东海	引水船	6.2	E	16.1	
	嵊山	17.0	E	19.8	8114 号台风
	南鹿	10.0	E	14.8	6007 号台风
	北礵	15.0	ESE	11.3	0014 和 7123 号台风
	平潭	16.0	ESE	10.1	
	崇武	6.9	SE	10.1	
南海	云澳	6.5	SW、WSW	11.5	
	遮浪	9.5	ESE	10.1	7908 号台风
	硇洲岛	9.8	E	10.3	6508 号台风
	玉苞	7.7	NE	10.9	
	东方	6.0	NNW	9.5	
	莺歌海	9.0	ESE	9.1	7914 号台风
	涠洲岛	5.0	SE	8.8	
	白龙尾	4.1	SE	8.4	
	西沙	11.0	SSW	18.8	

5.5　近岸带泥沙运动

近岸波浪具有巨大的能量,是塑造海岸地貌最积极、最活跃的动力因素。在苏格兰东海岸曾记录到拍岸浪冲击在岩壁上的作用力为 $3kgf/cm^2$[①] 以上。海浪冲击海岸,压缩岩石裂隙中的水和空气,海浪离开岩壁的瞬间,裂隙中水和空气又急剧膨胀,导致岩石粉碎,岩壁剥落。蚀落的岩屑在波浪卷带下,又撞击岩壁,磨蚀岸坡。海岸在海浪作用下不断地被侵蚀,塑造着各种海蚀地貌。尤其具有较大波高和波陡的台风浪,对海岸的破坏作用更为显著。被海浪侵蚀的碎屑物质由沿岸流携带,输入波能较弱的岸段,堆积成多种地貌。

传入近岸的波浪,因水深变浅而变形,水质点向岸运动的速度大于离岸运动的速度,形成近岸流。近岸流作用产生水体向岸输移和底部泥沙向岸净输移。在波浪斜向逼近海岸时,破波带内则产生平行于海岸的沿岸流动。这样,由向岸的水体输移和由此产生的离岸流、沿岸波浪流、潮流构成了近岸流系。此流系内海水流动产生强烈的泥沙交换,形成一系列海岸堆积地貌。

近岸带泥沙运移通量及其在垂向上的分布受破波带相对位置和海滩地形变化的影响。在破波点附近,波浪的搅动和流场作用强,泥沙运移通量增大,泥沙在波浪的作用下可以大量进入垂直水体以悬移和跃移的方式运移。

波浪和水流的共同作用控制着海岸带的泥沙运动。波浪对泥沙运动的影响虽然随水深的增大而减小,但在水深达 200 m 时仍可观测到波浪引起的泥沙悬浮。当波浪和流同时存在时,波动增强了壁面切应力和紊流强度。波流边界层可分成不同的区域,波边界层存在于底床附近,一般的厚度只有 $2\sim10$ cm,它嵌入在尺度与水深相当的流边界层内。波边界层内紊动动能和切应力既受波的影响,又受流的作用,由于波边界层内较大的速度梯度,这些量远比恒定流时的值大,而在波边界层外可以认为紊动动能和切应力只受流控制。只有波动时,紊流脉动被限制在底床附近,而在波流情况下,流可使得紊流脉动扩展到整个水深区域。

由于波增加了壁面切应力,起动的泥沙明显增加,紊流度的增加又使得泥沙可以悬浮到远离底床的地方。从含沙量剖面来看,波流共同作用下,水体下半部分的含沙量远远大于纯流时的值,也就是说,波动会在底床附近产生较大的含沙量。而流的作用是起动和大量输送悬浮的泥沙。与恒定流情况比较,波动使得泥沙输运量显著增加。但是,泥沙浓度在垂向的梯度对紊流脉动起了一定程度的抑制作用,使得泥沙不能无止境地起动和悬浮。

潮差的大小也直接影响着海浪和近岸流作用的范围。由细颗粒组成的泥质海岸带,潮流是泥沙运移的主力之一。当潮流的实际含沙量低于其挟沙能力时,水流会侵蚀海底;当实际含沙量超过挟沙能力时,水体中部分泥沙则会淤积在水底。

5.5.1　泥沙的起动

钱宁、万兆惠将水流流态和泥沙运动的变化过程描述如下:

(1)床面发展形成振动性的层流边界层。

(2)边界层失去稳定,转化为紊流边界层。

(3)泥沙颗粒开始起动(对于细颗粒来说,有时在层流边界尚未失去稳定以前,可能开始

---

① 　1kgf＝9.80665N

运动）。

（4）床面泥沙普遍发生运动。

（5）平整床面失去稳定,开始形成沙纹。

（6）在波浪传递方向出现泥沙的流动。

（7）紊动自床面向水体内部徐徐扩散。

（8）在水体接近底部区域开始出现悬移质,并向与波浪传播相反的方向流动。

（9）沙纹拉长削平,最后趋于消失。

但是,上面这些现象不一定都严格循序出现,在某种特定条件下,有些情况也有可能会同时发生。应该指出,上面所说的泥沙运动都是指和波浪传播同一方向或相反方向的运动。由于波浪一般都以一定的角度接近岸线,并不完全和岸线相平行,这样就会产生顺着岸流和泥流运动,因此形成所谓沿岸流及沿岸流漂沙。我国北方,沿海广大地区泥质海岸普遍存在,这些由细粉砂及黏土颗粒组成的淤泥物质在波浪作用下的运动过程和上况又有所不同。

波浪作用下的泥沙起动流速是指在波浪作用下的海床上泥沙颗粒处于将要运到但还没有运到的临界状态时刻所对应的颗粒周围水质点流速。1946 年,R・A・巴格诺尔德根据实验提出波浪起动泥沙的经验公式;1974 年,P・D・科马尔和 C・R・米勒作了修正,并与单向水流中泥沙起动的希尔兹曲线作了比较,认为希尔兹曲线完全可以移植到波浪作用下的泥沙起动,公式为:

$$\theta_{cr} = \frac{\tau_{cr}}{(\gamma_s - \gamma)D} \tag{5.33}$$

其中,τ_{cr} 为泥沙启动时床面切应力,θ_{cr} 为希尔兹数。

在波浪作用下的泥沙起动条件可以归结为下列基本形式:

$$N_c = A\left[\frac{\rho_s - \rho}{\rho}g\right]^a D^b \nu^c a_0^d \tag{5.34}$$

式中:$N = 2\pi/T$,N_c 表示起动时刻的 N;A 为常数;指数 a、b、c、d 与边阶层和床面泥沙颗粒绕流流态有关;a_0 为波浪作用下水质点在床面附近的水平方向振幅;D 为泥沙粒径;T 为波浪周期;ν 为水的运动黏汁系数。表 5.39 为波浪作用下的泥沙起动速度公式总结。

表 5.39　波浪作用下的泥沙起动速度公式总结

作者	边界层流态	沙粒绕流流态	$N_c = A\left[\frac{\rho_s - \rho}{\rho}g\right]^a D^b \nu^c a_0^d$			
			a	b	c	d
曼诺哈,伊格森等	层 流	层 流	0.67	0.67	-0.33	-0.67
拜格诺,Martinot-Legarde 等		过 渡	0.525	0.325	-0.05	-0.75
戈台特		过 渡	0.485	0.182	0.03	-0.72
曼诺哈,兰斯等	紊 流	紊 流	0.50	0.375	0	-0.875
佐藤等		紊 流	0.50	0.50	0	-0.75

5.5.2　泥沙的沿岸运动

泥沙的沿岸运动有三种基本的形式,如图 5.12 所示。在波浪没有破碎以前,波浪的振荡运动使床面的泥沙来回运移,这种运动一般以推移质为主,在风浪较强时,出现悬移运动,这样的运动会造成泥沙沿海岸方向的运移。波浪破碎以后,强烈的紊量泥沙悬浮水中,为破波区中的沿岸流所携带而发生运移。最后,在进入上涌带以后,随着上涌流及回流的一进一退,将会产生沿岸方向的搬运。在破波线以内的沿岸泥沙运动常占沿岸运动泥沙总量的80%以上。显然,随着波浪条件的改变,岸滩剖面上不同地点的沿岸运动强度也会有相应的改变。

海岸带泥沙沿岸运动的形式以哪种为主,随各地的情况不尽相同。世界上很多滨海地区,由于质体流和舌状逆流的作用,较细的泥沙颗粒都被带向外海,在海滩上剩下的泥沙一般都比较粗。因而,据科马尔估计,沿着海岸运动的泥沙中推移质要占到80%。布伦宁克迈耶的观察也证实只是在上涌后的回流与继之而来的波浪相遇处泥沙才以悬移为主,在击岸波区的其他部位泥沙均以推移为主。

水流挟沙能力是指在一定的水流泥沙和本床面组成条件下单位水体所能挟带和输送的悬移质泥沙数量。沿岸流挟沙能力有不少经验性的或半经验性的公式。

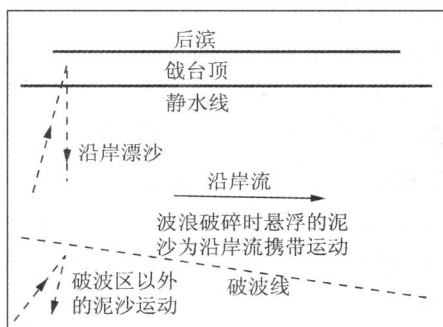

图 5.12 泥沙沿岸运动的三种基本形式

5.5.3　泥沙的横向运动

海岸泥沙的横向运动是指垂直于海岸线的向岸或离岸方向的泥沙运动,包括悬移质运动、推移质运动和浑浊流运动等。海岸横向泥沙运动对岸滩剖面变形起重要作用。

波浪作用下泥沙起动与移动波浪施加于海底的切力约与水深的 1.5 次幂成反比。波浪向岸推进,水深减小至某一程度时,泥沙颗粒开始起动并随波浪往复振动,海底出现就地振荡的小沙纹。水深进一步变浅,海底波浪水质点运动速度增加到泥沙起动流速 2 倍时,颗粒由就地振荡转变为向波浪前进方向推移,这一水深界限称为泥沙净推移运动界线,是海岸演变的基点。

泥沙横向净移动速度等于零时,泥沙处于相对稳定状态;小于零时,泥沙向海推移;大于零时向岸推移。水深变浅时,波浪变形加剧,底部传质水流速度增加,但较细颗粒由于被沙波背后漩涡卷起成为悬沙,随上层向海的传质水流作离岸运动。只有较粗的不能成为悬沙的颗粒,才一直被推移至岸边。但当破碎波返海回流较强时,受回流顶托,部分推移泥沙也会堆积于破波点附近,成为水下沙坝。

以推移质为主的净向岸输沙产生淤积型海滩以悬移质为主的净离岸输沙产生侵蚀型海滩。1980 年椹木亨建议以摩阻流速与沉速的比值作为净输沙方向的判数,比值大于 0.8 时以悬沙为主;反之以推移质为主。

5.5.4　波浪作用下的浮泥运动

河流所挟带的泥沙在河口及海岸地区落淤以后,其中细粉砂以下的泥沙的密实过程进行得非常缓慢,在落淤的初期容重很小,具有一定的流动性,称为浮泥。这种浮泥在波浪和潮流作用下极易发生运动,而且能够凭借本身的重力作用,以异重流的形式运动。英国泰晤士河河口为了维持航深,每年需要挖泥 2.0×10^6 m³,挖出的淤泥极大部分被弃置在河口以南 50 km 外的海滩上。以后发现弃置在那里的淤泥并没有被波浪带向深海,而是以异重流的形式又重新回到河口区,致使航道疏浚工作永无功成之日。在我国天津新港的回淤问题中,由于浮泥运动所造成的淤积也是一个重要的因素。

1) 浮泥运动的基本现象

浮泥的中值粒径一般都小于 0.005 mm,挟带浮泥的浑水一般具有明显的非牛顿性。观测结果指出,浮泥运动的基本现象与浮泥的容重(亦即浮泥中的含沙量)密切有关。对于容重小于 1.10 的浮泥来说,它的流动性是非常强烈的,在波浪作用下,可以完全像水质点一样产生周期性的振荡运动。对于同一种浮泥来说,波浪愈强,浮泥质点的振幅及发生运动的浮泥层厚度也愈大。除了这种振荡运动以外,正像近底的水质点一样,浮泥质点也具有向岸的净分速,使浮泥朝波浪传播方向流动;与此同时,浮泥层又能够调整它的界面坡度,甚至出现与波浪行进方向相反的倒坡,利用重力的作用来抗拒这种流动。当波浪加强到一定程度以后,波动的交界面开始失去稳定,泥沙自浮泥层中被扬起进入清水层,造成沿水深的某一稳定的含沙量分布。由于浮泥层伴随着水面的波动而产生相应的波动,泥面以上的水质点对浮泥面来说相对运动速度较小,亦即浮泥面上的流速梯度较小,因此,不易产生紊动。所以,对于容重较小的浮泥来说,只有在比较强的波浪作用下,浮泥层中的泥沙才会上升进入清水区,以悬移形式运动。

对于容重大于 1.2 的浮泥来说,浮泥本身的波动已比较微弱或甚至不复存在,而主要是浮泥的悬扬。在波浪逐步加强以后,浮泥面上会出现来回摆动的絮绒团,并进而发展为整片的烟雾状泥沙扬起,形成泥面以上的底部浑水层。波浪再进一步加强,临底的泥沙逐步向上部清水层扩散,使整个水流都变得比较浑浊。

容重介于 1.1~1.2 之间的浮泥的运动形式处于上述两种运动之间的过渡,浮泥层本身的流动及泥沙自浮泥层中的扬起往往同时存在。

2) 底部浮泥流

在波浪作用下,浮泥层中也产生相应的波动。浮泥面的波动随着水面波的加强而加强,但当水面波波高超过某一极限以后,水面波波高的继续加大反而会导致泥面波波高的减小。容重愈小的浮泥,泥面的波动也愈强。

5.5.5 近岸带水下沙波

正如河道水下沙波和风成沙丘一样,在海洋水动力作用下,也会形成泥沙的成型堆积体,主要表现为如下几个类型:

1) 沙纹

沙纹只有在紊流边界层中才会形成,这样,在深水区边界层尚未失去稳定以前,沙纹是不存在的。当波浪强度超过泥沙的起动时,有一些颗粒在床面开始来回滚动,不久就聚集排列成为平行的沙脊,在沙脊的背水面有一部分床面将受到沙脊的隐蔽作用而不直接感受床面水质点运动的影响。当前一沙脊的隐蔽范围达到后一个沙脊时,在沙脊之间平坦的波谷区将看不到有泥沙运动,这时沙脊由于得不到更多的泥沙供应,稳定后沙纹高度一般不过几倍到十倍泥沙粒径。这样所形成的稳定的沙脊在波浪的振动的影响下来回摆动,在长时间以内位置基本不变,或者也会有单方向的移动。

2）沙垄

波浪是海水的一种运动形式,当波浪作用于沿岸带海床时,由于流体的非线性机制而不稳定,从而使海床形成沙纹,当推移达到一定规模时,将形成波状的沙丘体,此沙丘体也称为沙波。沙波运动是推移质的主要运动形式,沙波的迎流面坡度较平缓,背流面坡度较陡。沙波的迎流面属冲刷区,泥沙在这里启动,越过波峰后,由于水流分散发生涡旋,从而发生泥沙沉积。其次,坡面的崩塌也构成泥沙前移,这样就发生沙波运动。沙波有许多形式,包括波峰线平行的带状沙波,波峰线不规则的蛇曲状沙波,新月形沙波和舌状沙波等。移动的沙丘多呈新月形,这就是新月形沙波。规模大的沙波,称为沙垄。

3）沿滨沙坝

在波浪作用下,有时沿着海岸形成 1～3 列与海岸平行的沙丘,称之为沿滨沙坝,如图5.13所示。这样的沙坝往往位于碎波线附近略偏向外海的地方。

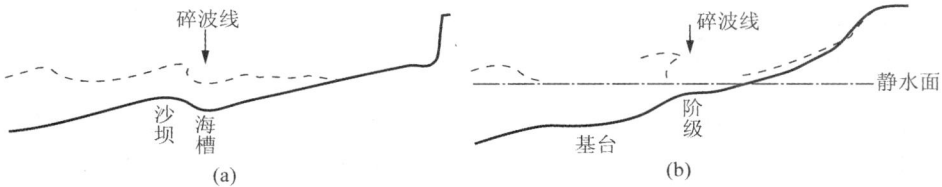

图 5.13　不同坡度海滩剖面的对比
（a）缓坡（垂直尺度放大）　（b）陡坡（垂直尺度未放大）

关于沿滨沙坝的成因与卷波型的碎波可能有关。沙坝坝顶的水深与波高之间存在着密切关系,当岸附近发生强烈的降雨、海面的短周期波接近岸线时,波浪的破碎将自卷波型转变为崩型,这时沿滨沙坝也往往遭到破坏,甚至消失不见。卷波型的碎波在海底淘成一个深槽,由此外移的泥沙一部分被沿岸流携带沿岸方向运动,另一部分则朝外海方向运动,与此同时碎波线以外的泥沙又沿着海底向岸运动。这样,在碎波线附近两股朝不同方向运动的泥沙在那里相遇,堆积而形成沙坝。当波的力量足以移走来自外海的泥沙时,沙坝的堆积就达到了极限高度。

观测沿滨沙坝的几何尺寸以及其运动、形成与消亡规律,对于海岸工程往往具有极其重要的意义。

4）河口拦门沙

河口拦门沙为入海河口在口门附近的泥沙堆积体。广义的指由心滩、沙岛、浅水航道和某些横亘河口的沙嘴所组成的拦门沙系;狭义的仅指口门沉积带航道上的浅段。拦门沙现象早就为人们所熟知,从 20 世纪 50 年代以来,已对它的成因、沉积构造和演变进行了较系统的研究。

塑造河口拦门沙的动力因素很复杂,有径流、潮流、盐水与淡水混合、沿岸流和风浪等,其中径流和潮流是主导因素。在径流作用较强的河口,如长江口,径流下泄至口门附近,脱离河岸的约束,水流扩散,流速骤减,流域的大量来沙在口门附近堆积,形成了拦门沙的基干,它的沉积明显地呈现沙和泥的交互成层构造。在潮流作用较强的河口,如钱塘江口,潮流进入河口之后,因潮波剧烈变形,涨潮时带入河口的沙量,大于落潮时带出的沙量,使从海域来的流沙,在口门以内堆积,形成拦门沙,也称为沙坎。

6 区域分析

在工程水文学中,为了形成用于区域方面的数学关系式,区域分析围绕水文现象研究。总体而言,数学关系式的形成使得闸门或长期记录的流域资料可以很容易地转换到具有相似水文特征的邻近无闸门或短期的水库。其他关于区域分析的应用包括利用回归方法建立在宽阔区域可适用的经验方程。

本章包括三部分:一是介绍联合概率分布,包括边缘分布、条件概率、正态分布等;二是介绍回归分析方法;三是介绍对有洪水和降雨特征的区域分析的选定方法。

6.1 联合概率分布

有一个随机变量 X 的概率分布为一元分布。有两个随机变量 X 和 Y 的概率分布称为二元分布或者联合分布。联合分布用数学式表示结果发生的概率,结果由 X 和 Y 的值组成。在统计符号中 $P(X = x_i, Y = y_j)$ 是概率 P,随机变量 X 和 Y 同时用变量 x_i 和 y_j 表示,简写符号为 $P(x_i, y_j)$。

对于 $x_i(1, 2, \cdots, n)$ 和 $y_i(1, 2, \cdots, m)$,所有可能结果的概率总和等于 1,即:

$$\sum_{i=1}^{n} \sum_{j=1}^{m} P(x_i, y_j) = 1 \tag{6.1}$$

联合概率的一个经典例子是掷两个骰子 A 和 B。直观地,使 A=1,B=6 的概率是 $P=(A=1, B=6)=1/36$。总共有 $6 \times 6 = 36$ 种可能的结果,每个结果有相同的概率 1/36。概率分布为二元分布,因为每个结果发生相同的概率,所有可能的结果概率总和等于 1。

联合累计概率用一元概率相似的定义方式:

$$F(x_k, y_l) = \sum_{i=1}^{k} \sum_{j=1}^{l} P(x_i, y_j) \tag{6.2}$$

其中,$F(x_k, y_l)$ 是联合累计概率。继续用两个骰子做例子,A≤5,B≤3 的概率是所有单个概率的总和,对于所有 i 和 j 的组合,i 为 $1 \sim 5$,j 为 $1 \sim 3$,$5 \times 3 = 15$ 种可能的组合,使得概率等于 $15 \times (1/36) = 15/36$。

6.2 边缘概率分布

边缘概率分布通过累加一个变量如 X 的所有值的 $P(x_i, y_j)$ 获得。因而是另一变量的概率分布,在这里是 Y 不是 X。边缘分布是一元分布,它从二元分布获得。在统计符号中,x 的边缘概率分布是:

$$P(x_i) = \sum_{j=1}^{m} P(x_i, y_j) \tag{6.3}$$

同样地,Y 的边缘概率分布是:

$$P(y_j) = \sum_{i=1}^{n} P(x_i, y_j) \tag{6.4}$$

两个骰子 A 和 B 的例子可以用来阐述边缘概率的概念。直观地，不考虑 B 的值，A＝1 的概率是 $6 \times (1/36) = 1/6$。同样地，B＝4 的概率，不考虑 A 的值，也是 $1/6$。

通过结合边缘分布和累计分布的概念可以得到边缘累计概率分布。在统计符号中，X 的边缘累计概率分布是：

$$F(x_k) = \sum_{i=1}^{k} \sum_{j=1}^{m} P(x_i, y_j) \tag{6.5}$$

同样地，Y 的边缘累计概率分布是：

$$F(y_l) = \sum_{i=1}^{n} \sum_{j=1}^{l} P(x_i, y_j) \tag{6.6}$$

两个骰子 A、B 的例子再次用来说明边缘累计概率的概念。不考虑 B 的值，A≤2 的概率是 $2 \times 6 \times (1/36) = 1/3$。同样地，不考虑 A 的值，B≤5 的概率是 $5 \times 6 \times (1/36) = 5/6$。

6.3 条件概率

条件概率的概念在回归分析和其他水力应用中是有用的。条件概率是联合概率和边缘概率的比值。在统计的记号中：

$$P(x \mid y) = \frac{P(x, y)}{P(y)} \tag{6.7}$$

其中，$P(x \mid y)$ 是 x 的条件概率，已知 x、y，则 y 的条件概率为：

$$P(y \mid x) = \frac{P(x, y)}{P(x)} \tag{6.8}$$

从式 6.7 和式 6.8 看出，联合概率为条件概率和边缘概率的乘积。

联合概率分布可由连续函数表达，在这情况下，可称之为联合密度函数，记为 $f(x, y)$。对于条件密度函数，记为 $f(x \mid y)$，或 $f(y \mid x)$。

关于单变量分布，用势差描述联合分布的性质。对于连续方程，相对于原点的 r 和 s 的所有势差定义如下：

$$\mu'_{r,s} = \int_{-\infty}^{+\infty} \int_{-\infty}^{+\infty} x^r y^s f(x, y) \mathrm{d}y \mathrm{d}x \tag{6.9}$$

取 $r = 1, s = 0$，方程 6.9 简化为 x 的平均值：

$$\mu'_{1,0} = \int_{-\infty}^{+\infty} x \left[\int_{-\infty}^{+\infty} f(x, y) \mathrm{d}y \right] \mathrm{d}x \tag{6.10}$$

括号里的表达式是 x 的边缘分布或是 $f(x)$。因此，x 的平均值表达式：

$$\mu'_{1,0} = \mu_x = \int_{-\infty}^{+\infty} x f(x) \, \mathrm{d}x \tag{6.11}$$

对 y，方程同样成立。

第二势差通常写成平均值：

$$\mu_{r,s} = \int_{-\infty}^{+\infty} \int_{-\infty}^{+\infty} (x - \mu_x)^r (y - \mu_y)^s f(x, y) \mathrm{d}y \mathrm{d}x \tag{6.12}$$

对于 $r = 2, s = 0$，式 6.12 简化为 x 的方差；同样地，对于 $r = 0, s = 2$，式 6.12 简化为 y 的

方差,第二势差的第三种类型也就是协方差,$r=1,s=1$,即:

$$\sigma_{x,y} = \int_{-\infty}^{+\infty}\int_{-\infty}^{+\infty}(x-\mu_x)(y-\mu_y)\,f(x,y)\mathrm{d}y\mathrm{d}x \tag{6.13}$$

其中,$\sigma_{x,y}$ 为协方差。

相关系数是无量纲值,与协方差 $\sigma_{x,y}$ 和标准偏差 σ_x,σ_y 有关:

$$\rho_{x,y} = \frac{\sigma_{x,y}}{\sigma_x\sigma_y} \tag{6.14}$$

其中,$\rho_{x,y}$ 为基于全体数据的相关系数。样品相关系数可以表达为:

$$r_{x,y} = \frac{s_{x,y}}{s_x s_y} \tag{6.15}$$

样品相关系数 $r_{x,y}$ 的计算包括样品协方差 $s_{x,y}$,相关系数是 x 和 y 之间线性相关的度量,在 -1 和 $+1$ 之间变化。ρ 或 r 的值接近或等于 1 表明变量之间线性相关程度高,x 值大时 y 值大,x 值小时 y 值小;ρ 或 r 的值接近或等于 -1 表明 x 值大,相应地 y 值小。$\rho=0$ 或者 $r=0$ 是零协方差,表明 x 和 y 不相关。

[例 6.1] 问题:某一河流每月的南北分叉支流有着以下的联合概率分布 $f(x,y)$(表达成平均值,见表 6.1):

表 6.1 南北支流联合概率分布

南支流 /hm³ ＼ 北支流 /hm³	100	200	300	400
100	0.14	0.03	0.00	0.00
200	0.02	0.18	0.11	0.00
300	0.00	0.09	0.23	0.02
400	0.00	0.00	0.03	0.15

计算此联合概率分布边缘分布、平均值、方差、标准差、协方差和相关系数。

求解:北支流边缘分布 $f(x)$ 通过累加所有 y 的联合概率得到表 6.2。

表 6.2 北支流边缘分布

x/hm^3	100	200	300	400
$f(x)$	0.16	0.30	0.37	0.17

同样地,南支流边缘分布 $f(y)$ 通过累加所有 x 的联合概率得到表 6.3。

表 6.3 南支流边缘分布

y/hm^3	100	200	300	400
$f(y)$	0.17	0.31	0.34	0.18

平均值是相对于原点的边缘分布的第一势差:

$$\overline{x}=(100\times0.16)+(200\times0.30)+(300\times0.37)+(400\times0.17)=255 \text{ hm}^3$$

$$\overline{y}=(100\times0.17)+(200\times0.31)+(300\times0.34)+(400\times0.18)=253 \text{ hm}^3$$

方差是相对于平均值的边缘分布的第二势差:

$$s_x^2 = \sum (x-\overline{x})^2$$

$$s_x^2 = (100-255)^2 \times 0.16 + (200-255)^2 \times 0.30 + (300-255)^2 \times 0.37 +$$
$$(400-255)^2 \times 0.17 = 9\,075 \text{ hm}^6$$

$$s_x = 95.26 \text{ hm}^3$$

同样的,对于 y:

$$s_y^2 = 9\,491\text{hm}^6, \quad s_y = 97.42 \text{ hm}^3$$

协方差是联合分布的第二势差:

$$s_{x,y} = \sum (x-\bar{x})(y-\bar{y})f(x,y)$$
$$= [(100-255) \times (100-253) \times 0.14] +$$
$$[(200-255) \times (100-253) \times 0.03)] +$$
$$[(100-255) \times (200-253) \times 0.02] +$$
$$[(200-255) \times (200-253) \times 0.18)] +$$
$$[(300-255) \times (200-253) \times 0.11)] +$$
$$[(200-255) \times (300-253) \times 0.09)] +$$
$$[(300-255) \times (300-253) \times 0.23)] +$$
$$[(400-255) \times (300-253) \times 0.02)] +$$
$$[(300-255) \times (400-253) \times 0.03)] +$$
$$[(400-255) \times (400-253) \times 0.15)] +$$
$$= 7\,785 \text{ hm}^6$$

相关系数是 $r_{x,y} = \dfrac{s_{x,y}}{(s_x s_y)} = 0.839$。

6.4　二元正态分布

在许多联合概率分布中,二元正态分布在水文学中是重要的,因为它是回归理论的基础。二元正态概率分布是:

$$f(x,y) = Ke^M \tag{6.16}$$

其中,x 和 y 是随机变量,K 和 M 分别为系数和指数,其定义如下:

$$K = \frac{1}{2\pi\sigma_x\sigma_y(1-\rho^2)^{1/2}} \tag{6.17}$$

$$M = -\frac{1}{2(1-\rho^2)}\left[\left(\frac{x-\mu_x}{\sigma_x}\right)^2 - 2\rho\left(\frac{x-\mu_x}{\sigma_x}\right)\left(\frac{y-\mu_y}{\sigma_y}\right) + \left(\frac{y-\mu_y}{\sigma_y}\right)^2\right] \tag{6.18}$$

该分布有五个参数:平均值 μ_x 和 μ_y,标准偏差 σ_x 和 σ_y 以及相关系数 ρ。

遵循式 6.8,用一元正态分布(式 6.7)除二元正态(式 6.16)产生的条件分布:

$$f(y \mid x) = \frac{f(x,y)}{f(x)} = K'e^{M'} \tag{6.19}$$

其中,K' 和 M' 分别是系数和指数,各定义如下:

$$K' = \frac{1}{\sigma_y[2\pi(1-\rho^2)]^{1/2}} \tag{6.20}$$

$$M' = -\frac{1}{2\sigma_y^2(1-\rho^2)}\left[(y-\mu_y) - \rho\frac{\sigma_y}{\sigma_x}(x-\mu_x)\right]^2 \tag{6.21}$$

通过检验式 6.20 和式 6.21,同时与式 6.7 比较可见,条件分布也是正态的,且其平均值和方差为:

$$\mu_{y|x} = \mu_y + \rho \frac{\sigma_y}{\sigma_x}(x - \mu_x) \tag{6.22}$$

$$\sigma_e^2 = \sigma_y^2(1 - \rho)^2 \tag{6.23}$$

在回归分析中,式 6.22 和式 6.23 十分有用,式 6.22 表示 x 和 y 之间为线性关系性,回归线的斜度是 $\rho\sigma_y/\sigma_x$。同样地,ρ 是初始方差中被消除的分数。对于 $\rho=1$,所有的方差消除,且 $\sigma_e=0$,而对于 $\rho=0$,方差仍然是 $\sigma_e=\sigma_y$。

6.5　回归分析

回归分析的基本工具是将两个或多个水力变量联系起来的方程,已赋值的变量称为预测变量,必须估算的变量为标准变量。将标准变量与一个或多个预测变量联系起来的方程为预测方程。

回归分析的目的是求出预测方程的参数值,方程将标准变量与一个或多个预测变量联系起来。预测变量是那些认为它的变化引起标准变量变化或与之一致。

相关性是一种拟合回归分析的好方法,因此,回归给出预测方程的参数时,相关关系给出它的量。两者之间的区分是必要的,因为预测变量和标准变量不能相互转换,除非相关系数等于 1。换言之,假如在预测变量 X 上回归标准变量 Y,回归参数就不能用 Y 的函数来表达 X,除非相关系数为 1。在水文模型中,回归分析元用于模型的率定,相关关系用于模型的建立与验证。

在回归分析中,最小二乘法原理作为计算预测方程参数最佳值的方法,它基于使观测值和预测值之间差值的平方和达到最小,在一个或多个预测变量上回归一个标准变量。

6.5.1　单变量回归

假设预测变量为 x,标准变量为 y,有 n 组 (x,y) 的观测值。在最简单的直线情形下,线性拟合有以下形式:

$$y' = \alpha + \beta x \tag{6.24}$$

其中,y' 是 y 的计算值,参数 α 和 β 通过回归分析来确定。

在最小二乘法计算中,求得截距 α 和坡度 β 的值,这样 y' 是 y 的最好估算值。为此,y 和 y' 之间差值的平方和被最小化,则:

$$\sum (y - y')^2 = \sum [y - (\alpha + \beta x)]^2 \tag{6.25}$$

其中,符号 $\sum$ 表示 $i = 1 \cdots n$ 所有值的总和。

取偏导数为 0,则:

$$\frac{\partial}{\partial \alpha} \left\{ \sum [y - (\alpha + \beta x)]^2 \right\} = 0 \tag{6.26}$$

和

$$\frac{\partial}{\partial \beta} \left\{ \sum [y - (\alpha + \beta x)]^2 \right\} = 0 \tag{6.27}$$

得到正态方程:

$$\sum y - n\alpha - \beta \sum x = 0 \tag{6.28}$$

$$\sum xy - \alpha \sum x - \beta \sum x^2 = 0 \tag{6.29}$$

同时解式 6.28 和式 6.29,得到:

$$\beta = \frac{\sum xy - \dfrac{\sum x \sum y}{n}}{\sum x^2 - \dfrac{(\sum x)^2}{n}} \tag{6.30}$$

$$\alpha = \frac{\sum y - \beta \sum x}{n} \tag{6.31}$$

由于回归线斜率是 $\beta = \rho \sigma_y / \sigma_x$,用样品数据计算得到 $\beta = r s_y / s_x$。因此,相关系数是:

$$r = \beta \frac{s_x}{s_y} \tag{6.32}$$

相关性计算值的标准误差是条件分布方差的平方根:

$$s_e = s_y \left[\frac{n-1}{n-2} \sum (y - y')^2 \right]^{1/2} \tag{6.33}$$

其中,$n-2$ 时是自由度,即样品数减去未知数目。

另一方法,计算值的标准误差可以通过条件分布方差计算,方程 $\sigma_e^2 = \sigma_y^2 (1-\rho)^2$。因为基于样品数据计算,计算值的标准误差是:

$$s_e = s_y \left[\frac{n-1}{n-2} (1-r)^2 \right]^{1/2} \tag{6.34}$$

式 6.30 和式 6.31 也可以用来拟和 $y = ax^b$ 这类幂函数。首先在方程式两边取对数使方程线性化。用 $u = \lg x$、$v = \lg y$,方程式变为 $v = \lg a + bu$。变量 u 和 v 分别用来替换 6.30 和式 6.31 中的 x、y 计算,$\alpha = \lg a$,$\beta = b$,回归方程是 $y = 10^\alpha x^\beta$。

[例 6.2] 问题:将回归方程与河流枯水流量(年最小系列)结合,X 和 Y 列在表 6.4 第 (2)、(3)列。计算回归参数 α 和 β,以及相关系数和计算值的标准。

求解:将第(2)列、第(3)列值相加后除以 15,得到平均值 $\bar{x} = 72$ m³/s,$\bar{y} = 77$ m³/s。第(4)列和第(5)列为偏离平均值的平方,将第(4)列、第(5)列相加后除以 14 再取平方根,得到标准偏差 $s_x = 29.6$ m³/s,$s_y = 26.6$ m³/s。第(6)列为 x^2 的值,第(7)列为 xy 的值,累加所有值得到 $\sum x^2 = 90\,000$,有 $\sum y^2 = 93\,056$。从而利用式 6.30 计算,$\beta = [93\,056 - (1\,080 \times 1\,155)/15] / [90\,000 - (1\,080 \times 1\,080)/15] = 0.808\,5$;用式 6.31 计算,$\alpha = [1\,155 - (0.808\,5 \times 1\,080)]/15 = 18.788$;用式 6.32 计算,相关系数 $r = 0.808\,5 \times 29.6/26.6 = 0.899$;用式6.34计算,计算值标准误差是 $s_e = 26.6 \times [(14/13)(1 - 0.899^2)] = 12.09$ m³/s;数据和回归线点绘于图 6.1。

表 6.4 单变量回归计算

(1)	(2)	(3)	(4)	(5)	(6)	(7)
年份	$x/(\text{m}^3/\text{s})$	$y/(\text{m}^3/\text{s})$	$(x-\bar{x})^2$	$(y-\bar{y})^2$	x^2	xy
1973	110	89	1\,444	144	12\,100	9\,790

（续表）

(1)	(2)	(3)	(4)	(5)	(6)	(7)
1974	42	51	900	676	1 764	2 142
1975	75	72	9	25	5 625	5 400
1976	120	112	2 304	1 225	14 400	13 440
1977	89	70	289	49	7 921	6 230
1978	32	45	1 600	1 024	1 024	1 440
1979	37	42	1 225	1 225	1 369	1 554
1980	56	59	256	324	3 136	3 304
1981	82	100	100	529	6 724	8 200
1982	90	92	324	225	8 100	8 280
1983	50	70	484	49	2 500	3 500
1984	30	42	1 764	1 225	900	1 260
1985	81	92	81	225	6 561	7 452
1986	110	130	1 444	2 809	12 100	14 300
1987	76	89	16	144	5 776	6 764
总和	1 080	1 155	12 240	9 898	90 000	93 056

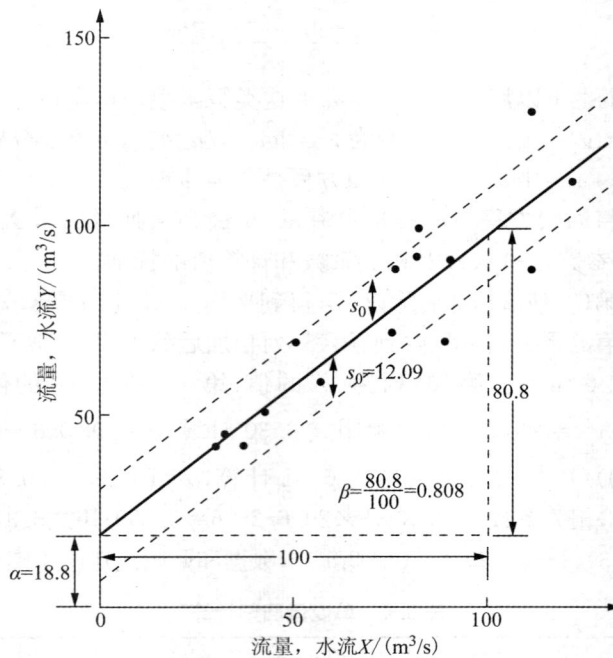

图 6.1 一元回归计算

6.5.2 多元回归

最小二乘法可以用于多个变量的回归。假定两个预测变量 x_1 和 x_2，其因变量为 y，有 n 组 y、x_1 和 x_2 的观测值，其拟合曲线是：

$$y' = \alpha + \beta_1 x_1 + \beta_2 x_2 \tag{6.35}$$

其中，x_1 和 x_2 是实测值，y' 是 y 的计算值。

对于两个变量，求出 y' 是 y 的最佳计算值的截距 β 和斜率 β_1，β_2，为此使 y 和 y' 之间差值的平方和最小化，则：

$$\sum (y - y')^2 = \sum [y - (\alpha + \beta_1 x_1 + \beta_2 x_2)]^2 \tag{6.36}$$

对于 α，β_1 和 β_2，将偏导数等于 0，得到正态方程：

$$\sum y - n\alpha - \beta_1 \sum x_1 - \beta_2 \sum x_2 = 0 \tag{6.37}$$

$$\sum yx_1 - \alpha \sum x_1 - \beta_1 \sum x_1^2 - \beta_2 \sum x_1 x_2 = 0 \tag{6.38}$$

$$\sum yx_2 - \alpha \sum x_2 - \beta_2 \sum x_2^2 - \beta_1 \sum x_1 x_2 = 0 \tag{6.39}$$

同时解式 6.37、式 6.38、式 6.39，得到：

$$\beta_1 = \{(n\sum yx_2 - \sum y \sum x_2)(n\sum x_1 x_2 - \sum x_1 \sum x_2) - [n\sum x_2^2 - (\sum x_2)^2]$$
$$[n\sum yx_1 - \sum y \sum x_1]\}/\{(n\sum x_1 x_2 - \sum x_1 \sum x_2)^2 -$$
$$[n\sum x_1^2 - (\sum x_1)^2][n\sum x_2^2 - (\sum x_2)^2]\} \tag{6.40}$$

$$\beta_2 = \frac{(n\sum yx_1 - \sum y \sum x_1) - \beta_1[n\sum x_1^2 - (\sum x_1)^2]}{n\sum x_1 x_2 - \sum x_1 \sum x_2} \tag{6.41}$$

$$\alpha = \frac{\sum y - \beta_1 \sum x_1 - \beta_2 \sum x_2}{n} \tag{6.42}$$

与单一预测变量回归计算一样，相关性计算值的标准误差是条件分布方差的平方根，即：

$$s_e = \left[\frac{1}{n-3}\sum (y - y')^2\right]^{1/2} \tag{6.43}$$

其中，$n-3$ 是自由度。

另一种方法可以通过计算条件分布方差得到计算值标准误差。用样品数据计算，计算值标准误差是：

$$s_e = s_y\left[\frac{n-1}{n-3}\sum (1-R)^2\right]^{1/2} \tag{6.44}$$

其中，R 为复回归系数或确定性系数。

式 6.40、式 6.41、式 6.42 也可用来拟合这类方程：

$$y = ax_1^{b_1} x_2^{b_2} \tag{6.45}$$

首先，取对数使方程线性化：

$$\lg y = \lg a + b_1 \lg x_1 + b_2 \lg x_2 \tag{6.46}$$

其中，$u = \lg x_1$，$v = \lg x_2$，$w = \lg y$，方程变为 $w = \lg a + b_1 u + b_2 v$。变量 u、v、w 分别替换式 6.40 到式 6.42 中的 x_1、x_2、y，$\alpha = \lg a$，$\beta_1 = b_1$，$\beta_2 = b_2$，回归方程是：

$$y = 10^a x_1^{b_1} x_2^{b_2} \tag{6.47}$$

6.6 洪水和降雨量特征的区域分析

6.6.1 基于集水面积的洪峰流量

水文特性区域化的最早的方法是假设洪峰流量跟集水面积相关,且通过回归来确定参数,其方程形式为:

$$Q_P = cA^m \tag{6.48}$$

其中,Q_P 为洪峰流量,A 为集水面积,c 和 m 是回归参数。

事实上,当集水面积增加,平均降雨强度在空间上却减小,从而洪峰流量没有集水面积增加得快,因此,式 6.48 中指数 m 总是小于 1,通常在 $0.4 \sim 0.9$ 的范围内。

其他将洪峰流量与集水面积结合的公式形式如下:

$$Q_P = cA^{nA^{-m}} \tag{6.49}$$

$$Q_P = cA^{(a-b\lg A)} \tag{6.50}$$

$$Q_P = \frac{cA}{(a+bA)^m} + dA \tag{6.51}$$

其中,参数 a、b、c、d、m、n 通过对实测资料的统计分析来确定,这些参数可应用于具有相似的地形、生长力和土地利用形式的邻近流域。

式 6.50 已用于美国西南区域洪水研究,而式 6.51 被欧洲作为典型的方程。但是,基本上没有哪个方程能准确地计算出洪水频率,仅限于得到最大流量,而洪水频率的影响可以通过变化参数来说明。

6.6.2 指数洪水法

指数洪水法用来确定各种流域大小的、具有水文相似的流域(水文特征相似的地区)洪峰流量和频率。

指数洪水法的应用在于形成两条曲线。第一条曲线反映多年平均洪水量(与图 6.3 中的 $2.33y$ 频率相应)与集水面积的关系;第二条曲线反映洪峰流量比与频率的关系。洪峰流量比是对于一个给定频率的洪峰流量与多年平均流量之比值。利用这两条曲线可以得到该区域任何流域的洪水—频率曲线。

具体过程包括:

(1)测量集水面积。

(2)用第一条曲线获得多年平均洪水量。

(3)对用第二条曲线获得选定频率的洪峰流量比。

(4)对每一个频率计算洪峰流量。

(5)绘洪峰流量—频率图。

6.6.3 多年平均洪水

多年平均洪水量是地形和气象因数的函数。可能影响多年平均洪水量的地形因素包括:

(1) 排水面积。

(2) 河道蓄水量。

(3) 人工或天然水库。

(4) 流域坡度。

(5) 地形坡度。

(6) 水流强度和水流形式。

(7) 平均高程。

(8) 流域形态。

(9) 地形位置。

(10) 水下地质。

(11) 土被。

(12) 植物类型和土地利用形式。

气象因素包括:

(1) 区域气候特征。

(2) 降雨量强度。

(3) 暴雨的方向、形式和容积。

(4) 融雪影响和其他的一些因素。

在以上这些因素中,排水面积是最重要且最容易获得,而测量其他因素通常比较困难,如河道蓄水量有重要的影响但却不能直接测得。在实际应用中,在集水面积上对多年平均洪水量回归通常已经足够。另一方法是用复回归方法确定多年平均洪水量与流域特征而不是流域面积结合的方程。

6.6.4 区域频率曲线

通过指数洪水法来得到区域频率曲线的程序包括以下步骤:

(1) 集中多个观测站(通常为10~15)记录(年平均超过或年最大值系列),每个观测站有五年的记录。

(2) 对所有观测站选择同一时间(相同基本分析期限)来消除随着时间可变性的影响。

(3) 对每个观测站,将记录按降序排列,并用 $1/T = P = m/(n+1)$ 公式计算重现期。

(4) 对每个观测站,在极值概率纸上绘出年流量—重现期图,并定一条曲线来确定频率曲线。

(5) 对每个观测站,确定年平均洪水量,即与 $2.33y$ 频率相关的洪峰流量。

(6) 选择多个频率,对每一个观测站和每一个频率计算洪峰流量比,即对应第 j 个频率的洪峰流量与年平均洪水的比值。

(7) 对于每个频率,确定所有的观测站的洪峰流量比中间值(中值),即中值洪峰流量比。

(8) 在极值概率纸上绘制中值洪峰流量比与频率点阵图,并画一条最佳拟合线来获得给定数据的区域洪水频率曲线。

6.6.5 水文相似测试

指数洪水法包含区域水文相似测试,任何没有通过测试的观测站应该排除在这个系列中。测试过程包含以下步骤:

(1) 对于每个观测站,利用频率曲线来确定 $2.33y$ 和重现期为 10 年的洪水值。

(2) 对于每个观测站,计算重现期为 10 年洪峰流量比,即重现期为 10 年洪峰流量与 $2.33y$ 的比值。

(3) 对所有观测站计算重现期为 10 年洪峰流量比的平均值。

(4) 对每个观测站,通过将 $2.33y$ 洪水量乘以重现期为 10 年平均洪峰流量比来得到一个修正洪峰流量。

(5) 对于每个观测站,利用频率曲线来确定修正洪峰流量的重现期 T_i。

对于每个观测站,要点绘出如图 6.2 所示的重现期与观测长度的关系。图中位于可靠界限之内的点认为是水文相似的,之外的点则不应该用来计算中值洪峰流量比。

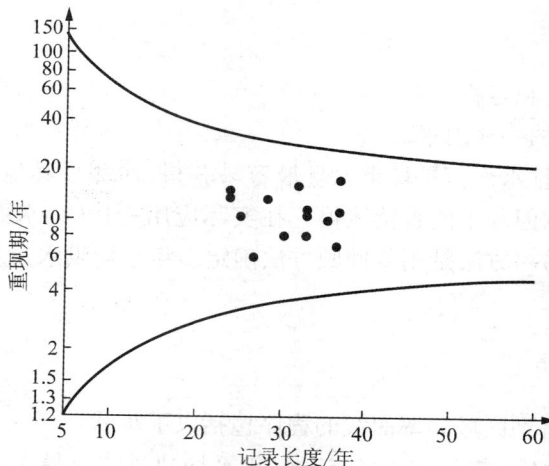

图 6.2　重现期流量指标法

6.6.6 指数洪水法的局限

指数洪水法具有以下局限性:

(1) 对于所有观测站,短期记录的年平均洪水量可能代表性差,这意味着不同重现期的洪峰流量比变化范围大。

(2) 指数洪水用重现期为 10 的年洪峰流量比,因为在重现期较大时缺少数据来充分地定义频率曲线。然而,尽管在 10 年洪峰流量比基础上可以假设相似,但是,单个频率曲线在重现期较大时可能出现大的偏差或是系统性的偏差。

(3) 该方法结合了所有流域的频率曲线,较大的除外。在重现期为 10 年的洪峰流量比基准上,流域大小的影响很小并且可以忽略。然而研究表明,洪峰流量比随着流域大小反向变化。总之,流域面积越大,频率曲线越扁平且洪峰流量比越小,流域大小的影响对长重现期的洪水尤其显著。

[**例 6.3**]　问题:利用表 6.2 中五个观测站的 $Q_i/Q_{2.33}$ 数据,用指数洪水法得到一条区域洪水频率曲线。假设 $Q_{2.33}=2.5A^{0.6}$,其中 $Q_{2.33}$ 单位为 m^3/s,A 单位为 km^2,在形成的曲线上计算流域面积为 150 km^2 的 50 年洪水量。

求解:中间值在每列的最下面显示。这些值与重现期对应,如图 6.3 所示。细线是区域洪水—频率曲线,当流域面积为 150 km^2 时,年平均洪水量是 50.5 m^3/s,重现期为 50 年对应的洪峰流量比为 2.62(见表 6.5)。因此,该流域 50 年一遇的洪水流量是 132 m^3/s。

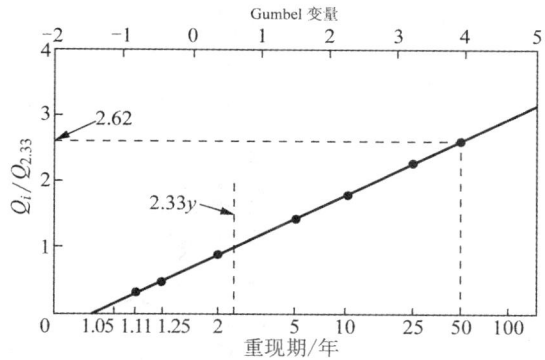

图 6.3　洪水指标法

表 6.5　流量指标法

(1)	(2)	(3)	(4)	(5)	(6)	(7)	(8)
观测站 i	\multicolumn{7}{c}{重现期为 j 年时的 $Q_i/Q_{2.33}$}						
	1.11	1.25	2	5	10	25	50
1	0.32	0.49	0.9	1.45	1.82	2.28	2.62
2	0.35	0.51	0.92	1.44	1.79	2.23	2.56
3	0.39	0.55	0.92	1.4	1.73	2.14	2.44
4	0.27	0.45	0.9	1.5	1.88	2.38	2.74
5	0.31	0.5	0.91	1.46	1.84	2.32	2.68
中间值	0.32	0.5	0.91	1.45	1.82	2.28	2.62

6.6.7　降雨强度时间频率

对于小型流域的洪峰流量计算,需要能表明强度、历时和降雨频率之间关系的曲线(IDF 曲线)。通过天气预报提供的深度—时间—频率数据或是区域、当地提供的降雨强度—时间数据得到这些曲线。后一方法可以通过下面的例子阐述。

[**例 6.4**]　问题:对于表 6.6 所列降雨数据,确定一个描述降雨强度随降雨历时变化的方程。

表 6.6　10 年频率降雨数据

降雨历时 t_r/min	5	10	15	30	60	120	180
降雨强度 i/(cm/h)	8	5	4	2.5	1.5	1.0	0.8

求解:数据表明是双曲线型关系,强度变大历时减小。因此:

$$i = \frac{a}{t_r + b} \tag{6.52}$$

其中,常数 a 和 b 通过回归分析确定,方程可以通过下面的方法来线性化:

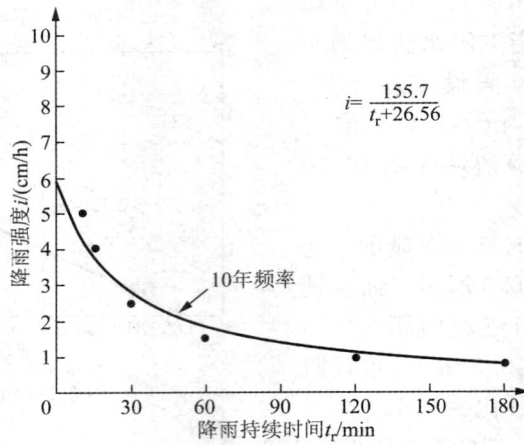

图 6.4　拟合的降雨历时频率曲线

$$\frac{1}{i} = \frac{t_r}{a} + \frac{b}{a} \qquad\qquad (6.53)$$

其中，$y = 1/i$，$x = t_r$，$\alpha = b/a$，$\beta = 1/a$，应用回归方程式 6.30 和方程式 6.31，得到 $1/i = 0.006\,422 t_r + 0.170\,6$，其中 $\alpha = 0.170\,6$，$\beta = 0.006\,422$。因此，$a = 155.7$，$b = 26.56$，回归方程 $i = 155.7 / (t_r + 26.56)$，数据点和回归线如图 6.4 所示。

7 明渠的洪水演算

洪水在明槽（河道、渠道或沟槽）内通常是以一种波的形式从上游向下游传播，波体在向下游行进过程中不断演变，因此，这个传播过程是一个非恒定过程。演进明渠的洪水演算是指洪水在明槽某一河段上演进的计算，即根据已知的上游入流过程、侧向入流过程和河段特性等，计算与下游的出流过程。明槽上游过水断面的流量过程线是入流过程线，下游过水断面的流量过程线是出流过程线。侧向入流由支流入流和分布式入流（如壤中流和地下水流）组成。

归纳起来，通常有两种途径进行洪水演算，即水文法、水力法和水文水力法。水文法基于槽蓄原理，水力法基于质量法则和动量定律。水力法有三种形式：

（1）利用运动波模型。

（2）利用扩散波模型。

（3）利用动力波模型。

动力波模型是非恒定明渠流最完整的模型，但运动波模型和扩散波模型实用、使用方便，是对动力波的一种近似。水文水力法是将水文法和水力法混合使用的一种混合算法。这种混合算法是 Muskingum-Cunge 洪水演算法的基础。

在开始了解洪水演算之前，必须了解几个基本模型概念。一个典型的水文模型由系统、输入和输出组成。对于地表水文，该系统通常是一个流域、一个水库、或一个明槽。如果系统是一个流域，则输入是暴雨雨量图。如果该系统是水库或明槽，则输入是入流过程线。这三种情况的输出量均是出流过程线。

通常来说，模拟的问题分为三类：预报、率定和反演算。在预报问题中，由特征或参数决定的输入和系统是已知的，基于输入和系统以计算得到输出。例如，用已知的入流过程线、侧向入流和河段参数，可以利用洪水演算方法计算得到明槽的出流过程线。

对于率定问题，已知输入量和输出量，以确定描述系统的特征或参数。在明槽情况下，用已知的上游入流、侧向入流和出流过程线，通过率定程序反算得到洪水演算参数。

对于反演算问题，已知系统和输出，目的是计算入流。用河道洪水逆槽反演计算法反求入流过程。例如，已知上游入流、出流以及河段参数，可以用反演计算法得到侧向入流。

模型在进行预报之前通常需要进行率定。利用实际数据对模型进行检验，测试其预算精度。为了率定和验证模型，通常需要两组不同的数据。一组数据用于模型率定，另外一组数据用于模型验证。如果计算数据和实测数据相吻合，模型则通过验证。

本章将介绍 Muskingum 方法、运动波法、扩散波法、Muskingum-Cunge 法以及动力波法等。

7.1 Muskingum 法

洪水演算 Muskingum 方法起始于 20 世纪 30 年代，与美国 Ohio 州 Muskingum 河洪水保护措施的设计有关。该方法已被美国各州以及全世界广泛应用。

Muskingum 方法基于蓄水方程式如下：

$$I - O = \frac{\mathrm{d}S}{\mathrm{d}t} \tag{7.1}$$

理想河段中，蓄水量是入流量和出流量的函数。Muskingum 方法认为，蓄水量是入流量和出流量的线性函数：

$$S = K[XI + (1-X)O] \tag{7.2}$$

式中：S 为蓄水体积量，单位为 m^3；I 为入流量，单位为 m^3；O 为出流量，单位为 m^3；K 为时间常数或者蓄水系数，单位为 s；X 为一无量纲因数；t 为时间，单位为 s。

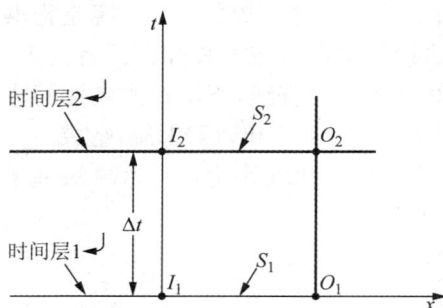

将式 7.1 离散到 t 平面（见图 7.1），得到：

$$\frac{I_1 + I_2}{2} - \frac{O_1 + O_2}{2} = \frac{S_2 - S_1}{\Delta t} \tag{7.3}$$

式 7.2 在时间点 1 和 2 分别表述如下：

$$S_1 = K[XI_1 + (1-X)O_1] \tag{7.4}$$

$$S_2 = K[XI_2 + (1-X)O_2] \tag{7.5}$$

将式 7.4 和式 7.5 代入式 7.3，求得：

$$O_2 = C_0 I_2 + C_1 I_1 + C_2 O_1 \tag{7.6}$$

图 7.1　蓄水方程离散于 t 平面

其中，C_0、C_1 和 C_2 为演算系数，可由 Δt、K 和 X 表述如下：

$$C_0 = \frac{(\Delta t/K) - 2X}{2(1-X) + (\Delta t/K)} \tag{7.6a}$$

$$C_1 = \frac{(\Delta t/K) + 2X}{2(1-X) + (\Delta t/K)} \tag{7.6b}$$

$$C_2 = \frac{2(1-X) - (\Delta t/K)}{2(1-X) + (\Delta t/K)} \tag{7.6c}$$

Δt 必须小于洪水涨水历时的 1/5，而且上述演算参数必须大于 0，并满足 $C_0 + C_1 + C_2 = 1$，给定入流过程线、初始水流条件、合理的时间间隔 Δt 和演算参数 K 和 X，演算系数 C 可由式 7.6a～式 7.6c 算得，出流过程线由式 7.6 算得。演算参数 K 和 X 与流动性质以及河段性质有关，K 被认为是河段内自河上游断面到下游断面的洪水波传播时间，是河段长度和洪水波速的函数，K 反映洪水计算中的平移部分。

参数反映洪水演算中的蓄水部分，是引起径流扩散的水流和河段特性的函数。对于一给定的洪水，存在有一个值，能使出流过程线中计算的蓄水量与实测蓄水量相符。蓄水作用为减少洪峰流量和扩宽洪水过程线（见图 7.2）。因此，经常与术语扩散作用和洪峰衰减通用。

在 Muskingum 方法中，作为一个权重因子，参数取值范围为 0.0～0.5。值大于 0.5，出流过程线将被放大（如负扩散），这与实际情况相脱离。若水流条件 $K = \Delta t$，$X = 0.5$，则出流过程线与入流过程线一致。

在 Muskingum 方法中，参数 K 和通过对洪水记录的校准来确定。对于一给定河段，根据连续不断的出入流的测量流量值，反复不断地假设不同 K 和 X 的值，直到计算的出流过程与实测过程相符（见例 7.2）。但是，对于这种确定 K 和 X 值的方法，不但计算耗时大、缺少预测能力，而且只有在给定河段和用于率定洪水的情况下才有效，而将得到的 K 和 X 值推广到其

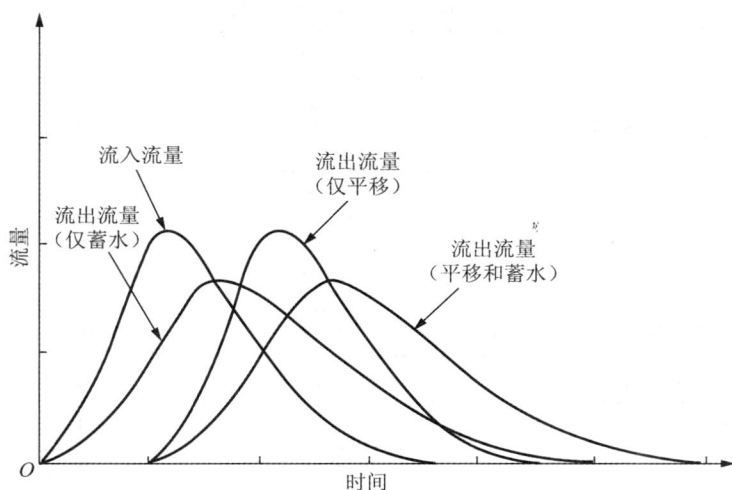

图 7.2 河道演算的平移和蓄水过程

他河段或其他洪水,其计算精度通常是得不到保障的。

只有足够多的可用数据,可以利用不同量级的、洪水位高度不同的洪水过程进行率定。在这种方法中,确定参数 K 和随洪水位变化的函数。实际上,参数 K 对于洪水位比更敏感。K 值随流量和洪水位的变化草图如图 7.3 所示。

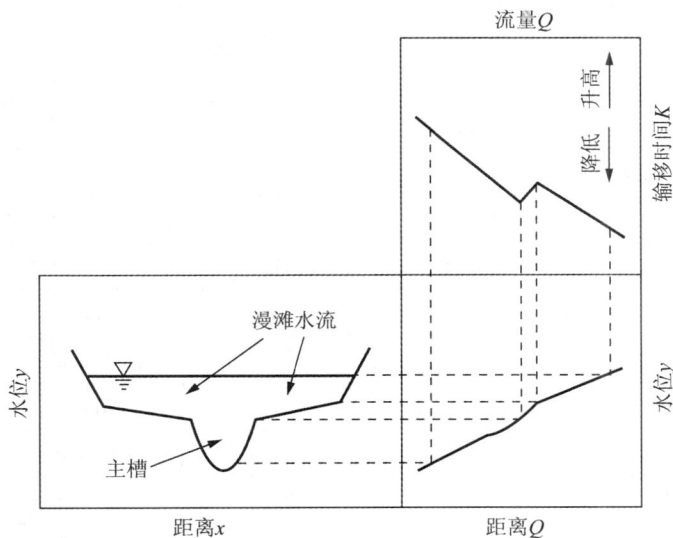

图 7.3 流量和水位随传播时间的变化

[例 7.1] 问题:河段的入流过程线如表 7.1 的第二列。假设基本流量是 352 m^3/s。用 Muskingum 方法和此入流过程线以及 $K=2$、$X=0.1$ 的河段,计算其出流过程线。

求解:首先,选定一个时间间隔 Δt。在这个示例中,可取 $t=1d$。蓄水计算中,涨水历时与时间间隔之比不应小于5。另外,选定的时间间隔应当使演算参数保持为正数。已

表 7.1 Muskingum 方法的水文计算

(1)	(2)	(3)	(4)	(5)	(6)
时间/d	入流量/(m³/s)	部分流量			出流量/(m³/s)
		$C_0 I_2$	$C_1 I_1$	$C_2 O_1$	
0	352.0	—	—	—	352.0
1	587.0	76.0	107.1	199.0	382.7
2	1 353.0	176.5	178.6	216.3	571.4
3	2 725.0	355.4	411.8	323.0	1 090.2
4	4 408.5	575.0	829.4	616.2	2 020.6
5	5 987.0	780.9	1 341.7	1 142.1	3 264.7
6	6 704.0	874.4	1 822.1	1 845.3	4 541.8
7	6 951.0	906.7	2 040.3	2 567.1	5 514.1
8	6 839.0	892.0	2 115.5	3 116.7	6 124.2
9	6 207.0	809.6	2 081.5	3 461.5	6 352.6
10	5 346.0	697.3	1 889.1	3 590.6	6 177.0
11	4 560.0	594.8	1 627.0	3 491.4	5 713.2
12	3 861.5	503.7	1 387.8	3 229.2	5 120.7
13	3 007.0	392.2	1 175.2	2 894.3	4 461.7
14	2 357.5	307.5	915.2	2 521.8	3 744.5
15	1 779.0	232.0	717.5	2 116.5	3 066.0
16	1 405.0	183.3	541.4	1 733.0	2 457.7
17	1 123.0	146.5	427.6	1 389.1	1 963.2
18	952.5	124.2	341.8	1 109.6	1 575.6
19	730.0	95.2	289.9	890.6	1 275.7
20	605.0	78.9	222.2	721.0	1 022.1
21	514.0	67.1	184.1	577.7	828.9
22	422.0	55.1	156.4	468.5	680.0
23	352.0	45.9	128.4	384.4	558.7
24	352.0	45.9	107.1	315.8	468.8
25	352.0	45.9	107.1	265.0	418.0

知 $t=1d$、$K=2$、$X=0.1$，由式 7.6a～式 7.6c 可算得 $C_0=0.1304$、$C_1=0.3044$、$C_2=0.5652$。参数值的合理性可由 $C_0+C_1+C_2=1$ 验证。演算结果如表 7.1 所示。第 1 列表示时间，单位为 d；第 2 列表示入流过程线，单位为 m³/s；第 3 列～第 5 列表示部分流量。根据式7.4，第 3～5 列求和得到第 6 列，也就是出流过程线，单位为 m³/s。其中，起始出流量(0d)假定等于起

始入流量 352 m²/s。第 1 天的入流量乘以参数 C_0 得到第 3 列,第 1 天:76.6 m³/s。0 天的入流量乘以参数 C_1 等于第 4 列,1 天:107.1 m³/s。0 天的入流量乘以参数 C_2 等于第 5 列,1 天:199 m³/s。第 1 天处的第 3～5 列的和得到第 6 列,1 天:76.6+107.1+199.0=382.7 m³/s。以此类推,直到算出第 6 列所有的出流量,则可得到出入流过程线(见图 7.4)。出流量的峰值为 6 352.6 m³/s,入流量的峰值为 6 951 m³/s,入流量被削弱至初始值的 91%。出流量的峰值发生在第 9 天,入流量的峰值发生在第 7 天。出入流峰值时间差通常等于参数 K,即 2d。

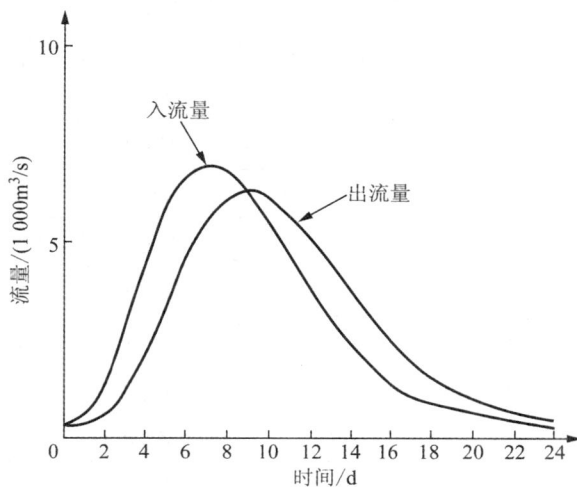

图 7.4　Muskingum 方法的水文计算

　　与蓄水计算不同,河道计算有明确的出入流时间差。而且,通常情况下不等于 0,最大出流量与最大入流量的发生时间不会相同。

　　该示例在给定演算相关参数的情况下,用 Muskingum 方法计算出流过程。如果参数未知,首先必须通过率定来确定演算参数。下面的示例演算参数是经过反复试算得到的。

　　[例 7.2]　问题:用[例 7.1]计算得到的出流过程线和给定的入流过程线,确定 Muskingum 法中演算参数 K 和的过程。

　　求解:计算过程如表 7.2 所示。第 1 列表示时间,单位 d;第 2 列表示入流过程线,单位为 m³/s;第 3 列表示出流过程线,单位为 m³/s;第 4 列表示河道蓄水量,单位为(m³/s)·d。河道初始蓄水量假定为 0,也就是第 4 列 0d 行的数值。河道蓄水量由式 7.3 计算得出:

$$S_2 = S_1 + (\Delta t/2)(I_1 + I_2 - O_1 - O_2) \tag{7.7}$$

　　用几个值试算,值的取值范围为 0.0～0.5,可取 0.1、0.2、0.3。每一个试算值,可用于计算加权流量 $[I+(1-X)O]$,如第 5～7 列。加权流量与河道蓄水量的关系如图 7.5 所示。可以使加权流量与河道蓄水量的关系接近直线情况的值被认为是 X 的准确值。在本案例中,图 7.5a 最接近直线,$X=0.1$。由式 7.1,K 值为图 7.5 a 中直线的斜率。斜率为 $K=[2000\text{d}/1000]=2\text{d}$。因此,$X=0.1$,$K=2\text{d}$ 是给定出入流过程线情况下的 Muskingum 计算参数。

　　由此可见,对于 Muskingum 法来说,计算参数的确定是至关重要的。然而,这些参数不是常量,可能随流量的变化而变化。如果这两个计算参数可以与流量和河道特性有关,则不需要试算。K 值取决于河段长度以及洪水波流等,X 值取决于河槽以及水流的扩散特性。

表 7.2 Muskingum 计算参数的校正

(1)	(2)	(3)	(4)	(5)	(6)	(7)
时间/d	入流量 /(m³/s)	出流量 /(m³/s)	蓄水量 /(m³/s)·d	加权流量/(m³/s)		
				$X=0.1$	$X=0.2$	$X=0.3$
0	352.0	352.0	0.0	—	—	—
1	587.0	382.7	102.0	403.0	423.5	443.9
2	1 353.0	571.4	595.2	649.6	727.7	805.9
3	2 725.0	1 090.2	1 803.4	1 253.7	1 417.2	1 580.6
4	4 408.5	2 020.6	3 814.7	2 259.4	2 498.2	2 737.0
5	5 987.0	3 264.7	6 369.8	3 536.9	3 809.2	4 081.4
6	6 704.0	4 541.8	8 812.1	4 758.0	4 974.2	5 190.5
7	6 951.0	5 514.1	10 611.6	5 657.8	5 801.5	5 945.5
8	6 839.0	6 124.2	11 687.5	6 159.7	6 267.2	6 338.6
9	6 207.0	6 352.6	11 972.1	6 338.0	6 323.5	6 308.9
10	5 346.0	6 177.0	11 483.8	6 039.9	6 010.8	5 927.7
11	4 560.0	5 713.2	10 491.7	5 579.9	5 482.6	5 367.2
12	3 861.5	5 120.7	9 285.5	4 994.8	4 868.9	4 742.9
13	3 007.0	4 461.7	7 928.5	4 316.2	4 170.8	4 025.3
14	2 357.5	3 744.5	6 507.7	3 605.8	3 467.1	3 328.4
15	1 779.0	3 066.0	5 170.7	2 937.7	2 808.6	2 679.9
16	1 405.0	2 457.7	4 000.8	2 352.4	2 247.2	2 141.9
17	1 123.0	1 963.2	3 054.4	1 879.2	1 759.2	1 711.1
18	952.5	1 575.6	2 322.7	1 513.4	1 451.1	1 388.7
19	730.0	1 275.7	1 738.2	1 221.1	1 166.6	1 112.0
20	605.0	1 022.1	1 256.8	980.4	938.7	897.0
21	514.0	828.9	890.8	797.4	765.9	734.4
22	422.0	680.0	604.4	654.2	628.4	602.6
23	352.0	558.7	382.0	537.9	517.3	496.6
24	352.0	468.8	210.3	457.1	445.4	433.8
25	352.0	418.0	118.9	411.4	404.8	398.2

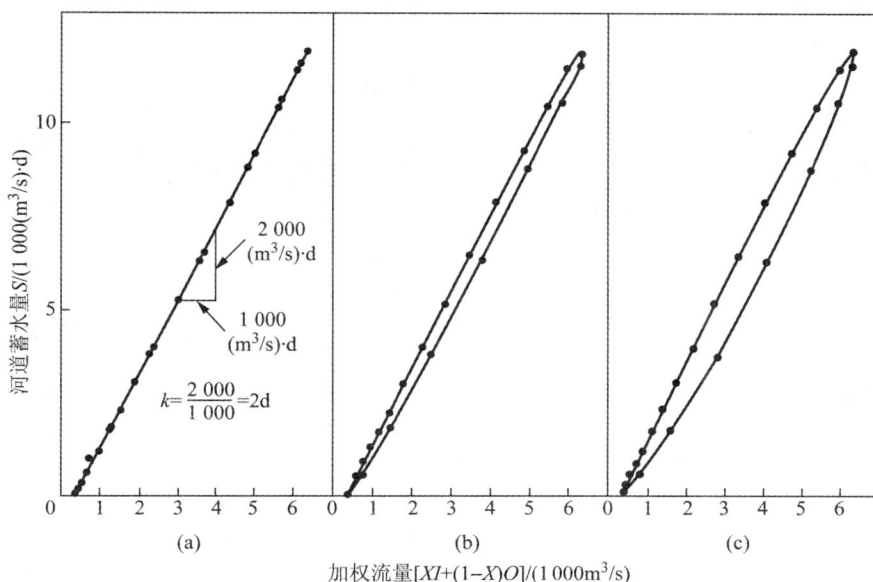

图 7.5 Muskingum 水量演算
(a) $X=0.1$ (b) $X=0.2$ (c) $X=0.3$

7.2 运动波法

工程水文学中通常有三种非恒定明渠流：分别是运动波、扩散波和动力波。运动波是最简单的，动力波是最复杂的，扩散波居于两者之间。

7.2.1 运动波方程

运动波方程是基于受控体积的质量守恒定律，即某一时间间隔内的流出和流入水量之间的差额是由受控体积的相应变化。

利用有限差分，可以表达为：

$$(Q_2 - Q_1)\Delta t + (A_2 - A_1)\Delta x = 0 \tag{7.8}$$

其中，Q 为流量；A 为水流截面积；Δt 为时间间隔；Δx 为空间间隔。写成微分形式为：

$$\frac{\partial Q}{\partial x} + \frac{\partial A}{\partial t} = 0 \tag{7.9}$$

式 7.9 为质量守恒方程，或连续方程。

动量守恒方程包含局部惯性、对流惯性、压力梯度、摩擦力、重力以及动量源项。在运动波方程推导中，使用均匀流阐述以代替动量守恒。因为均匀流实际是摩擦力与重力的平衡，所以惯性、对流惯性、压力梯度及动量源项不包含在运动波中。换句话说，运动波是一个不包括这些项或过程的简化波形。因此，该简化对运动波的应用起了一定的限制。

明渠中的均匀流可由曼宁或 Chezy 公式来描述。曼宁方程为：

$$Q = \frac{1}{n} A R^{2/3} S_{\mathrm{f}}^{1/2} \tag{7.10}$$

式中:R 为水力半径;S_f 为水力坡度;n 为曼宁糙率系数。

Chezy 方程是:

$$Q = CAR^{1/2}S_f^{1/2} \tag{7.11}$$

式中:C 是 Chezy 系数。

在非恒定流动中,式 7.10 和式 7.11 中使用明渠坡度代替水力坡度。

水力半径 $R = A/P$ 为湿周,把它代入式 7.10,可得:

$$Q = \frac{1}{n}\frac{S_f^{1/2}}{P^{2/3}}A^{5/3} \tag{7.12}$$

为简化起见,假定 n、S_f 和 P 是常量,此时对应于河道很宽的情况,其中 P 与 A 无关。因此,式 7.12 可以写为:

$$Q = \alpha A^\beta \tag{7.13}$$

其中,∂ 和 β 是泄流区特性的参数,定义为:

$$\alpha = \frac{1}{n}\frac{S_f^{1/2}}{P^{2/3}} \tag{7.14}$$

$$\beta = \frac{5}{3} \tag{7.15}$$

在式 7.13 中,Q 对 A 进行微分:

$$\frac{dQ}{dA} = \beta\frac{Q}{A} = \beta V \tag{7.16}$$

式中:V 是平均水流流速。

由式 7.9 与式 7.16 可得到运动波方程:

$$\frac{\partial Q}{\partial t} + \left(\frac{dQ}{dA}\right)\frac{\partial Q}{\partial x} = 0 \tag{7.17}$$

或为:

$$\frac{\partial Q}{\partial t} + (\beta V)\frac{\partial Q}{\partial x} = 0 \tag{7.18}$$

式 7.17 或式 7.18 从本质上描述了波的运动是一种运动波,即该波惯性项和压力梯度均被忽略。因此,运动波以波速 dQ/dA(或 V)传播不会削弱。

因为 dQ/dA 是非恒定流的波速,它可以被替换为 dx/dt。因此,式 7.17 变为:

$$\frac{\partial Q}{\partial t} + \left(\frac{dx}{dt}\right)\frac{\partial Q}{\partial x} = 0 \tag{7.19}$$

它等于总微分 dQ/dt。因为式 7.19 的右边为零,所以当波以速度 dQ/dA 传播时,Q 保持为常量。

7.2.2 运动波方程的求解

式 7.18 或式 7.17 是一个描述流量 Q 在时间和空间上变化的非线性一阶偏微分方程。该方程非线性是因为波速 V(或 dQ/dA)随流量而变化,然而这种非线性通常是较弱的。因此,式 7.18 也能通过把波速定为常量以线性模式来求解。

7.2.2.1 二阶精度差分格式

利用一个线性二阶差分格式(即在空间和时间上使用中心差分,见图 7.6),由离散方程

7.18可以推出：

$$\frac{\dfrac{Q_j^{n+1}+Q_j^{n+1}}{2}-\dfrac{Q_{j+1}^n+Q_j^n}{2}}{\Delta t}+\beta V\frac{\dfrac{Q_{j+1}^n+Q_j^{n+1}}{2}-\dfrac{Q_j^n+Q_j^{n+1}}{2}}{\Delta x}=0$$

$$(7.20)$$

其中,V 保持为常量,则：

$$Q_j^{n+1}=C_0Q_j^{n+1}+C_1Q_j^n+C_2Q_{j+1}^n \tag{7.21}$$

其中,

$$C_0=\frac{C-1}{1+C} \tag{7.22}$$

$$C_1=1 \tag{7.23}$$

$$C_2=\frac{1-C}{1+C} \tag{7.24}$$

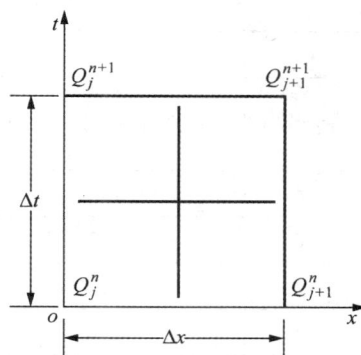

图 7.6　运动波方程时空离散

C 为库朗数,定义为：

$$C=\beta V\frac{\Delta t}{\Delta x} \tag{7.25}$$

注意,库朗数是物理波速度 V 和网格速度 $\Delta x/\Delta t$ 的比值。库朗数是双曲线偏微分方程数值解中的一个基本概念。

[例7.3]　问题:用式 7.22 到式 7.24 的演算系数,使用式 7.21 给定下面三个洪水波的路径：

(1) $V=1.2\text{m/s},\Delta x=7\,200$ m。

(2) $V=1.2\text{m/s},\Delta x=4\,800$ m。

(3) $V=0.8\text{m/s},\Delta x=4\,800$ m。

使用 $\beta=5/3,t=1$ h。

时间/h	0	1	2	3	4	5	6	7	8	9	10
入流量/(m³/s)	0	30	60	90	120	150	120	90	60	30	0

解(1)根据式 7.25,$C=1$。根据式 7.22~式 7.24,$C_0=0$,$C_1=1$,$C_2=0$。出流过程线演算结果列于表 7.3。可见,对于 $C=1$,出流过程与入流过程的波体相同,尽管存在相差,波的大小不变。

表 7.3　运动波演算过程(第一部分)

(1)	(2)	(3)	(4)	(5)	(6)
时间/h	入流量/(m³/s)	部分流量			出流量/(m³/s)
		C_0I_2	C_1I_1	C_2O_1	
0	0	—	—	—	0
1	30	0	0	0	0
2	60	0	30	0	30
3	90	0	60	0	60

（续表）

（1）	（2）	（3）	（4）	（5）	（6）
时间/h	入流量/(m³/s)	部分流量			出流量/(m³/s)
		$C_0 I_2$	$C_1 I_1$	$C_2 O_1$	
4	120	0	90	0	90
5	150	0	120	0	120
6	120	0	150	0	150
7	90	0	120	0	120
8	60	0	90	0	90
9	30	0	60	0	60
10	0	0	30	0	30
11	0	0	0	0	0

（2）根据式 7.25，$C=1.5$。根据式 7.22～式 7.24，$C_0=0.2$，$C_1=1$，$C_2=-0.2$。出流过程线演算结果列于表 7.3。可见，它的数值耗散量小，在出流过程线尾端的出现流量为负值（是由于离散误差所引起的）。

（3）根据式 7.25，$C=1$。因此，解与第一种情况相同（见表 7.4）。

表 7.4 运动波演算过程（第二部分）

（1）	（2）	（3）	（4）	（5）	（6）
时间/h	入流量/(m³/s)	部分流量			出流量/(m³/s)
		$C_0 I_2$	$C_1 I_1$	$C_2 O_1$	
0	0	—	—	—	0
1	30	6	0	0	6
2	60	12	30	−1.20	40.80
3	90	18	60	−8.16	69.84
4	120	24	90	−13.97	100.03
5	150	30	120	−20.91	129.99
6	120	24	150	−26.00	148.00
7	90	18	120	−29.00	108.40
8	60	12	90	−21.68	80.32
9	30	6	60	−16.06	49.94
10	0	0	30	−9.99	20.01
11	0	0	0	−4.00	−4.00
12	0	0	0	0.80	0.80
13	0	0	0	−0.16	−0.16

7.2.2.2 一阶精度差分格式

式 7.18 的数值解也可用一个一阶精度格式来表示,在线性模式下,在空间和时间平面(见图 7.6)使用向后差分离散方程得:

$$\frac{Q_{j+1}^{n+1} - Q_{j+1}^{n}}{\Delta t} + \beta V \frac{Q_{j+1}^{n+1} - Q_{j}^{n+1}}{\Delta x} = 0 \tag{7.26}$$

由此得出:

$$Q_{j+1}^{n+1} = C_0 Q_j^{n+1} + C_2 Q_{j+1}^{n} \tag{7.27}$$

其中,

$$C_0 = \frac{C}{1+C} \tag{7.28}$$

$$C_2 = \frac{1}{1+C} \tag{7.29}$$

[例 7.4] 问题:利用式 7.28 和式 7.29 计算的系数,根据式 7.27 确定入流水位过程线。根据 $V = 1.2$ m/s,$\Delta x = 7\,200$ m,$\beta = 5/3$,$\Delta t = 1$ h。

求解:根据式 7.25,$C = 1$。因此,$C_0 = 0.5$,$C_2 = 0.5$。把式 7.27 的演算结果列于表 7.5中。据观察,使用后向差分的偏心导数已引起一个较大的数值扩散,其洪峰流出量为 120.93 m^3/s,洪峰流入量为 150 m^3/s。

表 7.5 运动波演算

(1)	(2)	(3)	(4)	(5)	(6)
时间/h	入流量/(m^3/s)	\multicolumn{3}{c}{部分流量}			出流量/(m^3/s)
		$C_0 I_2$	$C_1 I_1$	$C_2 O_1$	
0	0	—	—	—	0
1	30	15	—	0	15.00
	60	30	—	7.50	37.50
3	90	45	—	18.75	63.75
4	120	60	—	31.87	91.87
5	150	75	—	45.93	120.93
6	120	60	—	60.46	120.46
7	90	45	—	60.23	105.23
8	60	30	—	52.62	82.62
9	30	15	—	41.31	56.31
10	0	0	—	28.15	28.15
11	0	0	—	14.08	14.08
12	0	0	—	7.04	7.04
13	0	0	—	3.52	3.52
14	0	0	—	1.76	1.76
15	0	0	—	0.88	0.88

7.2.3 凸面法

洪水演算的凸面法是一种线性运动波法。凸面法演算方程通过在线性模式下使用时间超前、空间滞后的有限差分格式把方程(7.18)离散,得出:

$$\frac{Q_{j+1}^{n+1} - Q_{j+1}^{n}}{\Delta t} + \beta V \frac{Q_{j+1}^{n} - Q_{j}^{n}}{\Delta x} = 0 \tag{7.30}$$

即:

$$Q_{j+1}^{n+1} = C_1 Q_j^n + C_2 Q_{j+1}^n \tag{7.31}$$

其中,

$$C_1 = C \tag{7.32}$$
$$C_2 = 1 - C \tag{7.33}$$

C 为库朗数,为演算时的一个经验系数,为保证数值计算的稳定,必须小于等于1。

[例7.5] 问题:使用凸面法给定入流水位过程线,假定 $C = 2/3$。

求解:演算系数是 $C_1 = C = 2/3$,$C_2 = 1 - C = 1/3$。演算结果列于表7.6。凸面法导致较大的扩散,其洪峰流出量为 135.06 m³/s,洪峰流入量为 150 m³/s。计算的扩散量是 C 的一个函数,C 的实际值被限制在 0.5～0.9。对于 $C = 1$,水位过程线转换时无扩散或耗散。值得注意的是,$C > 1$ 时会导致计算不稳定,因此建议不采用。

表 7.6 扩散波演算

(1)	(2)	(3)	(4)	(5)	(6)
时间/h	入流量/(m³/s)	部分流量			出流量/(m³/s)
		$C_0 I_2$	$C_1 I_1$	$C_0 O_1$	
0	0	—	—	—	0
1	30	—	0	0	0.00
2	60	—	20	0.00	20.00
3	90	—	40	6.67	46.67
4	120	—	60	15.56	75.56
5	150	—	80	25.19	105.19
6	120	—	100	35.06	135.06
7	90	—	80	45.02	125.02
8	60	—	60	41.67	101.67
9	30	—	40	33.89	73.89
10	0	—	20	24.63	44.63
11	0	—	0	14.88	14.88
12	0	—	0	4.96	4.96
13	0	—	0	1.65	1.65
14	0	—	0	0.55	0.55

凸面法相对简单,但是其解取决于演算参数 C。C 可以解释为一个库朗数,它与运动波速

度和网格大小相关。然而,当 $C \neq 1$ 时,在数值求解中引入的扩散量与真实扩散不相关。因此,凸面法被认为是明渠流演算的一种稍微粗糙的方法。

7.2.4 运动波速度

运动波速度为 $\mathrm{d}Q/\mathrm{d}A$,或 V。对于宽明渠,根据 $\mathrm{d}A = T\mathrm{d}y$,运动波速如下:

$$c = \frac{1}{T} \frac{\mathrm{d}Q}{\mathrm{d}y} \tag{7.34}$$

式中:c 为运动波速度;T 为水渠顶部宽;y 是水表面高程。

由式 7.34 可得:运动波速度与流量—水位梯度成正比。该梯度可能随水位变化而变化,因此,运动波速度不是常量,而是水位和水流类型发生变化。如果 $C = \beta V$ 是 Q 的函数,那么式 7.18 就是一个需要一个迭代解的非线性方程。

β 不为 5/3 的理论值可以通过其他摩擦公式和过水断面形状得到。对于受摩擦力控制的紊流,β 有一个上限 5/3,但通常不小于 1。对于宽水渠中的层流,$\beta = 3$;对于混合流或过渡流(在层流和紊流之间),β 在 5/3 和 3 之间变化。对于 Chezy 公式描述的宽水渠中的水流,$\beta = 2/3$。β 值作为摩擦类型和断面形状的函数,可通过下例计算说明。

[例 7.6] 问题:用曼宁摩擦力计算三角渠的 β 值。

求解:式 7.10 是曼宁方程。把 $R = A/P$ 代入式 7.12,因 P 为 A 的函数,式 7.12 可以写为:

$$Q = K_1 \frac{A^{5/3}}{P^{2/3}} \tag{7.35}$$

其中,K_1 是一个包含 n 和 S_f 的常量。后者假定为与 A 或 P 无关。对于图 7.7 的三角形水渠,顶宽与水流深度成正比,假定 $T = Kd$(式中 T 为顶宽,d 为水流深度,K 为一个比例常数)。

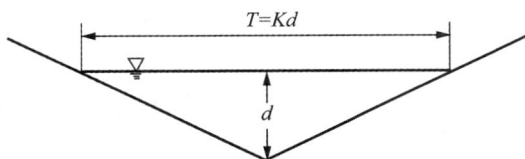

图 7.7 三角形式明渠断面特征

则水流截面积:

$$A = K \frac{d^2}{2} \tag{7.36}$$

湿周:

$$P = 2d \left[1 + \frac{K^2}{4} \right]^{1/2} \tag{7.37}$$

从式 7.36 和式 7.37 中消去 d:

$$P = \frac{2(2^{1/2})A^{1/2}}{K^{1/2}} \left[1 + \frac{K^2}{4} \right]^{1/2} \tag{7.38}$$

由此得:

$$P^{2/3} = K_2 A^{1/3} \tag{7.39}$$

式中：K_2 为常数，包含 K。

把式 7.39 代入式 7.35 得：

$$Q = K_3 A^{4/3} \tag{7.40}$$

式中：K_3 为常数，包含 K 和 K_2。

由式 7.40 得：

$$\frac{dQ}{dA} = \frac{4}{3} \frac{Q}{A} \tag{7.41}$$

所以，三角渠的 β 值为 $4/3$。

7.2.5 侧向流的运动波

水文计算中经常遇到侧向入流问题，有时在支流流入情况下沿水渠段的某一点那样集中到一起，有时像地下水渗出或渗入那样沿水渠分布开来。根据质量守恒：

$$\frac{\partial Q}{\partial x} + \frac{\partial A}{\partial t} = q_L \tag{7.42}$$

式中：q_L 为每单位水渠长度的侧向流量。

把式 7.42 乘以 dQ/dA 或 βV，得：

$$\frac{\partial Q}{\partial t} + (\beta V) \frac{\partial Q}{\partial x} = (\beta V) q_L \tag{7.43}$$

该式为带侧向入流或出流的运动波方程。对于正值的 q_L，有侧向入流；对于负值的 q_L，有侧向出流。

7.2.6 运动波的判别

运动波速度是一个基本的水流特性。运动波应满足下面的无量纲不等式：

$$\frac{t_r S_o V_o}{d_o} \geqslant N \tag{7.44}$$

式中：t_r 为入流水位过程线的涨水历时；S_o 为河底坡降；V_o 为平均速度；d_o 为平均水流深度；N 通常等于 85。

可见，如果洪水波持续期很长或流经陡坡，那么洪水波是运动波。

[**例 7.7**] 问题：利用运动波标准判别下列特征的洪水波是否为运动波：涨水历时 $t_r = 12$ h，河底坡降 $S_o = 0.001$，平均速度 $V_o = 2$ m/s，平均水流深度 $d_o = 2$ m。

求解：对于给定的水渠和流动特征，式 7.44 的左边等于 43.2，它小于 85。对于大于 85 的值，该波将是运动波，因此可以忽略扩散。既然值为 43.2，那么该波不是运动波，可能会经受较大的扩散。应该注意的是，如果河底坡降 $S_o = 0.01$，式 7.44 的左面是 43.2，满足运动波标准。因此，得出结论：如果河槽边坡越陡，水流是运动波的趋势就越大。

7.3 扩散波法

Muskingum 方法用来计算非恒定流。质量守恒定律与均匀流公式联立可以得出运动波方程，该方程的解在工程水文学中已经得到广泛应用。

Muskingum 方法和线性运动波方程有惊人的相似。两种方法有同种类型的演算方程。

然而，Muskingum 方法能计算水位过程的扩散，而运动波方程只有靠引入数值扩散才能达到同样的计算目的。

在公式中如果允许小量的物理扩散，运动学波动理论可以得到扩充。这样形成了一种改进的"带扩散的运动波"，即扩散波。扩散波的明显优势是它包含存在于绝大多数自然非恒定明渠流中的扩散。

7.3.1 扩散波方程

运动波方程不是通过动量守恒定律，而是通过使用对恒定均匀流的假定（即水力坡度等于河底坡降）来获得。为得到扩散波，假定稳态非均匀流的水力坡度 S_f 等于水面坡降 S_w（见图 7.8），得出方程：

$$Q = \frac{1}{n}AR^{2/3}\left(S_o - \frac{\mathrm{d}y}{\mathrm{d}x}\right)^{1/2} \tag{7.45}$$

式中：$S_o - \mathrm{d}y/\mathrm{d}x$ 表示水面坡降。

运动波和扩散波之间的区别在于 $\mathrm{d}y/\mathrm{d}x$ 项。

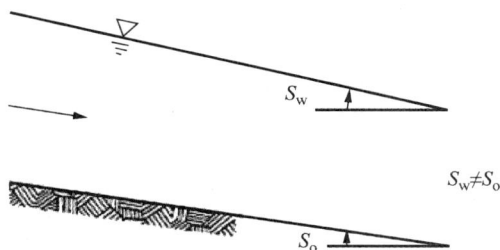

图 7.8　扩散波假定

为得出扩散波方程，式 7.45 可以表示为：

$$mQ^2 = S_o - \frac{\mathrm{d}y}{\mathrm{d}x} \tag{7.46}$$

式中：m 是 K 的平方的倒数。K 定义为：

$$K = \frac{1}{n}AR^{2/3} \tag{7.47}$$

令 $\mathrm{d}A = T\mathrm{d}y$，式 7.46 变为：

$$\left(\frac{1}{T}\right)\frac{\mathrm{d}A}{\mathrm{d}x} + mQ^2 - S_o = 0 \tag{7.48}$$

式 7.9 和式 7.48 构成一组描述扩散波的偏微分方程。把 Q 作为独立的变量，这些方程可以归结为一个方程。

式 7.9 和式 7.48 的线性化可以借助小扰动理论来实现。变量 Q, A, m 可以用一个参考值（带下标 o）和参考值的小扰动（带上标）之和来表示：$Q = Q_o + Q'$，$A = A_o + A'$，$m = m_o + m'$。把这几个式子代入式 7.9 和式 7.48，忽略扰动的平方项，减去参考值得出：

$$\frac{\partial Q'}{\partial x} + \frac{\partial A'}{\partial t} = 0 \tag{7.49}$$

以及

$$\frac{1}{T}\frac{\partial A'}{\partial x} + Q_o^2 m' + 2m_o Q_o Q' = 0 \tag{7.50}$$

式 7.49 对 x 微分,式 7.50 对 t 微分,得出:

$$\frac{\partial^2 Q'}{\partial x^2} + \frac{\partial^2 A'}{\partial x \partial t} = 0 \tag{7.51}$$

$$\frac{1}{T}\frac{\partial^2 A'}{\partial x \partial t} + Q_o^2 \frac{\partial m'}{\partial t} + 2m_o Q_o \frac{\partial Q'}{\partial t} = 0 \tag{7.52}$$

使用链式规则以及式 7.49 得出:

$$\frac{\partial m'}{\partial t} = \frac{\partial m'}{\partial A'}\frac{\partial A'}{\partial t} = -\frac{\partial m'}{\partial A'}\frac{\partial Q'}{\partial x} \tag{7.53}$$

合并式 7.52 和式 7.53 得:

$$\frac{1}{T}\frac{\partial^2 A'}{\partial x \partial t} - Q_o^2 \frac{\partial m'}{\partial A'}\frac{\partial Q'}{\partial x} + 2m_o Q_o \frac{\partial Q'}{\partial t} = 0 \tag{7.54}$$

合并式 7.51 和式 7.54,并重新排列得出:

$$\frac{\partial Q'}{\partial t} - \left[\frac{Q_o}{2m_o}\right]\frac{\partial m'}{\partial A'}\frac{\partial Q'}{\partial x} = \left[\frac{1}{2Tm_o Q_o}\right]\frac{\partial^2 Q'}{\partial x^2} \tag{7.55}$$

定义 $mQ^2 = S_f$,得出:

$$\frac{\partial Q'}{\partial m'} = \frac{\partial Q}{\partial m} = -\frac{Q_o}{2m_o} \tag{7.56}$$

而且

$$m_o Q_o = \frac{S_o}{Q_o} \tag{7.57}$$

把式 7.56、式 7.57 代入式 7.55,使用链式规则,为简单起见,去掉上标,得出下式:

$$\frac{\partial Q}{\partial t} + \left[\frac{\partial Q}{\partial A}\right]\frac{\partial Q}{\partial x} = \left[\frac{Q_o}{2TS_o}\right]\frac{\partial^2 Q}{\partial x^2} \tag{7.58}$$

式 7.58 的左边被看作运动波方程,$\partial Q/\partial A$ 作为运动波速度,右边是代表物理扩散效果的偏微分二阶项,二阶项中系数称为水力扩散系数或明渠扩散系数。

水力扩散系数与流量和明渠特性有关系,定义为:

$$\nu_h = \frac{Q_o}{2TS_o} = \frac{q_o}{2S_o} \tag{7.59}$$

式中:$q_0 = Q_0/T$ 是每单位水渠宽的参考流量值。

从式 7.59 可以得出,水力扩散系数对于陡底坡很小,对于缓底坡很大。

式 7.58 用一种比式 7.17、式 7.18 更好的方式表述了洪水波的运动,从描述动量效果的完整性来说它虽有不足,但它从物理上说明了峰值流量的衰减原因。

式 7.58 是一个二阶抛物型偏微分方程,它可以通过解析法求解,推出洪水波的 Hayami 扩散模拟解,或采用数值法来求解,如用 Crank-Nicolson 格式获得方程的差分格式。另外一种方法是水力扩散系数和 Muskingum 格式的数值扩散系数相等,这种方法是 Mskingum—Cunge 法的基础。

7.3.2　扩散波的判别

判断一个波是否为扩散波应满足下面的无量纲不等式:

$$t_r S_o \left[\frac{g}{d_o} \right]^{1/2} \geqslant M \qquad (7.60)$$

式中：t_r 为入流水位过程线的涨水历时；S_o 为河底坡降；d_o 为平均水流深度；g 为重力加速度。

该不等式的左侧越大，是扩散波的可能性越大。实际应用中，M 值一般建议使用 15。

[**例 7.8**]　问题：使用式 7.60 的标准决定例 7.7 的洪水波是否可以被认为是一个扩散波。

求解：对于 $t_r = 12\ h, S_o = 0.001, d_o = 2\ m$，式 7.60 的左侧是 95.7，大于 15。在以前的例子中，该波不满足运动波标准。然而，这个例子显示该波是一个扩散波。如果不能满足式 7.60，那么这个洪水波就是一个动力波，只能按动力波来计算，此时，必须考虑一个完整的动量方程，包括在运动波和扩散波公式中被忽视的所有项。

7.4　Muskingum—Cunge 法

Muskingum 方法是一种线性运动波的求解方法，计算中出现的洪水波衰减是由于计算格式本身数值扩散引起的。为证明这一论断，将运动波方程(7.18)在 t 平面上离散：

$$\frac{X(Q_j^{n+1} - Q_j^n) + (1-X)(Q_{j+1}^{n+1} - Q_{j+1}^n)}{\Delta t} + c\frac{(Q_{j+1}^n - Q_j^n) + (Q_{j+1}^{n+1} - Q_j^{n+1})}{2\Delta x} = 0 \quad (7.61)$$

式中：$c = \beta V$，是运动波速度。

对于不确定的泄水，解式 7.61 可以得出下面的洪水演算方程：

$$Q_{j+1}^{n+1} = C_0 Q_j^{n+1} + C_1 Q_j^n + C_2 Q_{j+1}^n \qquad (7.62)$$

其中，洪水演算系数为：

$$C_0 = \frac{c(\Delta t/\Delta x) - 2X}{2(1-X) + c(\Delta t/\Delta x)} \qquad (7.63)$$

$$C_1 = \frac{c(\Delta t/\Delta x) + 2X}{2(1-X) + c(\Delta t/\Delta x)} \qquad (7.64)$$

$$C_2 = \frac{2(1-X) - c(\Delta t/\Delta x)}{2(1-X) + c(\Delta t/\Delta x)} \qquad (7.65)$$

定义：

$$K = \frac{\Delta x}{c} \qquad (7.66)$$

式 7.66 证明 K 实际上是洪水波的传播时间，即假定其以运动波速度 c 通过长度 Δx 所花费的时间。在线性模式中，c 是常量，它等于一个参考值；在非线性模式中，它随泄水波变化。对于 $X=0.5$，式 7.63～式 7.65 归结为线性二阶精度运动波解的计算系数。对于 $X=0.5$ 和 $C=1$，Muskingum 格式准确到三阶精度，没有数值扩散和耗散；对于 $X=0.5$ 和 $C\neq1$，Muskingum 格式准确到三阶精度，没有数值扩散，但存在数值耗散；对于 $X<0.5$ 和 $C\neq1$，准确到一阶精度，存在数值扩散和耗散。对于 $X<0.5$ 和 $C=1$，准确到一阶精度，仅存在数值扩散，没有数值耗散。

实际上，数值扩散可以用来模拟实际洪水波的物理扩散。用泰勒级数展开网格点的离散函数，Muskingum 格式的数值扩散系数可以得出：

$$\nu_n = c\Delta x \left(\frac{1}{2} - X \right) \qquad (7.67)$$

式中：ν_n 是 Muskingum 格式的数值扩散系数。

可见：

（1）$X=0.5$ 时没有数值扩散，尽管对于 $C\neq1$ 有数值耗散。

（2）$X>0.5$ 时，数值扩散系数是负值，即数值放大。

（3）对于 $X=0$，数值扩散系数是 0，很显然这是小概率事件。

对比水力扩散系数 ν_h 和 Muskingum 格式的数值扩散系数 ν_n 得出的表达式：

$$X = \frac{1}{2}\left(1 - \frac{q_0}{S_0 c \Delta x}\right) \tag{7.68}$$

使用式 7.68 算出的值，用 Muskingum 法可以推出 Muskingum—Cunge 法。影响式 7.68 演算参数的因素有：传播路程 Δx、每单宽参考流量值 q_0、运动波速度 c 及河底坡降 S。然而，为了正确使用 Muskingum—Cunge 法模拟波的扩散，有必要通过 C 尽可能接近 1 使数值扩散达到最小，同时必须用式 7.68 使计算的数值耗散最小。

Muskingum—Cunge 法的唯一特征是所计算的出流水位过程线的网格独立性，这一点使它与其他没法控制数值扩散和数值耗散的线性运动波求解法区别开来，如凸面法。如果数值耗散达到最小，那么在计算河段的下游出流断面的流量将完全相同，而与计算中使用的子河段数量多少无关。这是因为 X 是 Δx 和演算系数 C_0、C_1、C_2 的函数，其中 C_0、C_1、C_2 随河段的长短而变化。

Ponce 和 Yevjevich 对 Muskingum—Cunge 法进行了改进，定义 C 是库朗数，即波速与网格速度的比率 $\Delta x / \Delta t$：

$$C = c\frac{\Delta t}{\Delta x} \tag{7.69}$$

网格扩散率定义为 $X=0$ 时的数值扩散率。由式 7.67 可知网格扩散率为：

$$\nu_g = \frac{c\Delta x}{2} \tag{7.70}$$

网格雷诺数定义为水力扩散系数与网格扩散率的比例。由此推出：

$$D = \frac{q_0}{S_0 c \Delta x} \tag{7.71}$$

式中：D 为网格雷诺数。因此：

$$X = \frac{1}{2}(1 - D) \tag{7.72}$$

由式 7.71 和式 7.72 可知，对于很小的 Δx，D 值也可能大于 1，并导致为负值。

实际上，对于典型的传播长度：

$$\Delta x_c = \frac{q_0}{S_0 c} \tag{7.73}$$

当网格雷诺数 $D=1$，则 $X=0$。因此，在 Muskingum—Cunge 法中，短于特征河段长度的河段长度导致为负值。而早期的 Muskingum 法为一个权重因子，被限制在 $0.0\sim0.5$ 的范围内。然而，在 Muskingum—Cunge 法中 X 是一个瞬间响应因子或扩散响应因子。因此，它完全不可能是负值。所以，如果必须为非负值时，该特征允许 Muskingum—Cunge 法使用更短的计算河段。

式 7.69 与式 7.72 代入式 7.63～式 7.65 中得出用库朗数和网格雷诺数表达的路径系数：

$$C_0 = \frac{-1+C+D}{1+C+D} \tag{7.74}$$

$$C_1 = \frac{1+C-D}{1+C+D} \tag{7.75}$$

$$C_2 = \frac{1-C+D}{1+C+D} \tag{7.76}$$

式 7.69 和式 7.71 的计算参数 C 和 D 的计算可以通过多种方式计算。波速可以用式 7.16 或式 7.34 计算。理论上,这两个方程相同。但在实际应用中,如果水位流量特征曲线和过水断面形状可以利用(即水位—流量—顶部宽度表),式 7.34 比式 7.16 优先使用,因为它可以直接考虑过水断面形状。在水位—流量特征曲线和过水断面形状不知道的情况下,式 7.16 可以用来估计洪水波速度。

在式 7.69 和式 7.71 的帮助下,可以基于水流特征确定计算参数。计算可以在线性模式或非线性模式下进行。在线性模式下,演算参数基于参考流量的对应值,并且在整个计算过程中保持为常量,不随时间变化。参考流量的选择对计算结果虽有影响,但整体影响一般很小。实际应用中,平均流量或洪峰流量都可以用来作为参考流量。尽管使用平均流量可以获得较好的近似,但洪峰流量容易确定。计算的线性模式可以参考常参数 Muskingum—Cunge 法,它有别于计算参数随水流而变化的变参数 Muskingum—Cunge 法。常参数方法与 Muskingum—Cunge 法相似,区别在于计算参数不是基于历史洪水资料,而是基于可测水流及河道特征。

［**例 7.9**］　问题:使用常参数 Muskingum-Cunge 法,对下列洪水波及水渠特性确定洪水波路径:洪峰流量 $Q_p = 1\,000$ m³/s,基流 $Q_b = 0$ m³/s,水渠河底坡降 $S_0 = 0.000\,868$,在洪峰流量时的水流截面积 $A_p = 400$ m²,在洪峰流量时的顶宽 $T_p = 100$ m,流量特征曲线指数 $\beta = 1.6$,传播长度 $\Delta x = 14.4$ km,时间间隔 $\Delta t = 1$ h。

时间/h	0	1	2	3	4	5	6	7	8	9	10
体积流量/(m³/s)	0	200	400	600	800	1000	800	600	400	200	0

求解:平均速度(基于洪峰流量)是 $V = Q_p/A_p = 2.5$ m/s,波速是 $c = \beta V = 4$ m/s。每单位宽度的流量是 $q_0 = Q_p/T_p = 10$ m²/s。库朗数 $C=1$。网格雷诺数 $D = 0.2$。计算系数 $C_0 = 0.091$、$C_1 = 0.818$、$C_2 = 0.091$。可以确定计算系数的总和等于 1,计算结果列于表 7.7。

表 7.7　**Muskingum-Cunge 法河道演算**

(1)	(2)	(3)	(4)	(5)	(6)
时间/h	入流量/(m³/s)	部分流量			出流量/(m³/s)
		$C_0 I_2$	$C_1 I_1$	$C_2 O_1$	
200	18 2	0	0	18 2	01
2	400	36.4	163.6	1.66	201.66
3	600	54.6	327.2	18.35	400.15
4	800	72.8	490.8	36.41	600.01
5	1000	91	654.4	54.6	800

(1)	(2)	(3)	(4)	(5)	(6)
时间/h	入流量/(m³/s)	部分流量			出流量/(m³/s)
		$C_0 I_2$	$C_1 I_1$	$C_2 O_1$	
6	800	72.8	818	72.8	963.6
7	600	54.6	654.4	87.69	796.69
8	400	36.4	490.8	72.5	599.7
9	200	18.2	327.2	54.57	399.97
10	0	0	163.6	36.4	200
11	0	0	0	18.2	18.2
12	0	0	0	1.66	1.66
13	0	0	0	0.16	0.16

7.4.1 分辨率要求

当使用 Muskingum—Cunge 法时,应注意确保 Δx 和 Δt 值充分小,以近似接近水位过程线的实际形状。对于平滑上升的水位过程线,$t_p/\Delta t$ 的最小值推荐使用 5。这样的要求通常导致水位过程线时间分辨率可以分辨到至少 15~25 个离散点,该分辨率对于 Muskingum 演算来说是足够的。

跟时间分辨率不同,空间分辨率没有明确的标准。经验证明的标准是基于库朗数和网格雷诺数与河段长度 Δx 反相关。因此,为保持 Δx 充分小,库朗数和雷诺数应保持充分大。由此推出实际标准:

$$C+D \geqslant 1 \tag{7.77}$$

上式可以写为:$-1+C+D \geqslant 0$。这证实了在 Muskingum—Cunge 方法中避免 C_0 为负值的必要性。经验表明,C_1 或 C_2 的非负性并不会太影响该方法的总体精度。

虽然有式 7.77,但是当数值耗散最小,即 C 值接近 1 时 Muskingum—Cunge 法最有效。当 C 值远离 1 时,可能在计算的水位过程线部分引起巨大误差或负出流,计算出现异常,容易引发过大的数值耗散,应该避免这种情况发生。

7.4.2 非线性 Muskingum—Cunge 法

运动波方程式 7.18 是非线性的,因为运动波速度随流量而变化。非线性很轻微,存在于其他情况中,因为波速变化通常被限制在一个狭窄的范围内。然而,在特定的情况下描述这个非线性是必要的。可以通过两种方式进行:

(1)在离散化过程中,通过允许波速变化推出需要用迭代法求解的非线性差分格式。

(2)离散化后,通过变化演算参数,正如在可变参数 Muskingum-Cunge 法中那样。

如果整个非线性作用很小又经常发生,那么后一种方法特别有用。

在变参数法中,演算参数允许随流量而变化。C 值和 D 值取决于局部的 q_0 和 c 值,而不像在常参数法中取决于洪峰流量或其他参考值。为改变演算参数,最有利的方法是获得每个

计算单元的 q_0 和 c 的平均值。这可以通过直接在已知的网格点(见图 7.9)上取三点的平均值来获得,或通过包括未知网格点的迭代四点平均值来获得。为提高迭代四点步骤的收敛性,三点平均值可以用来作为迭代的第一步。一旦每个计算单元的 q_0 和 c 值已经确定下来,库朗数和单元雷诺数就可以通过式 7.69 和式 7.71 计算出来。每个计算单元内河底坡降 S_0 保持不变。

相对常参数法而言,可变参数 Muskingum-Cunge 法描述了一种具有很小优势但又是显而易见的方法。对于计算河段很长或水位变化大的情况,两者的区别可能会更加显著。利用可变参量 Muskingum-Cunge 法计算出的洪水过程线会出现一定程度的失真,通常表现为平滩水位以下的波形变陡或漫滩水位以上的波

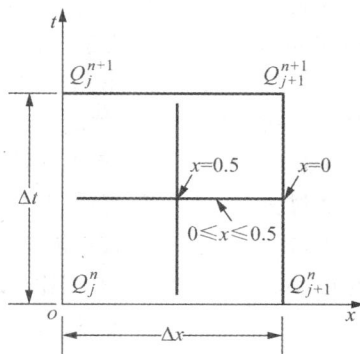

图 7.9 运动波方程采用
Muskingum 法的时空离散

衰减。这是非线性效果的一个物理表现,即不同的水位以不同的速度运动。然而,使用常参数计算所得的洪水过程线没有展示出这样的波失真。

7.4.3 Muskingum—Cunge 法评价

Muskingum—Cunge 是可以替代 Muskingum 的一种方法。不像 Muskingum 法参数使用流速及流水量数据来校正,在 Muskingum—Cunge 法中,参数是基于流量和河道特征来计算。更重要的是,由于具有可变参数特征,洪水的非线性属性可以用一系列 Muskingum 公式来描述。

与 Muskingum 方法一样,Muskingum—Cunge 法局限于扩散波。此外,Muskingum—Cunge 法基于一个单值曲线,并没有考虑洪水波的不均匀性或非恒定性实际所造成的绳套现象。因此,Muskingum—Cunge 法适于为没有明显回水效应的自然水流以及属于扩散波标准以下的非恒定的洪水演算。

Muskingum 法和 Muskingum—Cunge 法的一个重要区别是,Muskingum 法基于槽蓄概念,因此,参数 K 是河段的平均值。然而,Muskingum—Cunge 法实质上是属于运动学方面,其参数 C、D 基于河道过水断面的估计值而不是河段平均值。因此,为体现 Muskingum—Cunge 法较 Muskingum 法的优势,所选河道过水断面应能代表整个河道截面的平均值。

通常,利用河道资料(流速及流量数据)来校正 Muskingum 法,而 Muskingum—Cunge 法依靠洪水特征曲线、代表性数据及河槽边坡等物理特性来校正。不同的数据需求反映了不同的理论基础,即 Muskingum 法利用槽蓄概念,而 Muskingum—Cunge 法利用运动波理论。

7.5 动力波法

在 7.2 节,通过简化恒定的均匀流的动量守恒原则得到了运动波方程。在 7.3 节,通过简化非恒定的、均匀流的动量原则得到了扩散波方程。这两种波,尤其是扩散波已经广泛应用于水文计算中,如 Muskingum 和 Muskingum—Cunge 法就是使用扩散波的概念进行计算的。

第三种明渠流波,即动力波,是通过考虑全部动量原则得到的,包括惯性项。同样,动力波

包含了比运动波或扩散波更多的物理要素。但是,解动力波要比解运动波或扩散波复杂得多。

在解动力波时,求解质量守恒和动量守恒方程的方法有有限差分方法、特征线方法或者有限元方法。在有限差分方法中,利用选定的差分格式将偏微分方程式离散。特征线法是基于将偏微分方程式转化到相关的一组常微分方程及沿着一个特征网格点来实现求解,其中特征网格点服从特定的方向。有限元法则通过对一个选定的有限元网格上一组积分方程式来完成求解。在过去的 20 年里,有限差分法已经被公认为求解动力波的最简便方法,而在已有的差分格式中,Preissmann 格式可能最为流行。

与运动波或扩散波的解相比,动力波的解在复杂性和相关数据要求上都增加了一个数量级,特别是对于那些存在缓坡、大蓄水池、回流等情况。一般来说,在需要精确确定非稳定水位的情况时才用动力波求解。

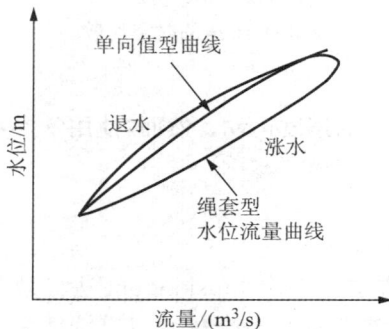

图 7.10 动力波演算示意图

绳套曲线可以在每个河流交汇处产生,如图 7.10 所示。对于任何给定的水位,在涨水段流量高些,在退水段流量低些。这个绳套是由于水动力原因,不能跟其他绳套相混淆,而其他绳套可能是由于冲刷、淤积或河床形态发生变化引起的。

绳套宽度是流动不稳定性的量度,越宽的绳套相应就有越不稳定的流动,即为动力波流动。如果绳套窄,那么意味着流动是轻微不稳定,可能是一个扩散波。

水文学中动力波直接与流动不稳定性和流量特征曲线中相关的绳套相关。对于像闸控洪水这样高度不稳定的流动,动力波可能是唯一描述绳套流量特征曲线的方式;而对于其他轻微不稳定的流动,可以利用运动波或扩散波,只要其适用性能够满足。

动力波演算的一种简单方法是用一个具有动力项的扩散波来进行。在这种方法中,包括惯性变量的完整的控制方程以一种与扩散波相类似的方式被线性化,因此,得出类似于式7.58 的扩散方程,但其水力扩散系数得到修正。该方程是:

$$\frac{\partial Q}{\partial t} + \left[\frac{\partial Q}{\partial A}\right]\frac{\partial Q}{\partial x} = \left[\frac{Q_0}{2TS_0}\right]\left[1 - (\beta - 1)^2 F_0^2\right]\frac{\partial^2 Q}{\partial x^2} \tag{7.78}$$

其中,水力扩散系数也是流量特征曲线参数和弗汝德数的函数,定义为:

$$F_0 = \frac{V_0}{(gd_0)^{1/2}} \tag{7.79}$$

式中:g 为重力加速度;d_0 为参考水流深度。

包含动力项的式 7.78 增强了扩散波模拟的计算能力。例如,对于 $\beta = 1.5$(即宽河道中的 Chezy 摩擦)、$F_0 = 2$,式 7.78 中的水力扩散系数消失,这与物理现实一致。另一方面,扩散波方程 7.58 的水力扩散系数与弗汝德数无关。因此,式 7.78 是比式 7.58 稍好的模型,尤其对于超临界水流区域的弗汝德数而言。然而,绝大多数自然流动发生在临界状态以下的范围内。

8　近岸海流

海水的水平运动可分为两大类：一是由潮汐作用产生的水体流动，称为潮流，其流动具有周期性和往复性；二是由其他各种水文气象因素而产生的水体流动，通称为海流，其流动没有周期性。产生海流的原因是多种多样的，主要有：

（1）由于密度差而引起的密度流，密度差是由于温差或含盐量不同而造成。

（2）由于存在水面坡降而引起的倾斜流或梯度流，水面坡降是由于气压差或其他动力因素造成。

（3）由于风力对水体表面剪切作用而引起的漂流或吹流。

（4）波浪在浅水区变形及破碎而形成的近岸波浪流。

海流就其作用的时间又可分为永久性海流和暂时性海流。永久性海流包括大洋环流、地转流等；暂时性海流则是由气象因素变化引起的，如风吹流、近岸波浪流、气压梯度流等。

近岸海流由于具有相当的流速，可以携带泥沙，引起沿海和近海海底的冲刷淤积，也可携带输送各种无机盐类和有机物质并对各种海上建筑物、浮体产生作用力，因而在海洋工程中，海流的确定对于港址的选择、海洋建筑物的受力、泥沙的输移、岸线的变化影响很大，是工程设计需要考虑的主要荷载之一。

8.1　近岸波浪流系统及其生成机理

波浪传至近岸地区发生变形、折射与破碎，不仅其尺度改变了，同时还形成一定水体流——近岸波浪流，对于沿岸的泥沙运动与近海的水体交换具有重要影响。

8.1.1　近岸波浪流系统

近岸波浪流系包括：

（1）向岸的水体质量输送，它是由近岸波浪水质点运动的非线性特性，亦即水质点轨迹不封闭而引起的向岸水流运动。

（2）沿岸流，它是由于斜向入射波或沿岸波高不等等原因在破波带内外引起的沿岸方向的水流。

（3）裂流，亦称离岸流，它是从破波带向外海流动且比较集中的水流。其宽度不大，但流速较大，有时可达 2 m/s，流出去的距离有时可达 500 m。

近岸波浪流系如图 8.1 所示。它有三种类型：对称的近岸环流、不对称的近岸环流和纯沿岸流（见图 8.2）。

对称的近岸环流（见图 8.2a）是当波浪正向行近海岸，由波高沿岸不等而形成；纯沿岸流（见图 8.2b）是在斜向入射角较大的波浪传来时，由破波所产生的顺岸推力而形成；不对称近岸环流（见图 8.2c）是在波浪斜向入射角较小时发生，且介于上述两种情况之间。

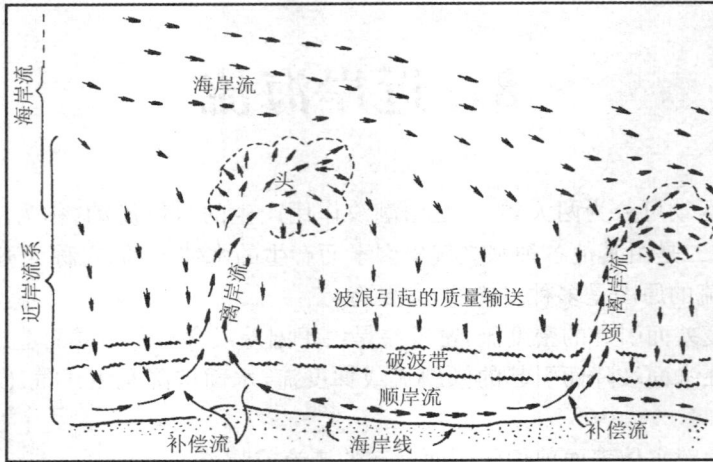

图 8.1　近岸流系图

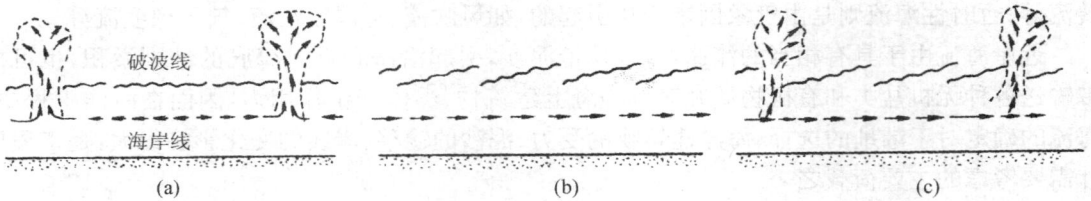

图 8.2　近岸流系类型
（a）对称的近岸环流　（b）纯沿岸线　（c）不对称近岸环流

8.1.2　近岸波浪流系的生成机理

近岸流系的生成机理可通过对对称型环流形成的分析予以说明。当波浪正向入射时，如受到外部的某些影响，在沿岸方向形成一系列的波能辐聚和辐散区，辐聚区的波高较大，破波高也较大，破波点离岸较远，岸边的波浪增水也较大；而在辐散区波高较小，破波高也较小，破波点离岸较近，岸边的波浪增水也较小；从而形成了从高破波区到低破波区的水面坡降，该坡降为沿岸流提供了驱动力，即沿岸流在高破波区发生，流速逐渐加大，到低破波区流速达最大；此处左右两侧高破波区流来的沿岸流汇集后，以裂流方式流向外海，而沿岸流的流量则由向岸的水体质量输移流来提供。

由上分析可知，沿岸波高不等是产生近岸环流的基本条件。沿岸波高不等的形成是由于：

（1）近海区海底地形不规则，从而产生波浪的不规则折射而形成沿岸波高的不均匀。

（2）边（缘）波的影响——边（缘）波是由来波激发而产生沿着岸线方向传播的波浪，与来波具有相同周期，其波峰线垂直于海岸（见图 8.3）。边（缘）波波高是沿波峰线变化的，在岸线附近波高最大，离岸后迅速减小。当一段海滩的两端有反射边界且海滩长度等于边缘波半波长的整数倍时，海滩上便形成驻边波（见图 8.4）。驻边波与入射波相叠加，在岸线附近就会形成交替相间的高波区与低波区（见图 8.5）。

（3）同时有两列不同入射方向的波系相叠加，也可在岸边形成一系列交替相间的高波区与低波区（见图 8.6）。两波系波峰或波谷相交汇点为波腹（见图 8.6 中 A 点），两腹点之间为节点；腹点处波高最大，节点处波高最小。上述几种情况均可形成规则的环流系列。

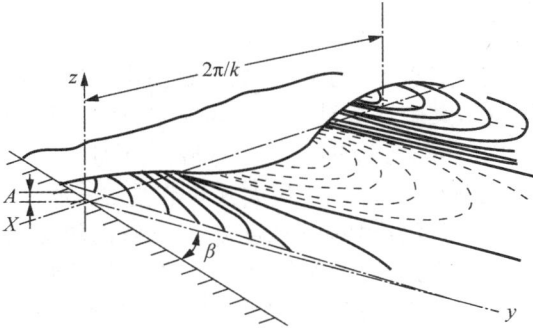

图 8.3　边（缘）波

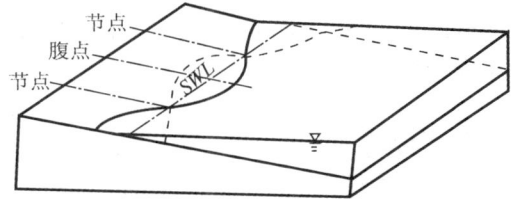

图 8.4　驻边波

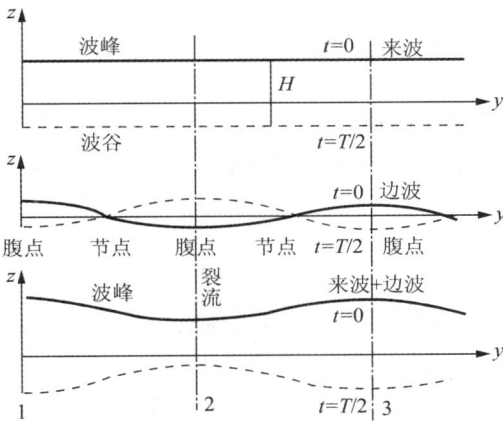

图 8.5　驻边波与入射波叠加结果

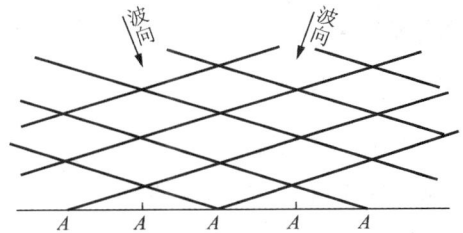

图 8.6　两个不同方向波系叠加形成近岸流

8.2　我国近岸海流的特点

中国近岸海流主要由两部分组成：一是流经巴士海峡、台湾东岸的黑潮分支（如台湾暖流、对马暖流）和流经巴士海峡进入台湾海峡以及南海东北部的黑潮分支，都是具有高温、高盐特性的海流；二是来自大陆的大量径流入海，其淡水与海水混合形成了具有低温、低盐特征的沿岸海流，如辽东沿岸流、黄海沿岸流、东海沿岸流（或称浙闽沿岸流）、粤东和粤西沿岸流等。这些海流的强度、消长及其影响范围均有明显的季节变化。

8.2.1　黑潮流系

黑潮流系是黑潮暖流及其分支的总称。黑潮暖流沿台湾东岸北上，在中国台湾省和与那国岛之间，由太平洋流入东海，然后，紧贴大陆架边缘沿东海东南部深水区域流向东北，至九州西南方流出东海，构成了整个东中国海环流的主干。黑潮在东海的宽度不大，强流区域一般只有 80 余千米,垂直厚度不超过 600 m。在黑潮主干的右侧,即靠近环球群岛的区域存在着一股逆流。黑潮主流在台湾东岸近海的最大流速约 3 节左右。进入东海后减为 1.5~3 节,黑潮在东海的平均流轴走向与 200 m 和 1 000 m 等深线走向一致,流量约 $35×10^6$ m³/s。相当于长江年平均流量的 1 000 倍。

黑潮可分为台湾暖流、对马暖流、黄海暖流以及黑潮西支流等四个支流。

台湾暖流是黑潮在台湾东北海域分出的一个分支,沿闽浙外海北上,故又称黑潮的闽浙分支。这个分支一直可到达长江口外(31°N,123°E 附近),其表层流易受夏季风影响,中、下层流的流向稳定,终年向北。台湾暖流具有明显的季节变化,夏季强、冬季弱(8 月最强,4 月最弱),夏季平均流速约 0.3 节,最大 0.8 节左右,冬季平均流速小于 0.3 节,最大 0.6 节左右。

对马暖流是黑潮在 127°30′~128°E,28°30′~30°N 海区分出的一个分支,经朝鲜海峡流入日本海,成为日本海的一支强大的暖流。对马暖流平均流量约为东海黑潮主流平均流量的 1/7,平均流速为 0.6 节左右,其流幅夏季略宽于冬季,其流速与流量夏强冬弱,最大流速 1.2 节左右,一般出现在夏末秋初,最小流速一般在冬季,约 0.2 节左右。

黄海暖流是对马暖流在济州岛南方的一个分支,从济州岛西南海域进入黄海,是黄渤海区环流的主干。其流向稳定,终年偏北,流速比黑潮和对马暖流要小,平均 0.1 节,最大 0.2 节左右。在温—盐分布上,呈现明显的高温高盐水舌,从南黄海一直伸展到渤海。这支暖流,冬季较强,夏季仅局限于表层。

黑潮西支流是由巴士海峡脱离黑潮主流后转向西的一支流。该支流的流量较小,只有黑潮主流的 1/20。它可分为两支:一支流入台湾海峡,并沿海峡东部向北流动,流出海峡后与台湾暖流汇合;另一支在海峡南部南下进入南海。

8.2.2　沿岸流系

沿岸流系是被大陆径流冲淡并沿海岸流动的海流的总称。通常具有低盐的性质。我国沿岸流系大体可分为如下四个:

(1) 渤海沿岸流系:渤海沿岸流起源于渤海湾,由海河、黄河等径流入海而成。沿山东北部近岸向东流达成山头附近,大部分绕过成山头南下,成为黄海西岸的沿岸流,并一直可流达长江口以北,与长江冲淡水汇合。

(2) 黄海沿岸流系:黄海沿岸流是黄海低盐水向东海输送的通道。上接渤海沿岸流,并沿山东半岛向东绕过成山头后向南或西南流动,到 32°~33°N 间折向东南流去。该沿岸流冬强夏弱,流向终年不变,常年保持自西向东,流速最大可达 40 cm/s。

(3) 东海流系:东海沿岸流起源于长江口和杭州湾一带,来源于长江和钱塘江径流入海的冲淡水,沿海岸向南流动,分布在长江口及其以南的浙闽沿岸,由于浙闽沿岸岛屿多,岸线曲折,海底坡度较陡,所以流幅较窄,范围仅限于距岸 37~74 km 海域。冬季可越过台湾海峡,夏季水平流幅大(约 2 个半纬度),厚度薄,扩展范围远,长江冲淡水的低盐水舌一直可伸展到济州岛海域。

(4) 南海沿岸流系:南海的海流主要有南海北部沿岸流和南海暖流。

南海北部沿岸流是随季风转换而变化的一支海流,冬、夏流向相反,流幅夏宽冬窄。冬季,在强劲且稳定的东北季风吹刮下,呈东北向西南流动的趋势。其东端与闽浙沿岸流相连,南端则分两支:一支经过琼州海峡流入北部湾,沿越南沿岸向南流动;另一支沿海南岛东部沿岸流动,然后伸入北部湾,接着,这两支沿岸流合并向南流去。夏季,在西南季风吹刮下,呈西南向东北流动的趋势。在北部湾内则有一个逆时针方向的环流。春、秋两季是季风转换的过渡季节,因此,春季的沿岸流近似夏季,秋季则近似冬季。

　　南海暖流是南海北部沿岸流外缘的一支只存在于表层且盐度在 33.0 以上的暖流。其流向不随季节转换而改变,终年自西南流向东北,流速 2 节左右,流幅约 185 km,流量 10×10^6 m³/s,但南海暖流有随季风转换而消长的特点,一年中 6~9 月为强盛期,每年 10 月~次年 1 月为衰退期,2~5 月为恢复期。

　　图 8.7 为中国近岸海流示意。

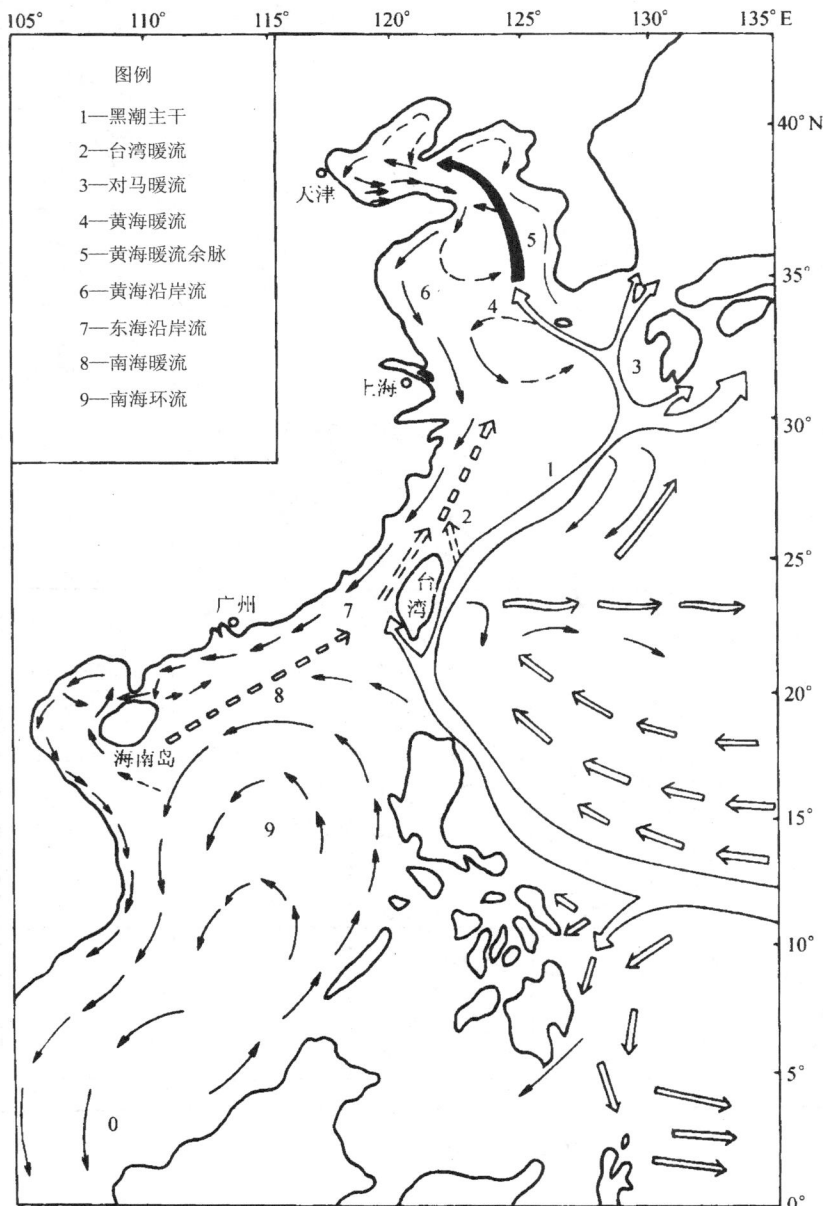

图 8.7　中国近岸海流示意图

图 8.8～图 8.11 为中国海代表月份表层海流示意。

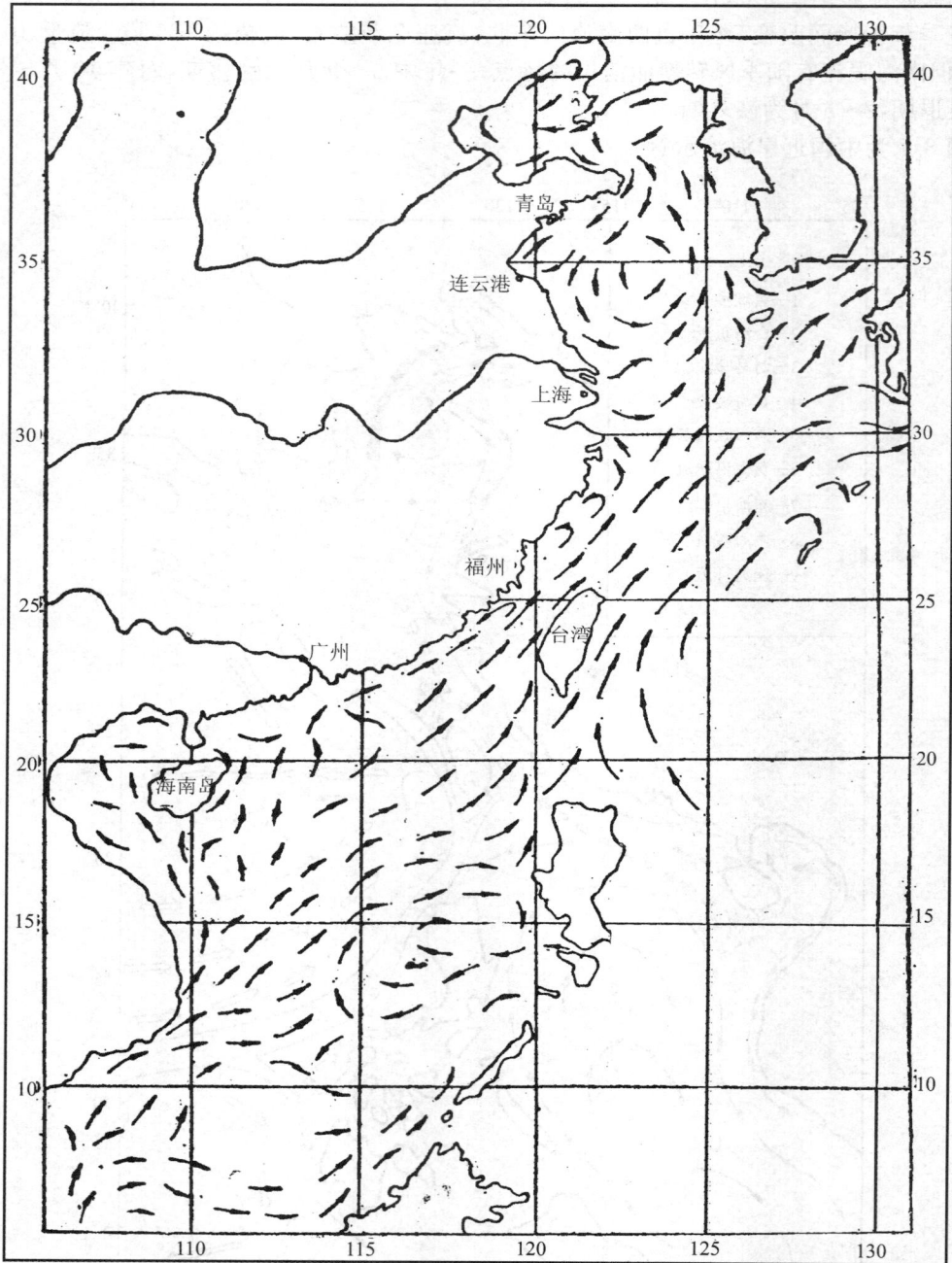

图 8.8　中国海 2 月表层海流图

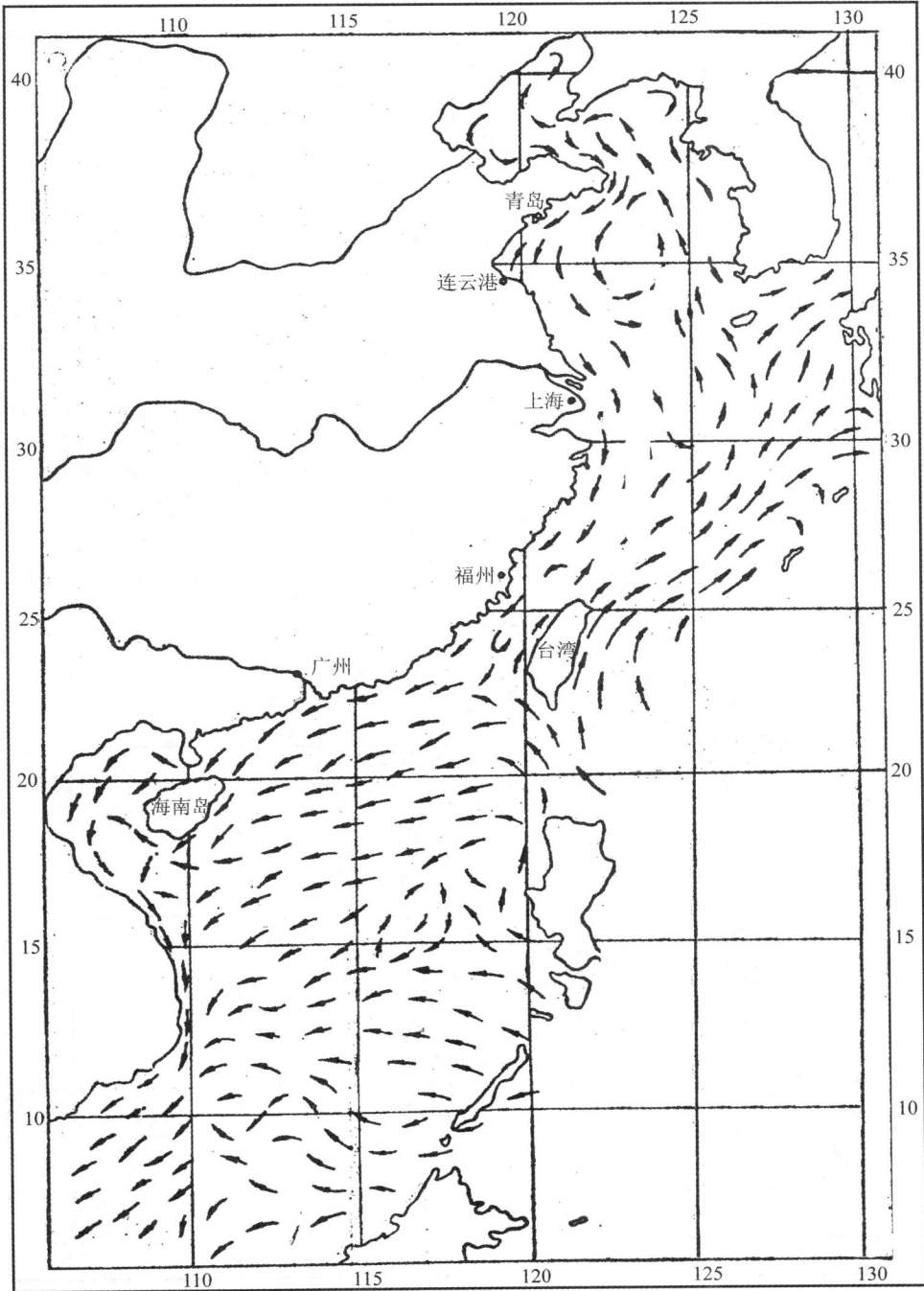

图 8.9 中国海 5 月表层海流图

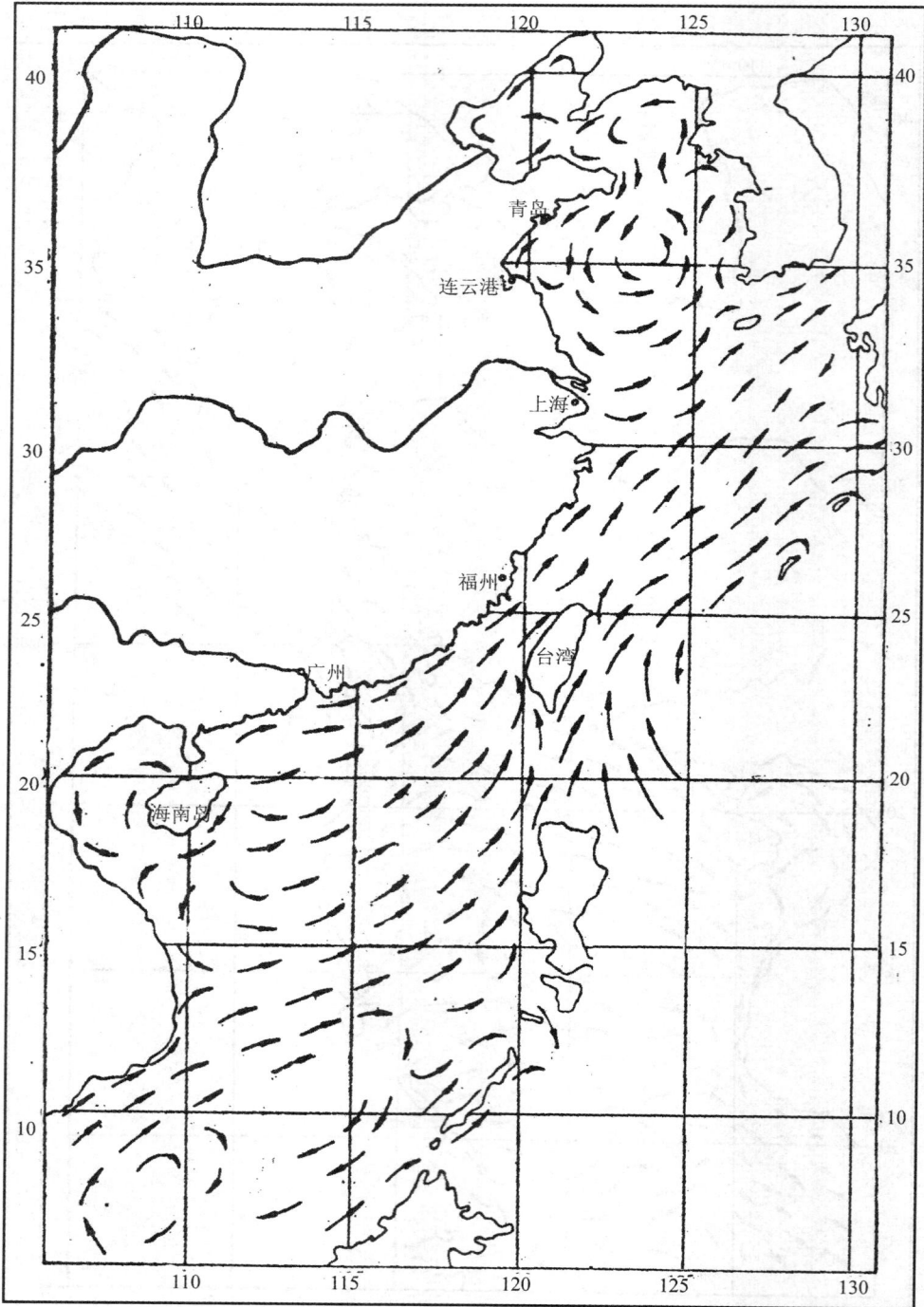

图 8.10　中国海 8 月表层海流图

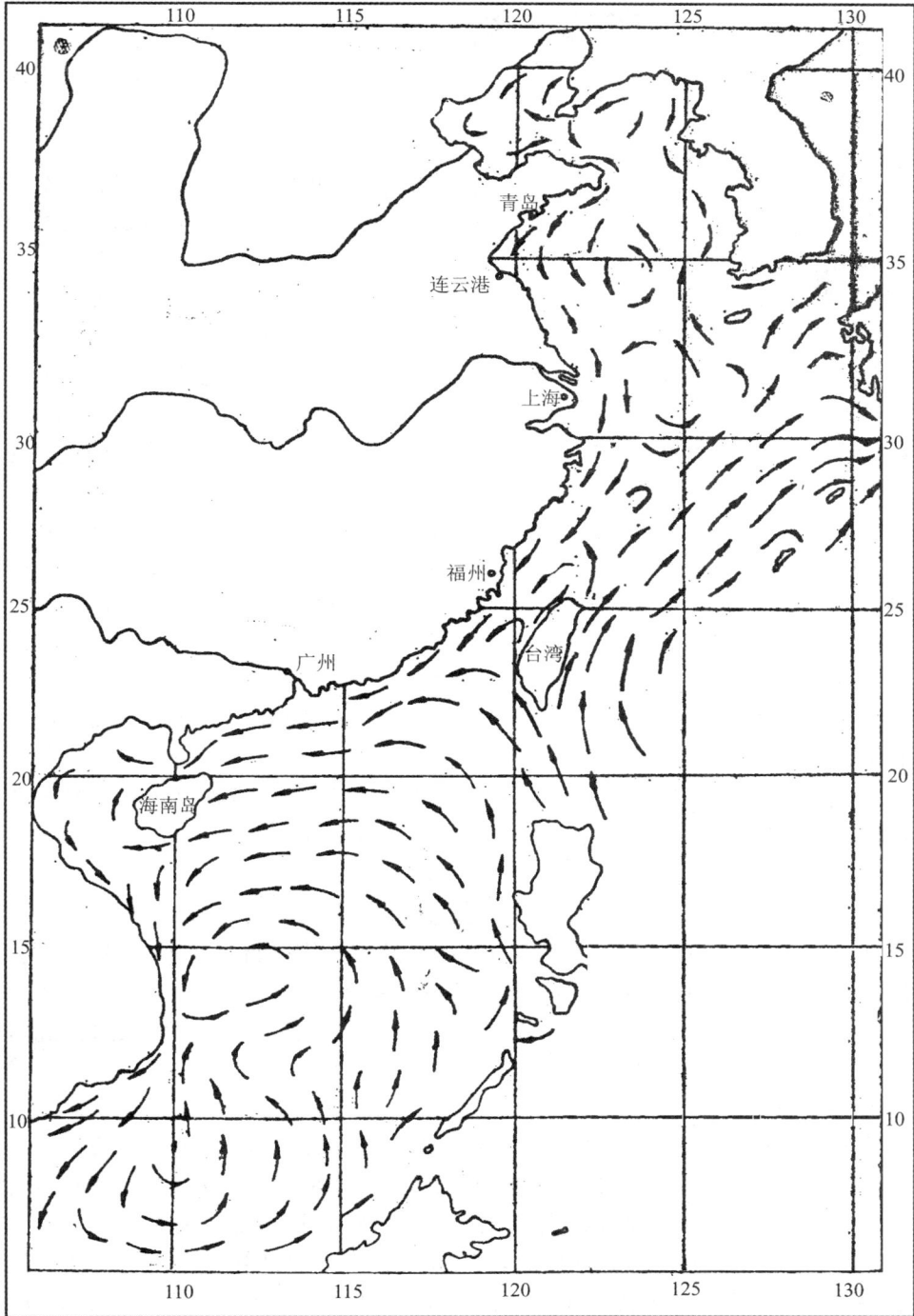

图 8.11　中国海 11 月表层海流图

8.3　海流观测与资料分析

8.3.1　海流的观测

由于近海区域地形、水深的不同以及水文、气象等因素的影响,致使海流的变化比较复杂,在进行海洋工程设计和施工之前,需要对现场的海流进行实测,并对观测数据进行整理、分析,对理论计算结果进行对比和验证。

1) 海流观测方法

海流的测定一般有两种方法:一种是跟随一个海水质点(流体元)移动,找出它在不同时刻的位置,但这种方法很难实现。过去一般用漂流瓶测表层流,但这只能测得一种近似的平均流迹。另一种方法是用斯瓦罗中性浮子测定各层海流。中性浮子是一种与周围海水密度相同、随水流动的浮子,通常是固定一个空间点,测定不同时刻海水质点流过这个空间点时的流速和流向,可通过以下三种途径实现。

(1) 单站或单船定点连续观测。在某一指定测点上,对表层、底层以及其他必要的深度,进行流速、流向的观测,每小时重复一次,连续 24~25 h(一个太阴日),以了解海流的变化。虽然半日潮流的周期仅为 12 h 左右,但考虑到潮汐、潮流的日不等等现象,亦需连续观测一个太阴日。

(2) 多站或多船同步连续观测。将上述观测在事先选好的若干个测点上同时进行,以了解整个海区内海流的空间分布与变化。有时因条件所限,只能在邻近时间范围内相继实现各测站的观测,也称为断面观测。

(3) 大面流路观测。用船只在近海区域投放浮标,在陆上用经纬仪或其他方法测量不同时间的浮标位置,通过绘制不同时间的浮标位置图,大体了解水质点的运移途径,并找出分流点和汇流点的具体位置。

为了有效地进行海流交流分析工作,对观测海流的时间和次数,必须事先进行选择。例如,采用准调和分析法分析潮流时,要在大、中、小潮期间分别进行三次观测,其他一般潮流分析,则可减少为大、小潮期间两次观测,或仅在大潮期间进行一次观潮。

观测风海流、波浪流时,应在不同季节、不同气象状况下进行。观测河口区的径流时,应在河流的洪水期和枯水期分别进行。

2) 海流观测仪器

海流计种类很多,比较先进的有印刷海流计等,而应用较广的是艾克曼海流计。

艾克曼海流计共有五个主要部分:轭架、螺旋桨、计数器、流向盒和尾舵(见图 8.12)。轭架是海流计的骨架。螺旋桨由桨叶组成,叶杆一端有螺纹,用来带动计数器。计数器用来记录桨叶转动的次数。计数器由三个齿轮组成,其中有齿轮与叶杆相接。在齿轮的轴上各装有一个指针,用来指示桨叶转动的次数。桨叶每转 100 转,即从上方小管中落下三个小球,沿着凹槽滚到磁针所指的小格中。流向盒用来记录和测定海流的方向。它是一个圆形盒,分成 36 个扇形格。盒的中央有一凹槽,用来接受落下的小球,并沿着磁针北极滚入扇形格里。尾舵用来使螺旋桨迎着海流方向。

用海流计测流时,船身锚定不动,沿着绳索放下第一个重锤使仪器开始动作,经过预定时

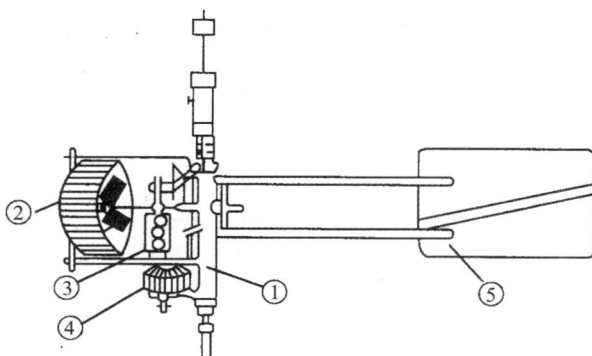

图 8.12　海流计简图
① 轭架　② 螺旋桨　③ 计数器　④ 流向盒　⑤ 尾舵

间(100~200s),放下第二个重锤使仪器停止工作,取出海流计,读取计数器上的读数及流向盒内扇形格内小球的分布,根据观测记录进行分析,即可求得流速和流向。

流速按下式计算:

$$V = k_1 n + k_2 \tag{8.1}$$

式中:k_1 和 k_2 分别表示海流计出厂时的检定常数,每台仪器不相同;n 表示每秒内螺旋桨的转数。

流向的平均磁方位为:

$$\alpha = \frac{N_1 m_1 + N_2 m_2 + \cdots + N_n m_n}{\sum m} \times 10° \tag{8.2}$$

式中:$N_i(i=1,2,\cdots,n)$ 表示扇形小室号;$m_i(i=1,2,\cdots,n)$ 表示小室内小球数;$\sum m$ 表示各室小球的总数。

由于海流计测流是由磁针控制的,因此在施测时应注意避免附近大船等对磁性产生的影响。

8.3.2　海流资料的整理和计算

与观测方法对应,海流资料的分析包括:
(1)用实测海流值绘制海流图,选定有关特征值。
(2)用断面测点实测海流值,计算断面流量。
(3)用断面流路资料绘制测区流路图。

在资料分析之前,通常需将海流分解为周期性的潮流和非周期性的余流。假定余流在某一较短时间内其方向和速度是一恒定值,而潮流则是周期性变化值,由此可将每小时观测的海流矢量分解成两个分量,即东分流(或西分流)和北分流(或南分流),其中东、北两个分流的符号为正,西、南为负。对一个太阴日周期中各次观测的两个分流分别求其总和,那么将消去潮流部分,得到余流的大小和方向。然后从实测流速中逐个减去余流,得出潮流流速。

[例 8.1]　根据某站连续实测海流资料(见表 8.1),对该站进行潮流和余流的分解。

计算过程列入表 8.1,其东分流流速和北分流流速分别为:

$$\bar{v} = \frac{\sum v}{24} = \frac{158}{24} \approx 7 \text{ cm/s}$$

$$\bar{u} = \frac{\sum u}{24} = \frac{-214}{24} \approx -9 \text{ cm/s}$$

余流流速为：

$$U = \sqrt{\bar{v}^2 + \bar{u}^2} \approx 11 \text{ cm}$$

余流流向为：

$$\theta = \arctan \frac{\bar{v}}{\bar{u}} \approx 142°$$

根据表 8.1 中的第(6)和第(7)栏,可以算出各时刻的潮流流速和流向,并绘制潮流椭圆图。

表 8.1　潮流和余流的分离计算表

时刻	流		流的分离		潮流	
	流速 U (cm/s)	流向 θ /(°)	东分流 $v = U\sin\theta$	北分流 $u = U\sin\theta$	$v - \bar{v}$	$u - \bar{u}$
(1)	(2)	(3)	(4)	(5)	(6)	(7)
0	11	129	9	−7	2	2
1	27	158	10	−25	3	−16
2	35	181	−1	−35	−8	−26
3	29	181	−1	−29	−8	−20
4	34	154	15	−31	8	−22
5	30	119	26	−15	19	−6
6	19	106	18	−5	11	4
7	11	101	11	−2	4	7
8	7	85	7	1	0	10
9	8	15	2	8	−5	17
10	11	31	6	9	−1	18
11	15	39	9	12	2	21
12	11	164	3	−11	−4	−2
13	27	176	2	−27	−5	−18
14	23	205	−10	−21	−17	−12
15	31	191	−6	−30	−13	−21
16	33	164	9	−32	2	−23
17	32	135	23	−23	16	−14
18	20	117	18	−9	11	0
19	12	106	12	−3	5	6
20	10	75	10	3	3	12

（续表）

时刻	流		流的分离		潮流	
	流速 U (cm/s)	流向 θ /(°)	东分流 $v=U\sin\theta$	北分流 $u=U\sin\theta$	$v-\bar{v}$	$u-\bar{u}$
(1)	(2)	(3)	(4)	(5)	(6)	(7)
21	16	356	−1	16	−8	25
22	21	336	−9	19	−16	28
23	23	351	−4	23	−11	32

$$\sum v = 158 \qquad \sum u = -214$$

8.4 海洋工程设计中的近岸海流特征值

近岸海流的尺度和特征是确定近岸海区动力条件的主要因素之一，对海洋工程的设计和建造有很大影响。近年来，在海流的理论研究方面，虽已取得较大进展，但就其计算方法而言，却十分烦琐，而且缺乏实测数据的验证。为了确定设计所必需的海流特征值，仍普遍采用基于当地实测资料的简单计算方法。

8.4.1 海流最大可能流速的计算

海流最大可能流速的计算，应尽量根据实测海流，利用统计关系求得。在潮流和风海流为主的近岸海区，海流最大可能流速等于潮流最大可能流速与风海流最大可能流速的矢量和。潮流最大可能流速 $V_{\max}$ 的计算公式如下：

（1）在规则半日潮流海区：

$$V_{\max} = 1.295W_{M_2} + 1.245W_{S_2} + W_{K_1} + W_{O_1} + W_{M_4} + W_{MS_4} \tag{8.3}$$

式中：W_{M_2}、W_{S_2}、W_{K_1}、W_{O_1}、W_{M_4} 和 W_{MS_4} 分别为 M_2 分潮、S_2 分潮、K_1 分潮、O_2 分潮、M_4 分潮和 MS_4 分潮的椭圆长半轴矢量，流速单位为 cm/s。

（2）在规则全日潮流海区：

$$V_{\max} = W_{M_2} + W_{S_2} + 1.600W_{K_1} + 1.450W_{O_1} \tag{8.4}$$

（3）在不规则半日潮流或不规则日潮流海区可选取两者之中较大者。

8.4.2 近岸海区风海流的估算

在潮流比较显著的近岸海区，风海流是余流的主要组成部分。在有长期海流连续观测资料的基础上，可用统计方法求得余流特征值。在海流实测资料不足的情况下，如果只有风的观测资料，可用下式估算风海流的量值：

$$\left. \begin{array}{l} V_{\mathrm{w}} = KU \\ \theta_{\mathrm{w}} = \beta \end{array} \right\} \tag{8.5}$$

式中：V_{w} 和 θ_{w} 分别为风海流的速度（m/s）和流向（°）；U 为风速（m/s）；β 为等深线方向；K 为

系数,取 $0.024 \leqslant K \leqslant 0.030$。

　　近岸的风海流流向可近似地认为与海底等深线走向一致。风海流最大可能流速则可根据式 8.5 以最大可能风速值代入 U 计算。

8.4.3　海流随深度的变化

　　在海洋平台结构设计中,为了计算建筑物水下部分所受的海流力,往往需要了解流速随着水深的变化,在浅水区可根据已知的海面流速依下式计算:

$$V_z = V_s (z/d)^{1/7} \tag{8.6}$$

式中:V_z 为海底以上高度为 z 处的流速;V_s 为海面流速;d 为水深。

8.5　海流对海洋建筑物的作用

　　当只考虑海流作用时,圆形构件单位长度上的海流荷载 f_D 可按下式计算:

$$f_D = \frac{1}{2} C_D \rho A V_c^2 \tag{8.7}$$

式中:C_D 为垂直于构件轴线的阻力系数;ρ 为海水密度;V_c 为设计海流速度;A 为单位长度构件垂直于海流方向的投影面积。

　　式 8.7 中的阻力系数 C_D 应尽量由实验确定。设计海流速度 V_c 应采用平台使用期间可能出现的最大流速,其值最好根据现场实测资料整理分析后确定,亦可参见 8.4.2 节。此外,对于承受海流作用的构件,应考虑 Karman 涡流引起颤振的可能性。

　　当流体沿垂直于圆形构件轴线常速流动时,在构件周围会出现 Karman 涡流。由于这些漩涡产生可变力,当该力的交变频率与结构自振频率相同或接近,将产生共振。当流体动力交变时,涡旋的释放频率 f 可按下式计算:

$$f = S_r \cdot \frac{V_c}{D} \tag{8.8}$$

式中:V_c 为垂直于构件轴线的海流速度(m/s);D 为构件直径(m);S_r 表示 Strouhal 数,可先求 Reynold 数,即 $R_e = \dfrac{V_c \cdot D}{\nu}$($\nu$ 为海水的运动黏性系数,对于海水可取 $R_e \approx 0.9 \times 10^6 \, V_c \cdot D$),再用图 8.13 求得 S_r。

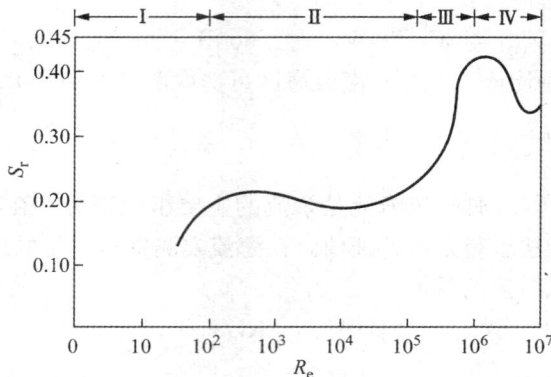

图 8.13　Strouhal 数与 Reynold 数的关系

附　　录

附表 1　水在不同温度下的饱和蒸气压

温度 (Temperature) $t/℃$	饱和蒸气压 (Saturated water vapor pressure) $/(×10^3\ Pa)$	温度 (Temperature) $t/℃$	饱和蒸气压 (Saturated water vapor pressure) $/(×10^3\ Pa)$	温度 (Temperature) $t/℃$	饱和蒸气压 (Saturated water vapor pressure) $/(×10^3\ Pa)$
0	0.611 29	23	2.810 4	46	10.094
1	0.657 16	24	2.985 0	47	10.620
2	0.706 05	25	3.169 0	48	11.171
3	0.758 13	26	3.362 9	49	11.745
4	0.813 59	27	3.567 0	50	12.344
5	0.872 60	28	3.781 8	51	12.970
6	0.935 37	29	4.007 8	52	13.623
7	1.002 1	30	4.245 5	53	14.303
8	1.073 0	31	4.495 3	54	15.012
9	1.148 2	32	4.757 8	55	15.752
10	1.228 1	33	5.033 5	56	16.522
11	1.312 9	34	5.322 9	57	17.324
12	1.402 7	35	5.626 7	58	18.159
13	1.497 9	36	5.945 3	59	19.028
14	1.598 8	37	6.279 5	60	19.932
15	1.705 6	38	6.629 8	61	20.873
16	1.818 5	39	6.996 9	62	21.851
17	1.938 0	40	7.381 4	63	22.868
18	2.064 4	41	7.784 0	64	23.925
19	2.197 8	42	8.205 4	65	25.022
20	2.338 8	43	8.646 3	66	26.163
21	2.487 7	44	9.107 5	67	27.347
22	2.644 7	45	9.589 8	68	28.576

（续表）

温度 (Temperature) $t/℃$	饱和蒸气压 (Saturated water vapor pressure) $/(\times 10^3 \text{ Pa})$	温度 (Temperature) $t/℃$	饱和蒸气压 (Saturated water vapor pressure) $/(\times 10^3 \text{ Pa})$	温度 (Temperature) $t/℃$	饱和蒸气压 (Saturated water vapor pressure) $/(\times 10^3 \text{ Pa})$
69	29.852	97	90.945	125	232.01
70	31.176	98	94.301	126	239.24
71	32.549	99	97.759	127	246.66
72	33.972	100	101.32	128	254.25
73	35.448	101	104.99	129	262.04
74	36.978	102	108.77	130	270.02
75	38.563	103	112.66	131	278.20
76	40.205	104	116.67	132	286.57
77	41.905	105	120.79	133	295.15
78	43.665	106	125.03	134	303.93
79	45.487	107	129.39	135	312.93
80	47.373	108	133.88	136	322.14
81	49.324	109	138.50	137	331.57
82	51.342	110	143.24	138	341.22
83	53.428	111	148.12	139	351.09
84	55.585	112	153.13	140	361.19
85	57.815	113	158.29	141	371.53
86	60.119	114	163.58	142	382.11
87	62.499	115	169.02	143	392.92
88	64.958	116	174.61	144	403.98
89	67.496	117	180.34	145	415.29
90	70.117	118	186.23	146	426.85
91	72.823	119	192.28	147	438.67
92	75.614	120	198.48	148	450.75
93	78.494	121	204.85	149	463.10
94	81.465	122	211.38	150	475.72
95	84.529	123	218.09	151	488.61
96	87.688	124	224.96	152	501.78

（续表）

温度 (Temperature) $t/℃$	饱和蒸气压 (Saturated water vapor pressure) $/(×10^3 \text{ Pa})$	温度 (Temperature) $t/℃$	饱和蒸气压 (Saturated water vapor pressure) $/(×10^3 \text{ Pa})$	温度 (Temperature) $t/℃$	饱和蒸气压 (Saturated water vapor pressure) $/(×10^3 \text{ Pa})$
153	515.23	181	1 025.2	209	1 868.4
154	528.96	182	1 048.9	210	1 906.2
155	542.99	183	1 073.0	211	1 944.6
156	557.32	184	1 097.5	212	1 983.6
157	571.94	185	1 122.5	213	2 023.2
158	586.87	186	1 147.9	214	2 063.4
159	602.11	187	1 173.8	215	2 104.2
160	617.66	188	1 200.1	216	2 145.7
161	633.53	189	1 226.1	217	2 187.8
162	649.73	190	1 254.2	218	2 230.5
163	666.25	191	1 281.9	219	2 273.8
164	683.10	192	1 310.1	220	2 317.8
165	700.29	193	1 338.8	221	2 362.5
166	717.83	194	1 368.0	222	2 407.8
167	735.70	195	1 397.6	223	2 453.8
168	753.94	196	1 427.8	224	2 500.5
169	772.52	197	1 458.5	225	2 547.9
170	791.47	198	1 489.7	226	2 595.9
171	810.78	199	1 521.4	227	2 644.6
172	830.47	200	1 553.6	228	2 694.1
173	850.53	201	1 568.4	229	2 744.2
174	870.98	202	1 619.7	230	2 795.1
175	891.80	203	1 653.6	231	2 846.7
176	913.03	204	1 688.0	232	2 899.0
177	934.64	205	1 722.9	233	2 952.1
178	956.66	206	1 758.4	234	3 005.9
179	979.09	207	1 794.5	235	3 060.4
180	1 001.9	208	1 831.1	236	3 115.7

（续表）

温度 (Temperature) $t/℃$	饱和蒸气压 (Saturated water vapor pressure) $/(×10^3\ Pa)$	温度 (Temperature) $t/℃$	饱和蒸气压 (Saturated water vapor pressure) $/(×10^3\ Pa)$	温度 (Temperature) $t/℃$	饱和蒸气压 (Saturated water vapor pressure) $/(×10^3\ Pa)$
237	3 171.8	265	5 082.3	293	7 768.6
238	3 288.6	266	5 163.8	294	7 881.3
239	3 286.3	267	5 246.3	295	7 995.2
240	3 344.7	268	5 329.8	296	8 110.3
241	3 403.9	269	5 414.3	297	8 226.8
242	3 463.9	270	5 499.9	298	8 344.5
243	3 524.7	271	5 586.4	299	8 463.5
244	3 586.3	272	5 674.0	300	8 583.8
245	3 648.8	273	5 762.7	301	8 705.4
246	3 712.1	274	5 852.4	302	8 828.3
247	3 776.2	275	5 943.1	303	8 952.6
248	3 841.2	276	6 035.0	304	9 078.2
249	3 907.0	277	6 127.9	305	9 205.1
250	3 973.6	278	6 221.9	306	9 333.4
251	4 041.2	279	6 317.2	307	9 463.1
252	4 109.6	280	6 413.2	308	9 594.2
253	4 178.9	281	6 510.5	309	9 726.7
254	4 249.1	282	6 608.9	310	9 860.5
255	4 320.2	283	6 708.5	311	9 995.8
256	4 392.2	284	6 809.2	312	10 133
257	4 465.1	285	6 911.1	313	10 271
258	4 539.0	286	7 014.1	314	10 410
259	4 613.7	287	7 118.3	315	10 551
260	4 689.4	288	7 223.7	316	10 694
261	4 766.1	289	7 330.2	317	10 838
262	4 843.7	290	7 438.0	318	10 984
263	4 922.3	291	7 547.0	319	11 131
264	5 001.8	292	7 657.2	320	11 279

（续表）

温度 (Temperature) $t/℃$	饱和蒸气压 (Saturated water vapor pressure) $/(\times 10^3\ Pa)$	温度 (Temperature) $t/℃$	饱和蒸气压 (Saturated water vapor pressure) $/(\times 10^3\ Pa)$	温度 (Temperature) $t/℃$	饱和蒸气压 (Saturated water vapor pressure) $/(\times 10^3\ Pa)$
321	11 429	339	14 412	357	17 992
322	11 581	340	14 594	358	18 211
323	11 734	341	14 778	359	18 432
324	11 889	342	14 964	360	18 655
325	12 046	343	15 152	361	18 881
326	12 204	344	15 342	362	19 110
327	12 364	345	15 533	363	19 340
328	12 525	346	15 727	364	19 574
329	12 688	347	15 922	365	19 809
330	12 852	348	16 120	366	20 048
331	13 019	349	16 320	367	20 289
332	13 187	350	16 521	368	20 533
333	13 357	351	16 825	369	20 780
334	13 528	352	16 932	370	21 030
335	13 701	353	17 138	371	21 286
336	13 876	354	17 348	372	21 539
337	14 053	355	17 561	373	21 803
338	14 232	356	17 775	—	—

附表 2　$P = \dfrac{m}{n+1} \times 100\%$ 表

$\dfrac{n}{m}$	40	39	38	37	36	35	34	33	32	31	30	29	28	27	26	25	24	23	$\dfrac{n}{m}$
1	2.4	2.5	2.6	2.6	2.7	2.8	2.9	2.9	3.0	3.1	3.2	3.3	3.4	3.6	3.7	3.8	4.0	4.2	1
2	4.9	5.0	5.1	5.3	5.4	5.6	5.7	5.9	6.1	6.3	6.5	6.7	6.9	7.1	7.4	7.7	8.0	8.3	2
3	7.3	7.5	7.7	7.9	8.1	8.3	8.6	8.8	9.1	9.4	9.7	10.0	10.3	10.7	11.1	11.5	12.0	12.5	3

（续表）

n \ m	40	39	38	37	36	35	34	33	32	31	30	29	28	27	26	25	24	23	n / m
4	9.8	10.0	10.3	10.5	10.8	11.1	11.4	11.8	12.1	12.5	12.9	13.3	13.8	14.3	14.8	15.4	16.0	16.7	4
5	12.2	12.5	12.8	13.2	13.5	13.9	14.3	14.7	15.2	15.6	16.1	16.7	17.2	17.9	18.5	19.2	20.0	20.8	5
6	14.6	15.0	15.4	15.8	16.2	16.7	17.1	17.6	18.2	18.8	19.4	20.0	20.7	21.4	22.2	23.1	24.0	25.0	6
7	17.1	17.5	17.9	18.4	18.9	19.4	20.0	20.6	21.2	21.9	22.6	23.3	24.1	25.0	25.9	26.9	28.0	29.2	7
8	19.5	20.0	20.5	21.1	21.6	22.2	22.9	23.5	24.2	25.0	25.8	26.7	27.6	28.6	29.6	30.8	32.0	33.3	8
9	22.0	22.5	23.1	23.7	24.3	25.0	25.7	26.5	27.3	28.1	29.0	30.0	31.0	32.1	33.3	34.6	36.0	37.5	9
10	24.4	25.0	25.6	26.3	27.0	27.8	28.6	29.4	30.3	31.3	32.3	33.3	34.5	35.7	37.0	38.5	40.0	41.7	10
11	26.8	27.5	28.2	28.9	29.7	30.6	31.4	32.4	33.3	34.4	35.5	36.7	37.9	39.3	40.7	42.3	44.0	45.8	11
12	29.3	30.0	30.8	31.6	32.4	33.3	34.3	35.3	36.4	37.5	38.7	40.0	41.4	42.9	44.4	46.2	48.0	50.0	12
13	31.7	32.5	33.3	34.2	35.1	36.1	37.1	38.2	39.4	40.6	41.9	43.3	44.8	46.4	48.1	50.0	52.0	54.2	13
14	34.2	35.0	35.9	36.8	37.8	38.9	40.0	41.2	42.4	43.8	45.2	46.7	48.3	50.0	51.9	53.8	56.0	58.3	14
15	36.6	37.5	38.5	39.5	40.5	41.7	42.9	44.1	45.5	46.9	48.4	50.0	51.7	53.6	55.6	57.7	60.0	62.5	15
16	39.0	40.0	41.0	42.1	43.2	44.4	45.7	47.1	48.5	50.0	51.6	53.3	55.2	57.1	59.3	61.5	64.0	66.7	16
17	41.5	42.5	43.6	44.7	45.9	47.2	48.6	50.0	51.5	53.1	54.8	56.7	58.6	60.7	63.0	65.4	68.0	70.8	17
18	43.9	45.0	46.2	47.4	48.6	50.0	51.4	52.9	54.5	56.3	58.1	60.0	62.1	64.3	66.7	69.2	72.0	75.0	18
19	46.3	47.5	48.7	50.0	51.4	52.8	54.3	55.9	57.6	59.4	61.3	63.3	65.5	67.9	70.4	73.1	76.0	79.2	19
20	48.8	50.0	51.3	52.6	54.1	55.6	57.1	58.8	60.6	62.5	64.5	66.7	69.0	71.4	74.1	76.9	80.0	83.3	20
21	51.2	52.5	53.8	55.3	56.8	58.3	60.0	61.8	63.6	65.6	67.7	70.0	72.4	75.0	77.8	80.8	84.0	87.5	21
22	53.7	55.0	56.4	57.9	59.5	61.1	62.9	64.7	66.7	68.8	71.0	73.3	75.9	78.6	81.5	84.6	88.0	91.7	22
23	56.1	57.5	59.0	60.5	62.2	63.9	65.7	67.6	69.7	71.9	74.2	76.7	79.3	82.1	85.2	88.5	92.0	95.8	23
24	58.5	60.0	61.5	63.2	64.9	66.7	68.6	70.6	72.7	75.0	77.4	80.0	82.8	85.7	88.9	92.3	96.0		24
25	61.0	62.5	64.1	65.8	67.6	69.4	71.4	73.5	75.8	78.1	80.6	83.3	86.2	89.3	92.6	96.2		4.4	1
26	63.4	65.0	66.7	68.4	70.3	72.2	74.3	76.5	78.8	81.3	83.9	86.7	89.7	92.9	96.3		4.6	8.7	2
27	65.9	67.5	69.2	71.1	73.0	75.0	77.1	79.4	81.8	84.4	87.1	90.0	93.1	96.4		4.8	9.0	13.0	3
28	68.3	70.0	71.8	73.7	75.7	77.8	80.0	82.4	84.8	87.5	90.3	93.3	96.6		5.0	9.5	13.6	17.4	4
29	70.7	72.5	74.4	76.3	78.4	80.6	82.9	85.3	87.9	90.6	93.5	96.7		5.3	10.0	14.3	18.2	21.7	5
30	73.2	75.0	76.9	78.9	81.1	83.3	85.7	88.2	90.9	93.8	96.8		5.6	10.5	15.0	19.0	22.7	26.1	6
31	75.6	77.5	79.5	81.6	83.8	86.1	88.6	91.2	93.9	96.9		5.9	11.1	15.8	20.0	23.8	27.3	30.4	7
32	78.0	80.0	82.1	84.2	86.5	88.9	91.4	94.1	97.0		6.3	11.8	16.7	21.1	25.0	28.6	31.8	34.8	8
33	80.5	82.5	84.6	86.8	89.2	91.7	94.3	97.1		6.7	12.5	17.6	22.2	26.3	30.0	33.3	36.4	39.1	9
34	82.9	85.0	87.2	89.5	91.9	94.4	97.1		7.1	13.3	18.8	23.5	27.8	31.6	35.0	38.1	40.9	43.5	10

（续表）

n\m	40	39	38	37	36	35	34	33	32	31	30	29	28	27	26	25	24	23	n\m
35	85.4	87.5	89.7	92.1	94.6	97.2		7.7	14.3	20.0	25.0	29.4	33.3	36.8	40.0	42.9	45.5	47.8	11
36	87.8	90.0	92.3	94.7	97.3		8.3	15.4	21.4	26.7	31.3	35.3	38.9	42.1	45.0	47.6	50.0	52.2	12
37	90.2	92.5	94.9	97.4		9.1	16.7	23.1	28.6	33.3	37.5	41.2	44.4	47.4	50.0	52.4	54.6	56.5	13
38	92.7	95.0	97.4		10.0	18.2	25.0	30.8	35.7	40.0	43.8	47.1	50.0	52.6	55.0	57.1	59.1	60.9	14
39	95.1	97.5		11.1	20.0	27.3	33.3	38.5	42.9	46.7	50.0	52.9	55.6	57.9	60.0	61.9	63.6	65.2	15
40	97.6		12.5	22.2	30.0	36.4	41.7	46.2	50.0	53.3	56.3	58.8	61.1	63.2	65.0	66.7	68.2	69.6	16
		14.3	25.0	33.3	40.0	45.5	50.0	53.8	57.1	60.0	62.5	64.7	66.7	68.4	70.0	71.4	72.7	73.9	17
1	16.7	28.6	37.5	44.4	50.0	54.5	58.3	61.5	64.3	66.7	68.8	70.6	72.2	73.7	75.0	76.2	77.3	78.3	18
2	33.3	42.9	50.0	55.6	60.0	63.6	66.7	69.2	71.4	73.3	75.0	76.5	77.8	78.9	80.0	81.0	81.8	82.6	19
3	50.0	57.1	62.5	66.7	70.0	72.7	75.0	76.9	78.6	80.0	81.3	82.4	83.3	84.2	85.0	85.7	86.4	87.0	20
4	66.7	71.4	75.0	77.8	80.0	81.8	83.3	84.6	85.7	86.7	87.5	88.2	88.9	89.5	90.0	90.5	90.9	91.3	21
5	83.3	85.7	87.5	88.9	90.0	90.9	91.7	92.3	92.9	93.3	93.8	94.1	94.4	94.7	95.0	95.2	95.5	95.7	22
m\n	5	6	7	8	9	10	11	12	13	14	15	16	17	18	19	20	21	22	m\n

附表 3　P-Ⅲ型累积频率曲线的离均系数 Φ_p 值表

C_s \ $P/\%$	0.001	0.01	0.1	0.2	0.333	0.5	1	2	3	5	10	20	25	30
0.0	4.26	3.72	3.09	2.88	2.71	2.58	2.33	2.05	1.88	1.64	1.28	0.84	0.67	−0.25
0.1	4.55	3.93	3.23	3.00	2.82	2.67	2.40	2.11	1.92	1.67	1.29	0.84	0.66	0.51
0.2	4.85	4.15	3.38	3.12	2.93	2.76	2.47	2.16	1.96	1.70	1.30	0.83	0.65	0.50
0.3	5.15	4.37	3.52	3.24	3.03	2.86	2.54	2.21	2.00	1.73	1.31	0.82	0.64	0.49
0.4	5.45	4.60	3.67	3.37	3.14	2.95	2.62	2.26	2.04	1.75	1.32	0.82	0.63	0.47
0.5	5.76	4.82	3.81	3.49	3.24	3.04	2.69	2.31	2.08	1.77	1.32	0.81	0.62	0.46
0.6	6.07	5.05	3.96	3.61	3.35	3.13	2.76	2.36	2.12	1.80	1.33	0.80	0.60	0.44
0.7	6.38	5.27	4.10	3.73	3.45	3.22	2.82	2.41	2.15	1.82	1.33	0.79	0.59	0.43
0.8	6.70	5.50	4.24	3.85	3.55	3.31	2.89	2.45	2.19	1.84	1.34	0.78	0.58	0.41
0.9	7.02	5.73	4.39	3.97	3.66	3.40	2.96	2.50	2.22	1.86	1.34	0.77	0.56	0.40
1.0	7.33	5.96	4.53	4.09	3.76	3.49	3.02	2.54	2.25	1.88	1.34	0.76	0.55	0.38
1.1	7.65	6.18	4.67	4.21	3.86	3.58	3.09	2.58	2.28	1.89	1.34	0.75	0.53	0.36
1.2	7.97	6.41	4.81	4.32	3.96	3.66	3.15	2.63	2.31	1.91	1.34	0.73	0.52	0.35
1.3	8.29	6.64	4.96	4.44	4.05	3.74	3.21	2.67	2.34	1.92	1.34	0.72	0.50	0.33

（续表）

$P/\%$ C_s	0.001	0.01	0.1	0.2	0.333	0.5	1	2	3	5	10	20	25	30
1.4	8.61	6.87	5.10	4.55	4.15	3.83	3.27	2.71	2.37	1.94	1.34	0.71	0.49	0.31
1.5	8.93	7.09	5.23	4.67	4.25	3.91	3.33	2.74	2.40	1.95	1.33	0.69	0.47	0.30
1.6	9.24	7.32	5.37	4.78	4.34	3.99	3.39	2.78	2.42	1.96	1.33	0.68	0.45	0.28
1.7	9.56	7.54	5.51	4.89	4.43	4.07	3.44	2.81	2.44	1.97	1.32	0.66	0.44	0.26
1.8	9.88	7.77	5.64	5.00	4.53	4.15	3.50	2.85	2.47	1.98	1.32	0.64	0.42	0.24
1.9	10.20	7.99	5.78	5.11	4.62	4.22	3.55	2.88	2.49	1.99	1.31	0.63	0.40	0.22
2.0	10.51	8.21	5.91	5.21	4.70	4.30	3.61	2.91	2.51	2.00	1.30	0.61	0.38	0.20
2.1	10.83	8.43	6.04	5.32	4.79	4.37	3.66	2.94	2.53	2.00	1.29	0.59	0.36	0.19
2.2	11.14	8.65	6.17	5.42	4.88	4.44	3.71	2.97	2.54	2.01	1.28	0.57	0.34	0.17
2.3	11.46	8.87	6.30	5.53	4.96	4.51	3.75	3.00	2.56	2.01	1.27	0.56	0.32	0.15
2.4	11.77	9.08	6.42	5.63	5.05	4.58	3.80	3.02	2.57	2.01	1.26	0.54	0.31	0.13
2.5	12.08	9.30	6.55	5.73	5.13	4.65	3.85	3.05	2.59	2.01	1.25	0.52	0.29	0.11
2.6	12.39	9.51	6.67	5.83	5.21	4.72	3.89	3.07	2.60	2.01	1.24	0.50	0.27	0.09
2.7	12.70	9.73	6.79	5.92	5.29	4.78	3.93	3.09	2.61	2.01	1.22	0.48	0.25	0.08
2.8	13.00	9.94	6.92	6.02	5.36	4.85	3.97	3.11	2.62	2.01	1.21	0.46	0.23	0.06
2.9	13.31	10.15	7.03	6.11	5.44	4.91	4.01	3.13	2.63	2.01	1.20	0.44	0.21	0.04
3.0	13.61	10.35	7.15	6.21	5.51	4.97	4.05	3.15	2.64	2.00	1.18	0.42	0.19	0.02
3.1	13.92	10.56	7.27	6.30	5.59	5.03	4.09	3.17	2.64	2.00	1.16	0.40	0.17	0.01
3.2	14.22	10.77	7.38	6.39	5.66	5.09	4.12	3.19	2.65	1.99	1.15	0.38	0.15	−0.01
3.3	14.52	10.97	7.50	6.47	5.73	5.14	4.16	3.20	2.65	1.99	1.13	0.36	0.14	−0.03
3.4	14.82	11.17	7.61	6.56	5.80	5.20	4.19	3.21	2.66	1.98	1.11	0.34	0.12	−0.04

40	50	60	70	75	80	85	90	95	97	99	99.9	100	$P/\%$ C_s
0.25	0.00	−0.25	−0.52	−0.67	−0.84	−1.04	−1.28	−1.64	−1.88	−2.33	−3.09	−∞	0.0
0.24	−0.02	−0.27	−0.54	−0.68	−0.85	−1.03	−1.27	−1.62	−1.84	−2.25	−2.95	−20.00	0.1
0.22	−0.03	−0.28	−0.55	−0.69	−0.85	−1.03	−1.26	−1.59	−1.79	−2.18	−2.81	−10.00	0.2
0.21	−0.05	−0.30	−0.56	−0.70	−0.85	−1.03	−1.25	−1.56	−1.75	−2.10	−2.67	−6.67	0.3
0.19	−0.07	−0.31	−0.57	−0.71	−0.86	−1.02	−1.23	−1.52	−1.70	−2.03	−2.53	−5.00	0.4
0.17	−0.08	−0.33	−0.58	−0.71	−0.86	−1.02	−1.22	−1.49	−1.66	−1.95	−2.40	−4.00	0.5
0.16	−0.10	−0.34	−0.59	−0.72	−0.86	−1.01	−1.20	−1.46	−1.61	−1.88	−2.27	−3.33	0.6

（续表）

40	50	60	70	75	80	85	90	95	97	99	99.9	100	$P/\%$ C_s
0.14	−0.12	−0.36	−0.60	−0.72	−0.86	−1.01	−1.18	−1.42	−1.57	−1.81	−2.14	−2.86	0.7
0.12	−0.13	−0.37	−0.60	−0.73	−0.86	−1.00	−1.17	−1.39	−1.52	−1.73	−2.02	−2.50	0.8
0.10	−0.15	−0.38	−0.61	−0.73	−0.85	−0.99	−1.15	−1.35	−1.47	−1.66	−1.90	−2.22	0.9
0.09	−0.16	−0.39	−0.62	−0.73	−0.85	−0.98	−1.13	−1.32	−1.42	−1.59	−1.79	−2.00	1.0
0.07	−0.18	−0.41	−0.62	−0.73	−0.85	−0.97	−1.11	−1.28	−1.37	−1.52	−1.68	−1.82	1.1
0.05	−0.20	−0.42	−0.63	−0.74	−0.84	−0.96	−1.09	−1.24	−1.33	−1.45	−1.58	−1.67	1.2
0.04	−0.21	−0.43	−0.63	−0.74	−0.84	−0.95	−1.06	−1.21	−1.28	−1.38	−1.48	−1.54	1.3
0.02	−0.23	−0.44	−0.64	−0.73	−0.83	−0.93	−1.04	−1.17	−1.23	−1.32	−1.39	−1.43	1.4
0.00	−0.24	−0.45	−0.64	−0.73	−0.83	−0.92	−1.02	−1.13	−1.19	−1.26	−1.31	−1.33	1.5
−0.02	−0.25	−0.46	−0.64	−0.73	−0.82	−0.90	−0.99	−1.09	−1.14	−1.20	−1.24	−1.25	1.6
−0.03	−0.27	−0.47	−0.64	−0.73	−0.81	−0.89	−0.97	−1.06	−1.09	−1.14	−1.17	−1.18	1.7
−0.05	−0.28	−0.48	−0.64	−0.72	−0.80	−0.87	−0.94	−1.02	−1.05	−1.09	−1.11	−1.11	1.8
−0.07	−0.29	−0.48	−0.64	−0.72	−0.79	−0.86	−0.92	−0.98	−1.01	−1.04	−1.05	−1.05	1.9
−0.08	−0.31	−0.49	−0.64	−0.71	−0.78	−0.84	−0.89	−0.95	−0.97	−0.99	−1.00	−1.00	2.0
−0.10	−0.32	−0.49	−0.64	−0.71	−0.76	−0.82	−0.87	−0.91	−0.93	−0.95	−0.95	−0.95	2.1
−0.12	−0.33	−0.50	−0.64	−0.70	−0.75	−0.80	−0.84	−0.88	−0.89	−0.91	−0.91	−0.91	2.2
−0.13	−0.34	−0.50	−0.63	−0.69	−0.74	−0.78	−0.82	−0.85	−0.86	−0.87	−0.87	−0.87	2.3
−0.15	−0.35	−0.51	−0.63	−0.68	−0.72	−0.76	−0.79	−0.82	−0.83	−0.83	−0.83	−0.83	2.4
−0.16	−0.36	−0.51	−0.62	−0.67	−0.71	−0.74	−0.77	−0.79	−0.80	−0.80	−0.80	−0.80	2.5
−0.18	−0.37	−0.51	−0.62	−0.66	−0.70	−0.72	−0.75	−0.76	−0.77	−0.77	−0.77	−0.77	2.6
−0.19	−0.38	−0.51	−0.61	−0.65	−0.68	−0.71	−0.72	−0.74	−0.74	−0.74	−0.74	−0.74	2.7
−0.20	−0.38	−0.51	−0.60	−0.64	−0.67	−0.69	−0.70	−0.71	−0.71	−0.71	−0.71	−0.71	2.8
−0.22	−0.39	−0.51	−0.60	−0.63	−0.65	−0.67	−0.68	−0.69	−0.69	−0.69	−0.69	−0.69	2.9
−0.23	−0.40	−0.51	−0.59	−0.62	−0.64	−0.65	−0.66	−0.67	−0.67	−0.67	−0.67	−0.67	3.0
−0.24	−0.40	−0.51	−0.58	−0.60	−0.62	−0.63	−0.64	−0.64	−0.64	−0.65	−0.65	−0.65	3.1
−0.25	−0.40	−0.51	−0.57	−0.59	−0.61	−0.62	−0.62	−0.62	−0.62	−0.62	−0.62	−0.63	3.2
−0.26	−0.41	−0.50	−0.56	−0.58	−0.59	−0.60	−0.60	−0.61	−0.61	−0.61	−0.61	−0.61	3.3
−0.27	−0.41	−0.50	−0.55	−0.57	−0.58	−0.58	−0.59	−0.59	−0.59	−0.59	−0.59	−0.59	3.4

附表 4 P-Ⅲ型累积频率曲线的模比系数 K_p 值表

$P/\%$ C_v	0.01	0.1	0.2	0.33	0.5	1	2	5	10	20	50	75	90	95	99
						(一) $C_s=C_v$									
0.05	1.19	1.16	1.15	1.14	1.13	1.12	1.11	1.00	1.07	1.04	1.00	0.97	0.94	0.92	0.89
0.10	1.39	1.32	1.30	1.28	1.27	1.24	1.21	1.17	1.13	1.08	1.00	0.93	0.87	0.84	0.77
0.15	1.61	1.50	1.46	1.43	1.41	1.37	1.32	1.25	1.19	1.13	1.00	0.90	0.81	0.76	0.67
0.20	1.83	1.68	1.62	1.59	1.55	1.49	1.43	1.34	1.26	1.17	0.99	0.86	0.75	0.68	0.56
0.25	2.07	1.86	1.80	1.74	1.70	1.63	1.55	1.43	1.33	1.21	0.99	0.83	0.69	0.61	0.46
0.30	2.31	2.06	1.97	1.91	1.86	1.76	1.66	1.52	1.39	1.25	0.99	0.79	0.63	0.53	0.37
0.35	2.57	2.26	2.16	2.08	2.02	1.90	1.78	1.61	1.46	1.29	0.98	0.75	0.57	0.46	0.28
0.40	2.84	2.47	2.35	2.25	2.18	2.05	1.90	1.70	1.53	1.33	0.97	0.72	0.51	0.39	0.19
0.45	3.12	2.68	2.54	2.44	2.35	2.19	2.03	1.79	1.59	1.37	0.97	0.68	0.45	0.32	0.10
0.50	3.41	2.91	2.74	2.62	2.52	2.34	2.16	1.89	1.66	1.40	0.96	0.64	0.39	0.25	0.02
0.55	3.71	3.14	2.95	2.81	2.70	2.50	2.28	1.98	1.73	1.44	0.95	0.61	0.34	0.19	−0.05
0.60	4.03	3.37	3.17	3.01	2.88	2.65	2.42	2.08	1.80	1.48	0.94	0.57	0.28	0.13	−0.13
0.65	4.35	3.62	3.38	3.21	3.07	2.81	2.55	2.18	1.87	1.52	0.93	0.53	0.23	0.06	−0.20
0.70	4.69	3.87	3.61	3.42	3.26	2.98	2.68	2.27	1.93	1.55	0.92	0.49	0.17	0.00	−0.26
0.75	5.04	4.13	3.84	3.63	3.45	3.14	2.82	2.37	2.00	1.59	0.91	0.46	0.12	−0.05	−0.33
0.80	5.40	4.40	4.08	3.84	3.65	3.31	2.96	2.47	2.07	1.62	0.89	0.42	0.07	−0.11	−0.39
0.85	5.77	4.67	4.32	4.06	3.85	3.49	3.10	2.57	2.14	1.66	0.88	0.38	0.02	−0.17	−0.44
0.90	6.16	4.95	4.57	4.29	4.06	3.66	3.25	2.67	2.20	1.69	0.87	0.34	−0.03	−0.22	−0.49
0.95	6.55	5.24	4.83	4.52	4.27	3.84	3.39	2.77	2.27	1.73	0.85	0.31	−0.08	−0.27	−0.54
1.00	6.96	5.53	5.09	4.76	4.49	4.02	3.54	2.88	2.34	1.76	0.84	0.27	−0.13	−0.32	−0.59
1.05	7.37	5.83	5.35	5.00	4.71	4.21	3.69	2.98	2.41	1.79	0.82	0.23	−0.17	−0.36	−0.63
1.10	7.80	6.14	5.63	5.24	4.93	4.40	3.84	3.08	2.48	1.82	0.80	0.19	−0.22	−0.41	−0.67
1.15	8.24	6.46	5.90	5.49	5.16	4.59	4.00	3.19	2.54	1.85	0.78	0.16	−0.26	−0.45	−0.71
1.20	8.69	6.78	6.19	5.75	5.39	4.78	4.15	3.29	2.61	1.88	0.77	0.12	−0.30	−0.49	−0.74
1.25	9.16	7.11	6.48	6.01	5.63	4.98	4.31	3.40	2.67	1.91	0.75	0.08	−0.34	−0.53	−0.77
1.30	9.63	7.44	6.77	6.27	5.87	5.17	4.47	3.50	2.74	1.93	0.73	0.04	−0.38	−0.57	−0.80
1.35	10.12	7.78	7.07	6.54	6.11	5.38	4.63	3.61	2.81	1.96	0.71	0.01	−0.42	−0.60	−0.82
1.40	10.61	8.13	7.37	6.81	6.36	5.58	4.79	3.71	2.87	1.99	0.68	−0.03	−0.46	−0.64	−0.85
1.45	11.12	8.49	7.68	7.09	6.61	5.79	4.95	3.82	2.94	2.01	0.66	−0.06	−0.49	−0.67	−0.87
1.50	11.64	8.85	8.00	7.37	6.86	6.00	5.11	3.93	3.00	2.04	0.64	−0.10	−0.53	−0.70	−0.88

（续表）

C_v ＼ $P/\%$	0.01	0.1	0.2	0.33	0.5	1	2	5	10	20	50	75	90	95	99
					（二）$C_s = 1.5C_v$										
0.05	1.19	1.16	1.15	1.14	1.13	1.12	1.10	1.08	1.06	1.04	1.00	0.97	0.94	0.92	0.89
0.10	1.40	1.33	1.31	1.29	1.27	1.24	1.21	1.17	1.13	1.08	1.00	0.93	0.87	0.84	0.78
0.15	1.63	1.51	1.47	1.44	1.42	1.37	1.33	1.26	1.20	1.12	0.99	0.90	0.81	0.76	0.68
0.20	1.87	1.70	1.65	1.61	1.57	1.51	1.44	1.35	1.26	1.16	0.99	0.86	0.75	0.69	0.58
0.25	2.14	1.91	1.83	1.78	1.73	1.65	1.56	1.44	1.33	1.20	0.98	0.82	0.69	0.62	0.49
0.30	2.41	2.12	2.03	1.96	1.90	1.80	1.69	1.53	1.40	1.24	0.98	0.79	0.63	0.55	0.40
0.35	2.71	2.35	2.23	2.14	2.07	1.95	1.81	1.62	1.46	1.28	0.97	0.75	0.58	0.48	0.32
0.40	3.02	2.58	2.44	2.34	2.25	2.10	1.94	1.72	1.53	1.32	0.96	0.71	0.52	0.42	0.25
0.45	3.35	2.83	2.66	2.54	2.44	2.26	2.08	1.82	1.60	1.36	0.95	0.68	0.47	0.36	0.18
0.50	3.69	3.09	2.89	2.75	2.63	2.43	2.21	1.91	1.67	1.39	0.94	0.64	0.41	0.30	0.12
0.55	4.06	3.35	3.13	2.97	2.83	2.60	2.36	2.01	1.74	1.43	0.93	0.60	0.36	0.24	0.06
0.60	4.44	3.63	3.38	3.19	3.04	2.77	2.50	2.12	1.80	1.46	0.91	0.56	0.31	0.19	0.00
0.65	4.83	3.92	3.64	3.43	3.25	2.95	2.65	2.22	1.87	1.49	0.90	0.52	0.26	0.14	−0.04
0.70	5.25	4.22	3.90	3.66	3.47	3.14	2.79	2.32	1.94	1.53	0.88	0.49	0.22	0.09	−0.09
0.75	5.68	4.53	4.18	3.91	3.70	3.33	2.95	2.42	2.01	1.56	0.86	0.45	0.17	0.05	−0.13
0.80	6.13	4.85	4.46	4.16	3.93	3.52	3.10	2.53	2.07	1.59	0.84	0.41	0.13	0.01	−0.16
0.85	6.60	5.18	4.75	4.43	4.17	3.72	3.26	2.63	2.14	1.61	0.82	0.37	0.09	−0.03	−0.19
0.90	7.08	5.52	5.05	4.69	4.41	3.92	3.42	2.74	2.20	1.64	0.80	0.34	0.05	−0.07	−0.22
0.95	7.58	5.87	5.35	4.97	4.66	4.12	3.58	2.84	2.27	1.67	0.78	0.30	0.02	−0.10	−0.24
1.00	8.09	6.23	5.67	5.25	4.91	4.33	3.74	2.95	2.33	1.69	0.76	0.27	−0.02	−0.13	−0.26
1.05	8.62	6.60	5.99	5.53	5.17	4.54	3.91	3.06	2.40	1.71	0.74	0.23	−0.05	−0.16	−0.27
1.10	9.17	6.98	6.32	5.83	5.43	4.76	4.08	3.16	2.46	1.73	0.71	0.20	−0.08	−0.18	−0.29
1.15	9.74	7.37	6.65	6.13	5.70	4.98	4.25	3.27	2.52	1.75	0.69	0.16	−0.11	−0.20	−0.30
1.20	10.32	7.77	7.00	6.43	5.98	5.20	4.42	3.38	2.58	1.77	0.66	0.13	−0.13	−0.22	−0.30
1.25	10.92	8.18	7.35	6.74	6.26	5.42	4.59	3.48	2.64	1.79	0.64	0.10	−0.16	−0.24	−0.31
1.30	11.53	8.59	7.71	7.06	6.54	5.65	4.77	3.59	2.70	1.80	0.61	0.07	−0.18	−0.26	−0.32
1.35	12.16	9.02	8.08	7.38	6.83	5.88	4.94	3.70	2.76	1.82	0.58	0.04	−0.20	−0.27	−0.32
1.40	12.80	9.45	8.45	7.71	7.12	6.12	5.12	3.80	2.81	1.83	0.55	0.01	−0.22	−0.28	−0.32
1.45	13.46	9.90	8.83	8.04	7.42	6.36	5.30	3.91	2.87	1.84	0.53	−0.01	−0.23	−0.29	−0.33
1.50	14.14	10.35	9.21	8.38	7.72	6.59	5.48	4.01	2.92	1.85	0.50	−0.04	−0.25	−0.30	−0.33

（续表）

C_v \ $P/\%$	0.01	0.1	0.2	0.33	0.5	1	2	5	10	20	50	75	90	95	99
（三）$C_s=2C_v$															
0.05	1.20	1.16	1.15	1.14	1.13	1.12	1.11	1.08	1.06	1.04	1.00	0.97	0.94	0.92	0.89
0.10	1.42	1.34	1.31	1.29	1.28	1.25	1.22	1.17	1.13	1.08	1.00	0.93	0.87	0.84	0.78
0.15	1.66	1.53	1.49	1.45	1.43	1.38	1.33	1.26	1.20	1.12	0.99	0.90	0.81	0.77	0.68
0.20	1.92	1.73	1.67	1.63	1.59	1.52	1.45	1.35	1.26	1.16	0.99	0.86	0.75	0.70	0.59
0.25	2.21	1.95	1.87	1.81	1.76	1.67	1.58	1.44	1.33	1.20	0.98	0.82	0.70	0.63	0.51
0.30	2.51	2.19	2.08	2.00	1.94	1.83	1.71	1.54	1.40	1.24	0.97	0.78	0.64	0.56	0.44
0.35	2.85	2.44	2.31	2.21	2.13	1.99	1.84	1.64	1.47	1.28	0.96	0.75	0.59	0.50	0.37
0.40	3.20	2.70	2.54	2.42	2.32	2.16	1.98	1.74	1.53	1.31	0.95	0.71	0.53	0.44	0.31
0.45	3.58	2.97	2.79	2.64	2.53	2.33	2.12	1.84	1.60	1.35	0.93	0.67	0.48	0.39	0.25
0.50	3.98	3.27	3.04	2.88	2.74	2.51	2.27	1.94	1.67	1.38	0.92	0.63	0.44	0.34	0.21
0.55	4.40	3.57	3.31	3.12	2.97	2.70	2.42	2.04	1.74	1.41	0.90	0.60	0.39	0.30	0.17
0.60	4.85	3.89	3.59	3.37	3.20	2.89	2.58	2.15	1.80	1.44	0.88	0.56	0.35	0.25	0.13
0.65	5.32	4.22	3.88	3.64	3.43	3.09	2.73	2.25	1.87	1.47	0.86	0.52	0.31	0.22	0.10
0.70	5.81	4.57	4.19	3.91	3.68	3.29	2.89	2.36	1.94	1.49	0.84	0.49	0.27	0.18	0.08
0.75	6.32	4.93	4.50	4.18	3.93	3.50	3.06	2.46	2.00	1.52	0.82	0.45	0.24	0.15	0.06
0.80	6.85	5.30	4.82	4.47	4.19	3.71	3.22	2.57	2.06	1.54	0.80	0.42	0.20	0.13	0.04
0.85	7.41	5.68	5.16	4.77	4.46	3.93	3.39	2.68	2.13	1.56	0.77	0.38	0.18	0.10	0.03
0.90	7.99	6.08	5.50	5.07	4.73	4.15	3.56	2.78	2.19	1.58	0.75	0.35	0.15	0.08	0.02
0.95	8.59	6.49	5.85	5.39	5.01	4.38	3.74	2.89	2.25	1.60	0.72	0.32	0.13	0.07	0.01
1.00	9.21	6.91	6.21	5.70	5.30	4.61	3.91	3.00	2.30	1.61	0.69	0.29	0.11	0.05	0.01
1.05	9.85	7.34	6.59	6.03	5.59	4.84	4.09	3.10	2.36	1.62	0.67	0.26	0.09	0.04	0.01
1.10	10.51	7.78	6.97	6.37	5.89	5.08	4.27	3.21	2.41	1.63	0.64	0.23	0.07	0.03	0.00
1.15	11.20	8.24	7.36	6.71	6.19	5.32	4.45	3.31	2.46	1.64	0.61	0.21	0.06	0.02	0.00
1.20	11.90	8.71	7.75	7.06	6.50	5.56	4.63	3.41	2.51	1.64	0.58	0.18	0.05	0.02	0.00
1.25	12.62	9.19	8.16	7.41	6.81	5.81	4.81	3.52	2.56	1.65	0.55	0.16	0.04	0.01	0.00
1.30	13.37	9.67	8.57	7.77	7.13	6.06	4.99	3.62	2.61	1.65	0.52	0.14	0.03	0.01	0.00
1.35	14.13	10.17	9.00	8.14	7.46	6.31	5.18	3.72	2.65	1.65	0.49	0.12	0.02	0.01	0.00
1.40	14.91	10.68	9.43	8.51	7.79	6.56	5.36	3.81	2.69	1.64	0.46	0.11	0.02	0.00	0.00
1.45	15.71	11.20	9.86	8.89	8.12	6.82	5.54	3.91	2.73	1.64	0.43	0.09	0.01	0.00	0.00
1.50	16.53	11.73	10.31	9.27	8.45	7.08	5.73	4.01	2.77	1.63	0.41	0.08	0.01	0.00	0.00

（续表）

C_v \ $P/\%$	0.01	0.1	0.2	0.33	0.5	1	2	5	10	20	50	75	90	95	99
（四）$C_s=2.5C_v$														
0.05	1.20	1.16	1.15	1.14	1.13	1.12	1.11	1.08	1.06	1.04	1.00	0.97	0.94	0.92	0.89
0.10	1.43	1.34	1.32	1.30	1.28	1.25	1.22	1.17	1.13	1.08	1.00	0.93	0.87	0.84	0.79
0.15	1.68	1.54	1.50	1.47	1.44	1.39	1.34	1.26	1.20	1.12	0.99	0.89	0.81	0.77	0.69
0.20	1.96	1.76	1.70	1.65	1.61	1.54	1.46	1.35	1.26	1.16	0.98	0.86	0.76	0.70	0.61
0.25	2.28	2.00	1.91	1.84	1.79	1.69	1.59	1.45	1.33	1.20	0.97	0.82	0.70	0.64	0.53
0.30	2.62	2.25	2.14	2.05	1.98	1.86	1.73	1.55	1.40	1.24	0.96	0.78	0.65	0.58	0.47
0.35	2.99	2.52	2.38	2.27	2.18	2.03	1.87	1.65	1.47	1.27	0.95	0.74	0.60	0.52	0.41
0.40	3.38	2.81	2.64	2.50	2.40	2.21	2.02	1.75	1.54	1.30	0.93	0.71	0.55	0.47	0.36
0.45	3.81	3.12	2.91	2.75	2.62	2.40	2.17	1.85	1.60	1.33	0.92	0.67	0.50	0.43	0.32
0.50	4.26	3.44	3.19	3.00	2.85	2.59	2.32	1.96	1.67	1.36	0.90	0.63	0.46	0.39	0.29
0.55	4.75	3.78	3.49	3.27	3.09	2.79	2.48	2.06	1.74	1.39	0.88	0.60	0.42	0.35	0.27
0.60	5.26	4.14	3.80	3.55	3.35	3.00	2.65	2.17	1.80	1.41	0.86	0.56	0.39	0.32	0.25
0.65	5.79	4.51	4.12	3.84	3.61	3.21	2.81	2.28	1.86	1.44	0.83	0.53	0.36	0.30	0.23
0.70	6.36	4.90	4.46	4.14	3.88	3.43	2.98	2.38	1.92	1.46	0.81	0.49	0.33	0.27	0.22
0.75	6.95	5.31	4.81	4.45	4.15	3.65	3.15	2.49	1.98	1.47	0.78	0.46	0.31	0.26	0.21
0.80	7.57	5.73	5.17	4.76	4.44	3.88	3.33	2.60	2.04	1.49	0.75	0.43	0.28	0.24	0.21
0.85	8.21	6.16	5.54	5.09	4.73	4.12	3.51	2.70	2.10	1.50	0.73	0.40	0.27	0.23	0.20
0.90	8.88	6.61	5.93	5.43	5.03	4.36	3.69	2.81	2.15	1.51	0.70	0.38	0.25	0.22	0.20
0.95	9.58	7.07	6.32	5.77	5.34	4.60	3.87	2.91	2.20	1.51	0.67	0.35	0.24	0.21	0.20
1.00	10.30	7.55	6.73	6.13	5.65	4.85	4.05	3.01	2.25	1.52	0.64	0.33	0.23	0.21	0.20
1.05	11.04	8.04	7.14	6.49	5.97	5.10	4.23	3.11	2.30	1.52	0.61	0.31	0.22	0.21	0.20
1.10	11.81	8.54	7.57	6.86	6.30	5.35	4.41	3.21	2.34	1.52	0.58	0.29	0.22	0.20	0.20
1.15	12.61	9.06	8.00	7.23	6.63	5.60	4.60	3.31	2.38	1.51	0.55	0.28	0.21	0.20	0.20
1.20	13.43	9.58	8.45	7.62	6.96	5.86	4.78	3.40	2.42	1.50	0.53	0.26	0.21	0.20	0.20
1.25	14.27	10.12	8.90	8.01	7.30	6.12	4.97	3.50	2.45	1.49	0.50	0.25	0.21	0.20	0.20
1.30	15.13	10.67	9.36	8.40	7.65	6.38	5.15	3.59	2.48	1.48	0.47	0.24	0.20	0.20	0.20
1.35	16.01	11.24	9.83	8.81	8.00	6.65	5.33	3.67	2.51	1.47	0.45	0.23	0.20	0.20	0.20
1.40	16.92	11.81	10.30	9.21	8.35	6.91	5.52	3.76	2.53	1.45	0.42	0.23	0.20	0.20	0.20
1.45	17.85	12.39	10.79	9.63	8.71	7.18	5.70	3.84	2.56	1.43	0.40	0.22	0.20	0.20	0.20
1.50	18.80	12.99	11.28	10.05	9.07	7.45	5.88	3.92	2.57	1.41	0.38	0.21	0.20	0.20	0.20

（续表）

C_v \ $P/\%$	0.01	0.1	0.2	0.33	0.5	1	2	5	10	20	50	75	90	95	99
(五) $C_s=3C_v$															
0.05	1.20	1.17	1.15	1.14	1.14	1.12	1.11	1.08	1.06	1.04	1.00	0.97	0.94	0.92	0.89
0.10	1.44	1.35	1.32	1.30	1.29	1.25	1.22	1.17	1.13	1.08	1.00	0.93	0.88	0.84	0.79
0.15	1.71	1.56	1.51	1.48	1.45	1.40	1.34	1.26	1.20	1.12	0.99	0.89	0.82	0.77	0.70
0.20	2.01	1.79	1.72	1.67	1.63	1.55	1.47	1.36	1.27	1.16	0.98	0.86	0.76	0.71	0.62
0.25	2.35	2.04	1.95	1.88	1.82	1.71	1.61	1.46	1.33	1.20	0.97	0.82	0.71	0.65	0.56
0.30	2.72	2.32	2.19	2.10	2.02	1.89	1.75	1.56	1.40	1.23	0.96	0.78	0.66	0.59	0.50
0.35	3.12	2.61	2.45	2.33	2.24	2.07	1.90	1.66	1.47	1.26	0.94	0.74	0.61	0.55	0.46
0.40	3.56	2.93	2.73	2.58	2.46	2.26	2.05	1.76	1.54	1.29	0.92	0.71	0.57	0.50	0.42
0.45	4.04	3.26	3.02	2.85	2.70	2.46	2.21	1.87	1.60	1.32	0.90	0.67	0.53	0.47	0.39
0.50	4.55	3.62	3.33	3.12	2.95	2.67	2.37	1.98	1.67	1.35	0.88	0.63	0.49	0.43	0.37
0.55	5.09	3.99	3.66	3.41	3.22	2.88	2.54	2.08	1.73	1.37	0.86	0.60	0.46	0.41	0.36
0.60	5.66	4.39	4.00	3.71	3.49	3.10	2.71	2.19	1.79	1.39	0.83	0.57	0.43	0.39	0.35
0.65	6.26	4.80	4.35	4.03	3.77	3.33	2.88	2.30	1.85	1.40	0.80	0.54	0.41	0.37	0.34
0.70	6.90	5.23	4.72	4.35	4.06	3.56	3.06	2.40	1.91	1.41	0.78	0.51	0.39	0.36	0.34
0.75	7.57	5.67	5.11	4.69	4.36	3.80	3.24	2.51	1.96	1.42	0.75	0.48	0.38	0.35	0.34
0.80	8.27	6.14	5.50	5.04	4.67	4.04	3.42	2.61	2.01	1.43	0.72	0.46	0.36	0.34	0.33
0.85	9.00	6.62	5.91	5.39	4.98	4.29	3.60	2.71	2.06	1.43	0.69	0.43	0.36	0.34	0.33
0.90	9.75	7.11	6.33	5.76	5.30	4.54	3.78	2.81	2.10	1.43	0.66	0.42	0.35	0.34	0.33
0.95	10.54	7.63	6.76	6.13	5.63	4.79	3.97	2.91	2.14	1.43	0.63	0.40	0.34	0.34	0.33
1.00	11.35	8.15	7.21	6.51	5.97	5.05	4.15	3.00	2.18	1.42	0.60	0.38	0.34	0.33	0.33
1.05	12.20	8.69	7.66	6.90	6.31	5.31	4.34	3.10	2.21	1.41	0.58	0.37	0.34	0.33	0.33
1.10	13.07	9.25	8.12	7.30	6.66	5.58	4.52	3.19	2.24	1.40	0.55	0.36	0.34	0.33	0.33
1.15	13.96	9.81	8.59	7.71	7.01	5.84	4.70	3.27	2.27	1.38	0.53	0.36	0.33	0.33	0.33
1.20	14.89	10.40	9.08	8.12	7.37	6.11	4.89	3.36	2.29	1.36	0.50	0.35	0.33	0.33	0.33
1.25	15.84	10.99	9.57	8.54	7.73	6.37	5.07	3.44	2.31	1.34	0.48	0.35	0.33	0.33	0.33
1.30	16.81	11.59	10.07	8.96	8.09	6.64	5.25	3.51	2.33	1.32	0.46	0.34	0.33	0.33	0.33
1.35	17.81	12.21	10.57	9.39	8.46	6.91	5.42	3.58	2.34	1.29	0.44	0.34	0.33	0.33	0.33
1.40	18.84	12.84	11.09	9.82	8.83	7.18	5.60	3.65	2.35	1.27	0.43	0.34	0.33	0.33	0.33
1.45	19.88	13.48	11.61	10.26	9.21	7.45	5.77	3.72	2.35	1.24	0.41	0.34	0.33	0.33	0.33
1.50	20.96	14.13	12.14	10.71	9.59	7.72	5.95	3.78	2.35	1.21	0.40	0.34	0.33	0.33	0.33

（续表）

C_v \ $P/\%$	0.01	0.1	0.2	0.33	0.5	1	2	5	10	20	50	75	90	95	99
（六）$C_s = 3.5C_v$															
0.05	1.20	1.17	1.15	1.14	1.14	1.12	1.11	1.08	1.06	1.04	1.00	0.97	0.94	0.92	0.89
0.10	1.45	1.36	1.33	1.31	1.29	1.26	1.22	1.17	1.13	1.08	0.99	0.93	0.88	0.85	0.79
0.15	1.73	1.58	1.53	1.49	1.46	1.41	1.35	1.27	1.20	1.12	0.99	0.89	0.82	0.78	0.71
0.20	2.05	1.82	1.75	1.69	1.64	1.56	1.48	1.36	1.27	1.16	0.98	0.86	0.76	0.72	0.64
0.25	2.42	2.09	1.98	1.91	1.84	1.74	1.62	1.46	1.33	1.19	0.96	0.82	0.71	0.66	0.58
0.30	2.82	2.38	2.24	2.14	2.06	1.92	1.77	1.57	1.40	1.23	0.95	0.78	0.66	0.61	0.53
0.35	3.26	2.70	2.52	2.39	2.29	2.11	1.92	1.67	1.47	1.26	0.93	0.74	0.62	0.57	0.50
0.40	3.75	3.04	2.82	2.66	2.53	2.31	2.08	1.78	1.53	1.28	0.91	0.71	0.58	0.53	0.47
0.45	4.27	3.40	3.14	2.94	2.79	2.52	2.25	1.88	1.60	1.31	0.89	0.67	0.55	0.50	0.45
0.50	4.83	3.79	3.47	3.24	3.05	2.74	2.42	1.99	1.66	1.33	0.86	0.64	0.52	0.48	0.44
0.55	5.42	4.19	3.82	3.55	3.33	2.96	2.59	2.09	1.72	1.34	0.84	0.61	0.50	0.46	0.44
0.60	6.06	4.62	4.19	3.87	3.62	3.19	2.77	2.20	1.78	1.36	0.81	0.58	0.48	0.45	0.43
0.65	6.73	5.07	4.58	4.21	3.92	3.43	2.94	2.31	1.83	1.36	0.78	0.55	0.46	0.44	0.43
0.70	7.43	5.54	4.97	4.56	4.23	3.68	3.13	2.41	1.88	1.37	0.75	0.53	0.45	0.44	0.43
0.75	8.17	6.03	5.39	4.92	4.55	3.93	3.31	2.51	1.93	1.37	0.72	0.51	0.44	0.43	0.43
0.80	8.95	6.53	5.81	5.29	4.88	4.18	3.49	2.61	1.97	1.37	0.69	0.49	0.44	0.43	0.43
0.85	9.76	7.05	6.25	5.67	5.21	4.44	3.68	2.70	2.01	1.36	0.66	0.47	0.43	0.43	0.43
0.90	10.60	7.59	6.71	6.06	5.55	4.70	3.86	2.80	2.04	1.35	0.64	0.46	0.43	0.43	0.43
0.95	11.47	8.15	7.17	6.46	5.90	4.96	4.04	2.89	2.07	1.34	0.61	0.45	0.43	0.43	0.43
1.00	12.37	8.72	7.65	6.87	6.25	5.22	4.23	2.97	2.10	1.32	0.59	0.45	0.43	0.43	0.43
1.05	13.31	9.31	8.13	7.28	6.61	5.49	4.41	3.05	2.12	1.30	0.56	0.44	0.43	0.43	0.43
1.10	14.27	9.91	8.63	7.70	6.97	5.76	4.59	3.13	2.13	1.28	0.54	0.44	0.43	0.43	0.43
1.15	15.27	10.52	9.13	8.13	7.34	6.03	4.77	3.20	2.15	1.25	0.53	0.43	0.43	0.43	0.43
1.20	16.29	11.15	9.65	8.56	7.71	6.30	4.94	3.27	2.15	1.23	0.51	0.43	0.43	0.43	0.43
1.25	17.34	11.79	10.17	9.00	8.09	6.57	5.12	3.34	2.16	1.20	0.50	0.43	0.43	0.43	0.43
1.30	18.42	12.44	10.70	9.45	8.47	6.84	5.29	3.40	2.16	1.17	0.48	0.43	0.43	0.43	0.43
1.35	19.52	13.10	11.24	9.90	8.85	7.11	5.46	3.45	2.15	1.14	0.47	0.43	0.43	0.43	0.43
1.40	20.66	13.78	11.79	10.35	9.23	7.38	5.62	3.51	2.14	1.10	0.46	0.43	0.43	0.43	0.43
1.45	21.81	14.47	12.34	10.81	9.62	7.65	5.78	3.55	2.13	1.07	0.46	0.43	0.43	0.43	0.43
1.50	23.00	15.16	12.90	11.27	10.00	7.91	5.94	3.59	2.11	1.03	0.45	0.43	0.43	0.43	0.43

（续表）

$P/\%$ / C_v	0.01	0.1	0.2	0.33	0.5	1	2	5	10	20	50	75	90	95	99
（七）$C_s = 4C_v$															
0.05	1.21	1.17	1.16	1.15	1.14	1.12	1.11	1.08	1.07	1.04	1.00	0.97	0.94	0.92	0.89
0.10	1.46	1.37	1.34	1.31	1.29	1.26	1.23	1.18	1.13	1.08	0.99	0.93	0.88	0.85	0.80
0.15	1.76	1.59	1.54	1.50	1.47	1.41	1.35	1.27	1.20	1.12	0.99	0.89	0.82	0.78	0.72
0.20	2.10	1.85	1.77	1.71	1.66	1.58	1.49	1.37	1.27	1.16	0.97	0.85	0.77	0.72	0.65
0.25	2.49	2.13	2.02	1.94	1.87	1.76	1.64	1.47	1.34	1.19	0.96	0.82	0.72	0.67	0.60
0.30	2.92	2.44	2.30	2.19	2.10	1.94	1.79	1.57	1.40	1.22	0.94	0.78	0.67	0.63	0.57
0.35	3.40	2.78	2.59	2.45	2.34	2.14	1.95	1.68	1.47	1.25	0.92	0.74	0.64	0.59	0.54
0.40	3.93	3.15	2.91	2.74	2.60	2.36	2.11	1.78	1.53	1.27	0.90	0.71	0.60	0.56	0.52
0.45	4.49	3.54	3.25	3.04	2.87	2.57	2.28	1.89	1.59	1.29	0.87	0.67	0.57	0.54	0.51
0.50	5.11	3.95	3.61	3.35	3.15	2.80	2.46	2.00	1.65	1.30	0.85	0.64	0.55	0.53	0.51
0.55	5.76	4.39	3.98	3.68	3.44	3.04	2.63	2.10	1.71	1.32	0.82	0.62	0.54	0.52	0.50
0.60	6.45	4.85	4.38	4.03	3.75	3.28	2.81	2.21	1.76	1.32	0.79	0.59	0.52	0.51	0.50
0.65	7.18	5.34	4.79	4.38	4.07	3.53	3.00	2.31	1.80	1.32	0.76	0.57	0.51	0.50	0.50
0.70	7.96	5.84	5.21	4.75	4.39	3.78	3.18	2.41	1.85	1.32	0.73	0.55	0.51	0.50	0.50
0.75	8.77	6.36	5.65	5.14	4.73	4.04	3.36	2.50	1.89	1.32	0.70	0.54	0.50	0.50	0.50
0.80	9.61	6.91	6.11	5.53	5.07	4.30	3.55	2.59	1.92	1.30	0.68	0.53	0.50	0.50	0.50
0.85	10.50	7.47	6.58	5.93	5.42	4.56	3.73	2.68	1.95	1.29	0.65	0.52	0.50	0.50	0.50
0.90	11.42	8.05	7.06	6.34	5.78	4.83	3.91	2.77	1.97	1.27	0.63	0.51	0.50	0.50	0.50
0.95	12.37	8.64	7.55	6.76	6.14	5.10	4.10	2.85	1.99	1.25	0.61	0.51	0.50	0.50	0.50
1.00	13.36	9.25	8.05	7.18	6.50	5.37	4.27	2.92	2.00	1.23	0.59	0.51	0.50	0.50	0.50
1.05	14.38	9.88	8.57	7.62	6.88	5.64	4.45	2.99	2.01	1.20	0.57	0.50	0.50	0.50	0.50
1.10	15.43	10.52	9.09	8.06	7.25	5.91	4.62	3.05	2.01	1.17	0.56	0.50	0.50	0.50	0.50
1.15	16.51	11.18	9.62	8.50	7.63	6.18	4.79	3.11	2.01	1.14	0.54	0.50	0.50	0.50	0.50
1.20	17.63	11.84	10.16	8.95	8.01	6.45	4.96	3.17	2.00	1.11	0.53	0.50	0.50	0.50	0.50
1.25	18.78	12.52	10.71	9.41	8.40	6.72	5.13	3.22	1.99	1.07	0.53	0.50	0.50	0.50	0.50
1.30	19.95	13.22	11.27	9.87	8.78	6.98	5.28	3.26	1.98	1.04	0.52	0.50	0.50	0.50	0.50
1.35	21.15	13.92	11.84	10.33	9.17	7.25	5.44	3.30	1.96	1.00	0.51	0.50	0.50	0.50	0.50
1.40	22.39	14.64	12.41	10.80	9.56	7.51	5.59	3.33	1.94	0.97	0.51	0.50	0.50	0.50	0.50
1.45	23.65	15.37	12.98	11.27	9.95	7.77	5.74	3.36	1.91	0.93	0.51	0.50	0.50	0.50	0.50
1.50	24.93	16.10	13.56	11.75	10.34	8.03	5.88	3.38	1.88	0.90	0.51	0.50	0.50	0.50	0.50

（续表）

C_v ＼$P/\%$	0.01	0.1	0.2	0.33	0.5	1	2	5	10	20	50	75	90	95	99
（八）$C_s＝5C_v$														
0.05	1.21	1.17	1.16	1.15	1.14	1.13	1.11	1.09	1.07	1.04	1.00	0.97	0.94	0.92	0.89
0.10	1.48	1.38	1.35	1.32	1.30	1.27	1.23	1.18	1.13	1.08	0.99	0.93	0.88	0.85	0.80
0.15	1.81	1.63	1.57	1.53	1.49	1.43	1.36	1.27	1.20	1.12	0.98	0.89	0.82	0.79	0.73
0.20	2.19	1.91	1.82	1.75	1.70	1.60	1.51	1.38	1.27	1.15	0.97	0.85	0.77	0.74	0.68
0.25	2.63	2.22	2.10	2.00	1.93	1.80	1.66	1.48	1.33	1.18	0.95	0.82	0.73	0.69	0.65
0.30	3.13	2.57	2.40	2.27	2.17	2.00	1.82	1.59	1.40	1.21	0.93	0.78	0.69	0.66	0.62
0.35	3.68	2.95	2.73	2.57	2.44	2.22	1.99	1.69	1.46	1.23	0.90	0.75	0.66	0.64	0.61
0.40	4.28	3.36	3.09	2.88	2.72	2.44	2.16	1.80	1.52	1.24	0.88	0.72	0.64	0.62	0.60
0.45	4.94	3.80	3.46	3.21	3.02	2.68	2.34	1.90	1.58	1.25	0.85	0.69	0.63	0.61	0.60
0.50	5.65	4.27	3.86	3.56	3.33	2.92	2.52	2.01	1.63	1.26	0.82	0.66	0.61	0.60	0.60
0.55	6.41	4.77	4.28	3.93	3.65	3.17	2.71	2.11	1.67	1.26	0.79	0.65	0.61	0.60	0.60
0.60	7.21	5.29	4.72	4.31	3.98	3.43	2.89	2.20	1.71	1.25	0.76	0.63	0.60	0.60	0.60
0.65	8.06	5.84	5.18	4.70	4.33	3.69	3.08	2.29	1.74	1.24	0.74	0.62	0.60	0.60	0.60
0.70	8.96	6.40	5.65	5.11	4.68	3.96	3.26	2.38	1.77	1.23	0.71	0.61	0.60	0.60	0.60
0.75	9.90	6.99	6.14	5.52	5.04	4.22	3.44	2.46	1.79	1.20	0.69	0.61	0.60	0.60	0.60
0.80	10.89	7.60	6.64	5.95	5.40	4.49	3.62	2.54	1.80	1.18	0.67	0.60	0.60	0.60	0.60
0.85	11.91	8.23	7.16	6.38	5.77	4.76	3.80	2.61	1.81	1.15	0.65	0.60	0.60	0.60	0.60
0.90	12.97	8.88	7.68	6.82	6.15	5.03	3.97	2.67	1.81	1.12	0.64	0.60	0.60	0.60	0.60
0.95	14.08	9.54	8.22	7.27	6.53	5.30	4.14	2.72	1.81	1.09	0.63	0.60	0.60	0.60	0.60
1.00	15.22	10.22	8.77	7.73	6.92	5.57	4.30	2.77	1.80	1.06	0.62	0.60	0.60	0.60	0.60
1.05	16.40	10.91	9.33	8.19	7.30	5.84	4.46	2.82	1.78	1.02	0.61	0.60	0.60	0.60	0.60
1.10	17.61	11.62	9.90	8.65	7.69	6.10	4.61	2.85	1.76	0.99	0.61	0.60	0.60	0.60	0.60
1.15	18.86	12.35	10.47	9.12	8.08	6.37	4.76	2.88	1.74	0.95	0.61	0.60	0.60	0.60	0.60
1.20	20.15	13.08	11.05	9.60	8.47	6.62	4.90	2.90	1.71	0.92	0.60	0.60	0.60	0.60	0.60
1.25	21.47	13.83	11.64	10.07	8.86	6.88	5.04	2.92	1.67	0.89	0.60	0.60	0.60	0.60	0.60
（九）$C_s＝6C_v$														
0.05	1.22	1.18	1.16	1.15	1.14	1.13	1.11	1.09	1.07	1.04	1.00	0.97	0.94	0.92	0.89
0.10	1.50	1.40	1.36	1.33	1.31	1.28	1.24	1.18	1.13	1.08	0.99	0.93	0.88	0.85	0.81
0.15	1.86	1.66	1.60	1.55	1.51	1.44	1.37	1.28	1.20	1.12	0.98	0.89	0.83	0.80	0.75
0.20	2.28	1.96	1.86	1.79	1.73	1.63	1.53	1.38	1.27	1.15	0.96	0.85	0.78	0.75	0.71

(续表)

$P/\%$ C_v	0.01	0.1	0.2	0.33	0.5	1	2	5	10	20	50	75	90	95	99
0.25	2.77	2.31	2.17	2.06	1.98	1.83	1.69	1.49	1.33	1.17	0.94	0.82	0.75	0.72	0.69
0.30	3.33	2.69	2.50	2.36	2.24	2.05	1.85	1.59	1.40	1.19	0.92	0.78	0.72	0.69	0.67
0.35	3.95	3.11	2.86	2.68	2.53	2.28	2.03	1.70	1.45	1.21	0.89	0.75	0.70	0.68	0.67
0.40	4.63	3.57	3.25	3.02	2.83	2.52	2.21	1.80	1.50	1.21	0.86	0.73	0.68	0.67	0.67
0.45	5.38	4.06	3.67	3.38	3.15	2.77	2.39	1.91	1.55	1.22	0.83	0.71	0.67	0.67	0.67
0.50	6.18	4.58	4.10	3.76	3.48	3.03	2.58	2.00	1.59	1.21	0.80	0.69	0.67	0.67	0.67
0.55	7.03	5.12	4.56	4.15	3.83	3.29	2.76	2.09	1.62	1.20	0.78	0.68	0.67	0.67	0.67
0.60	7.94	5.70	5.04	4.56	4.18	3.55	2.94	2.18	1.65	1.18	0.75	0.68	0.67	0.67	0.67
0.65	8.91	6.30	5.53	4.98	4.55	3.82	3.12	2.26	1.66	1.16	0.73	0.67	0.67	0.67	0.67
0.70	9.92	6.92	6.04	5.41	4.92	4.09	3.30	2.33	1.67	1.13	0.71	0.67	0.67	0.67	0.67
0.75	10.98	7.56	6.57	5.85	5.29	4.36	3.47	2.39	1.67	1.10	0.70	0.67	0.67	0.67	0.67
0.80	12.09	8.23	7.11	6.30	5.67	4.63	3.64	2.45	1.67	1.07	0.69	0.67	0.67	0.67	0.67
0.85	13.24	8.91	7.66	6.76	6.06	4.90	3.80	2.49	1.66	1.04	0.68	0.67	0.67	0.67	0.67
0.90	14.44	9.62	8.22	7.22	6.45	5.17	3.96	2.53	1.64	1.00	0.68	0.67	0.67	0.67	0.67
0.95	15.68	10.33	8.80	7.69	6.84	5.43	4.11	2.56	1.62	0.97	0.67	0.67	0.67	0.67	0.67
1.00	16.96	11.07	9.38	8.16	7.23	5.69	4.25	2.59	1.59	0.93	0.67	0.67	0.67	0.67	0.67

附表 5　第 I 型极值分布律的 λ_{pn} 值表

n	频率 $P/\%$							
	0.1	0.2	0.5	1	2	4	5	10
8	7.103	6.366	5.321	4.551	3.779	3.001	2.749	1.953
9	6.909	6.162	5.174	4.425	3.673	2.916	2.670	1.895
10	6.752	6.021	5.055	4.322	3.587	2.847	2.606	1.848
11	6.622	5.905	4.957	4.238	3.516	2.789	2.553	1.809
12	6.513	5.807	4.874	4.166	3.456	2.741	2.509	1.777
13	6.418	5.723	4.802	4.105	3.405	2.699	2.470	1.748
14	6.337	5.650	4.741	4.052	3.360	2.663	2.437	1.724
15	6.265	5.586	4.687	4.005	3.321	2.632	2.408	1.703
16	6.196	5.523	4.634	3.959	3.283	2.601	2.379	1.682
17	6.137	5.471	4.589	3.921	3.250	2.575	2.355	1.664
18	6.087	5.426	4.551	3.888	3.223	2.552	2.335	1.649

（续表）

n	频率 $P/\%$							
	0.1	0.2	0.5	1	2	4	5	10
19	6.043	5.387	4.518	3.860	3.199	2.533	2.317	1.636
20	6.006	5.354	4.490	3.836	3.179	2.517	2.302	1.625
22	5.933	5.288	4.435	3.788	3.139	2.484	2.272	1.603
24	5.870	5.232	4.387	3.747	3.104	2.457	2.246	1.584
26	5.816	5.183	4.346	3.711	3.074	2.433	2.224	1.568
28	5.769	5.141	4.310	3.680	3.048	2.412	2.205	1.553
30	5.727	5.104	4.279	3.653	3.026	2.393	2.188	1.541
35	5.642	5.027	4.214	3.598	2.979	2.356	2.153	1.515
40	5.576	4.968	4.164	3.554	2.942	2.326	2.126	1.495
45	5.522	4.920	4.123	3.519	2.913	2.303	2.104	1.479
50	5.479	4.881	4.090	3.491	2.889	2.283	2.087	1.466
60	5.410	4.820	4.038	3.446	2.852	2.253	2.059	1.446
70	5.359	4.774	4.000	3.413	2.824	2.230	2.038	1.430
80	5.319	4.738	3.970	3.387	2.802	2.213	2.022	1.419
90	5.287	4.710	3.945	3.366	2.784	2.199	2.008	1.409
100	5.261	4.686	3.925	3.349	2.770	2.187	1.998	1.404
200	5.130	4.568	3.826	3.263	2.698	2.129	1.944	1.362
500	5.032	4.481	3.752	3.200	2.645	2.086	1.905	1.333
1000	4.992	4.445	3.722	3.174	2.623	2.069	1.889	1.321
∞	4.936	4.395	3.679	3.137	2.592	2.044	1.886	1.305

频率 $P/\%$								n
25	50	75	90	95	97	99	99.9	
0.842	−0.130	−0.897	−1.458	−1.749	−1.923	−2.224	−2.673	8
0.814	−0.133	−0.879	−1.426	−1.709	−1.879	−2.172	−2.609	9
0.790	−0.136	−0.865	−1.400	−1.677	−1.843	−2.129	−2.556	10
0.771	−0.138	−0.854	−1.378	−1.650	−1.813	−2.095	−2.514	11
0.755	−0.139	−0.844	−1.360	−1.628	−1.788	−2.065	−2.478	12
0.741	−0.141	−0.836	−1.345	−1.609	−1.769	−2.040	−2.447	13
0.729	−0.142	−0.829	−1.331	−1.592	−1.748	−2.018	−2.420	14
0.718	−0.143	−0.823	−1.320	−1.578	−1.732	−1.999	−2.393	15

（续表）

频率 $P/\%$								n
25	50	75	90	95	97	99	99.9	
0.708	−0.145	−0.817	−1.308	−1.564	−1.716	−1.980	−2.373	16
0.699	−0.146	−0.807	−1.291	−1.552	−1.703	−1.965	−2.354	17
0.692	−0.146	−0.807	−1.291	−1.541	−1.691	−1.951	−2.338	18
0.685	−0.147	−0.803	−1.283	−1.532	−1.681	−1.939	−2.323	19
0.680	−0.148	−0.800	−1.277	−1.525	−1.673	−1.930	−2.311	20
0.669	−0.149	−0.794	−1.265	−1.510	−1.657	−1.910	−2.287	22
0.659	−0.150	−0.788	−1.255	−1.497	−1.642	−1.893	−2.266	24
0.651	−0.151	−0.783	−1.246	−1.486	−1.630	−1.879	−2.249	26
0.644	−0.152	−0.779	−1.239	−1.477	−1.619	−1.866	−2.233	28
0.638	−0.153	−0.776	−1.232	−1.468	−1.610	−1.855	−2.219	30
0.625	−0.154	−0.768	−1.218	−1.451	−1.591	−1.832	−2.191	35
0.615	−0.155	−0.762	−1.208	−1.438	−1.576	−1.814	−2.170	40
0.607	−0.156	−0.758	−1.198	−1.427	−1.564	−1.800	−2.152	45
0.601	−0.157	−0.754	−1.191	−1.418	−1.553	−1.788	−2.138	50
0.591	−0.158	−0.748	−1.180	−1.404	−1.538	−1.770	−2.115	60
0.583	−0.159	−0.744	−1.172	−1.394	−1.526	−1.756	−2.098	70
0.577	−0.159	−0.740	−1.165	−1.386	−1.517	−1.746	−2.085	80
0.572	−0.160	−0.737	−1.160	−1.379	−1.510	−1.737	−2.075	90
0.568	−0.160	−0.735	−1.155	−1.374	−1.504	−1.720	−2.066	100
0.549	−0.162	−0.723	−1.134	−1.347	−1.474	−1.694	−2.023	200
0.535	−0.164	−0.714	−1.117	−1.326	−1.451	−1.668	−1.990	500
0.529	−0.164	−0.710	−1.110	−1.318	−1.442	−1.657	−1.976	1000
0.520	−0.164	−0.705	−1.110	−1.306	−1.428	−1.641	−1.957	∞

附表 6　三点法用表——s 与 C_s 关系表

（1）$P=1\%-50\%-99\%$

s	0	1	2	3	4	5	6	7	8	9
0	0.00	0.03	0.05	0.07	0.10	0.12	0.15	0.17	0.20	0.23
0.1	0.26	0.28	0.31	0.34	0.36	0.39	0.41	0.44	0.47	0.49
0.2	0.20	0.54	0.57	0.59	0.62	0.65	0.67	0.70	0.73	0.76
0.3	0.78	0.81	0.84	0.86	0.89	0.92	0.94	0.97	1.00	1.02

（续表）

s	0	1	2	3	4	5	6	7	8	9
0.4	1.05	1.08	1.10	1.13	1.16	1.18	1.21	1.24	1.27	1.30
0.5	1.32	1.36	1.39	1.42	1.45	1.48	1.51	1.55	1.58	1.61
0.6	1.64	1.68	1.71	1.74	1.78	1.81	1.84	1.88	1.92	1.95
0.7	1.99	2.03	2.07	2.11	2.16	2.20	2.25	2.30	2.34	2.39
0.8	2.44	2.50	2.55	2.61	2.67	2.74	2.81	2.89	2.97	3.05
0.9	3.14	3.22	3.33	3.46	3.59	3.73	3.92	4.14	4.44	4.90

（2）$P=3\%-50\%-97\%$

s	0	1	2	3	4	5	6	7	8	9
0	0.00	0.04	0.08	0.11	0.14	0.17	0.20	0.23	0.26	0.29
0.1	0.32	0.35	0.38	0.42	0.45	0.48	0.51	0.54	0.57	0.60
0.2	0.63	0.66	0.70	0.73	0.76	0.79	0.82	0.86	0.89	0.92
0.3	0.95	0.98	1.01	1.04	1.08	1.11	1.14	1.17	1.20	1.24
0.4	1.27	1.30	1.33	1.36	1.40	1.43	1.46	1.49	1.52	1.56
0.5	1.59	1.63	1.66	1.70	1.73	1.76	1.80	1.83	1.87	1.90
0.6	1.94	1.97	2.00	2.04	2.08	2.12	2.16	2.20	2.23	2.27
0.7	2.31	2.36	2.40	2.44	2.49	2.54	2.58	2.63	2.68	2.74
0.8	2.79	2.85	2.90	2.96	3.02	3.09	3.15	3.22	3.29	3.37
0.9	3.46	3.55	3.67	3.79	3.92	4.08	4.26	4.50	4.75	5.21

（3）$P=5\%-50\%-95\%$

s	0	1	2	3	4	5	6	7	8	9
0	0.00	0.04	0.08	0.12	0.16	0.20	0.24	0.27	0.31	0.35
0.1	0.38	0.41	0.45	0.48	0.52	0.55	0.59	0.63	0.66	0.70
0.2	0.73	0.76	0.80	0.84	0.87	0.90	0.94	0.98	1.01	1.04
0.3	1.08	1.11	1.14	1.18	1.21	1.25	1.28	1.31	1.35	1.38
0.4	1.42	1.46	1.49	1.52	1.56	1.59	1.63	1.66	1.70	1.74
0.5	1.78	1.81	1.85	1.88	1.92	1.95	1.99	2.03	2.06	2.10
0.6	2.13	2.17	2.20	2.24	2.28	2.32	2.36	2.40	2.44	2.48
0.7	2.53	2.57	2.62	2.66	2.70	2.76	2.81	2.86	2.91	2.97
0.8	3.02	3.07	3.13	3.19	3.25	3.32	3.38	3.46	3.52	3.60
0.9	3.70	3.80	3.91	4.03	4.17	4.32	4.49	4.72	4.94	5.43

(4) $P=10\%-50\%-90\%$

s	0	1	2	3	4	5	6	7	8	9
0	0.00	0.05	0.10	0.15	0.20	0.24	0.29	0.34	0.38	0.43
0.1	0.47	0.52	0.56	0.60	0.65	0.69	0.74	0.78	0.83	0.87
0.2	0.92	0.96	1.00	1.04	1.08	1.13	1.17	1.22	1.26	1.30
0.3	1.34	1.38	1.43	1.47	1.51	1.55	1.59	1.63	1.67	1.71
0.4	1.75	1.79	1.83	1.87	1.91	1.95	1.99	2.02	2.06	2.10
0.5	2.14	2.18	2.22	2.26	2.30	2.34	2.38	2.42	2.46	2.50
0.6	2.54	2.58	2.62	2.66	2.70	2.74	2.78	2.82	2.86	2.90
0.7	2.95	3.00	3.04	3.08	3.13	3.18	3.24	3.28	3.33	3.38
0.8	3.44	3.50	3.55	3.61	3.67	3.74	3.80	3.87	3.94	4.02
0.9	4.11	4.20	4.32	4.32	4.45	4.75	4.96	5.20	5.56	—

参 考 文 献

［1］付建飞,王恩德,王毅.辽宁省滨海城市水资源可持续利用研究[J].东北大学学报(自然科学版).2005 (8):787-789.

［2］程桂福,周全明,兰锡军.利用海水资源缓解滨海城市水资源供需矛盾—青岛市海水资源开发利用前景 探讨[J].海岸工程.2003,22(4):42-47.

［3］张勃夫.中国滨海城市地下水开发与海水入侵的研究[J].吉林地质.1997,16(2):1-5.

［4］李相然.滨海城市地区地质环境分异特色及与地质灾害的成生联系[J].地质与勘探.2000,36(1):65- 67,84.

［5］文冬光,吴登定,张二勇.中国海岸带主要环境地质问题[R].中国地质调查局.2007.

［6］薛鸿超.我国十大河口的开发、治理与管理[J].科技导报.1993(3):62-55.

［7］连建功.我国主要湿地及其保护建议[J].生物学教学.2006,31(4):65-67.

［8］兰竹虹,陈桂珠,常弘.中国南中国海岸湿地的保护和管理[J].生态学杂志.2006,25(7):828-833.

［9］王颖,朱大奎.中国海岸湿地环境特点与开发利用[J].长江流域资源与环境.2006,15(5):553-559.

［10］赵焕庭、王丽荣.中国海岸湿地的类型[J].海洋通报.2000,19(6):72-82.

［11］Cairns, Dickson K L, Herricks E E. Recovery and restoration of damaged ecosystems[D]. Charlottes-ville:University Press of Virginia, 1975.

［12］郎惠卿,林鹏,陆健健.中国湿地研究和保护[M].上海:华东师范大学出版社,1998.

［13］A. H. Thiessen. Precipitation for large areas[J]. Mon. Wea. Rev. 1911,99(10):82-1087.

［14］张雪松,郝芳华,张建永.降雨空间分布不均匀性对流域径流和泥沙模拟影响研究[J].水土保持研究. 2004,11(1):9-12.

［15］贺海洪,陈善民,胡海忠.浙江省海塘工程波浪要素计算分析与比较[J].浙江水利科技.2005(4):13-14.

［16］贺海洪,胡海忠.海堤工程波浪要素计算分析与探讨[J].人民珠江.2005(3):48-50.

［17］冯春明,董胜.规范法深水风浪要素计算图的修正[J].港工技术.2006(2):1-2.

［18］董胜,夏俊庆,李孟杰.南海风浪极值组合统计分析[C].2005年度海洋工程学术会议.2005(z1): 268-272.

［19］夏华永,李树华.广西沿海年极值波高分析[J].热带海洋学报.2001(2):1-7.

［20］李炎保,吴永强,蒋学炼.国内外防波堤损坏研究进展评述[J].中国港湾建设.2004(6):54-56.

［21］孔令双,曹祖德,李炎保.粉沙质海岸建港的若干泥沙问题[J].中国港湾建设.2004(3):26-30.

［22］季则舟.粉沙质海岸港口水域平面布局特点[J].海洋工程.2006,24(4):81-85.

［23］杨桂樨.海港水域强潮流影响船舶作业条件和总平面布置[J].港工技术.2002(3):7-13.

［24］阮成江,谢庆良.徐进,等.中国海岸侵蚀及防治对策[J].水土保持学报.2000,14(1):44-47.

［25］陈汉宝,郑宝友.我国海岸波浪特征与建港条件研究[J].港工技术.2005(3):4-6.

［26］曲通发.上海港外高桥新港区顺岸码头前设计波浪分析[J].水运工程.2000(6):23-26.

［27］王贤军,吴信龙,陈革强.嵊泗小关岙水库工程堤前波浪爬高的分析与计算[J].浙江水利科技.2002(5): 19-21.

［28］李炎保.韩国海岸港口工程概况[J].海洋工程.2001(2):61-68.

［29］中华人民共和国国家经济贸易委员会.水电枢纽工程等级划分及设计安全标准,J229-2003[S].2003.

［30］中华人民共和国建设部.防洪标准,GB50201—9 4[S].1995.

[31] 刘树坤. 国外防洪减灾发展趋势分析[J]. 水利水电科技进展. 2000(1):10-18.

[32] 方振远、李祥品. 城市防洪标准与防洪体系[J]. 东北水利水电. 1997(6):26-28.

[33] JTJ213-98,海港水文规范[S]. 北京:人民交通出版社,2000.

[34] JTJ311-97,通航海轮桥梁通航标准[S]. 北京:人民交通出版社,2005.

[35] 常征,尹光荣,王志云. 感潮河段设计水位标准的选用[J]. 港工技术. 1997(1):12-14.

[36] 陈俊鸿,黄大基,吴赤蓬,许扬生,等. 三角洲感潮河段洪潮水位频率分析方法的初步研究[J]. 热带地理.2001,21(4):342-345.

[37] 吴玲莉,张玮,高龙琨,等. 长江下游感潮河段设计通航水位计算方法比较[J]. 水利水电科技进展.2005,25(4):40-42.

[38] 张幸农,陈长英,吴建树. 感潮河段设计通航水位确定方法及标准初探[J]. 水道港口. 2006(4):243-248.

[39] Grant W D, Madsen O S. Combined wave and current interactionwith a rough bottom[J]. J Geophys Res,1979,84(4):1797-1808.

[40] Dyer K R, Soulsby R L. Sand transport on the continentalshelf. Ann Rev Fluid Mech[J]. 1988,20:295-324.

[41] Nielsen P. Coastal Bottom Boundary Layers and Sediment Transport[M]. Singapore:World Sci Pub,1992.

[42] Komar, P D. Beach process and sedimentation[M]. Prentice-Hall Inc. ,1976.

[43] Brenninkmeyer, B M. Mode and period of sand transport in the surf zone, Proc[C]. 14PthP, Cong. Coastal Engrg, 1974:812-827.

[44] 严恺. 海岸工程[M]. 北京:海洋出版社,2002.

[45] 严恺,梁其荀. 海港工程[M]. 北京:海洋出版社,1996.

[46] 吴宋仁. 海岸动力学[M]. 北京:人民交通出版社,2004.

[47] 《中国海岸带水文》编写组. 中国海岸带水文[M]. 北京:海洋出版社,1995.

[48] 董胜,孔令双. 海洋工程环境概论[M]. 青岛:中国海洋大学出版社,2005.

[49] 孙意卿. 海洋工程环境条件及其荷载[M]. 上海:上海交通大学出版社,1989.

[50] 王超. 海洋工程环境[M]. 天津:天津大学出版社,1993.

[51] 邱大洪. 工程水文学[M]. 北京:人民交通出版社,1999.

[52] 雷宗友. 中国海环境手册[M]. 上海:上海交通大学出版社,1988.

[53] 魏永霞,王丽学. 工程水文学[M]. 北京:中国水利水电出版社,2008.

[54] 左其亭,王中根. 现代水文学[M]. 郑州:黄河水利出版社,2006.

[55] 吴明远,詹通江. 叶守泽. 工程水文学[M]. 北京:水利电力出版社,1987.

[56] 中国大百科全书. 水文科学部分[M]. 北京:中国大百科全书出版社,1987.

[57] 刘国纬,等. 跨流域调水运行管理[M]. 北京:中国水利水电出版社,1996.

[58] David Maidment. Handbook of Hydrology[M]. McGraw—Hill, 1992.

[59] V T Chow, et al.. Applied Hydrology[M]. McGraw—Hill,1988.

[60] 华东水利学院,西北农学院,武汉农学院,武汉水利电力学院合编. 水文及水利水电规划. 工程水文(上册)[M]. 北京. 水利电力出版社. 1980.

[61] 张志明. 计算蒸发量的原理与方法[M]. 成都:成都科技大学出版社. 1990.

[62] 中国科学院《种国自然地理》编辑委员会. 中国自然地理·地下水[M]. 北京:科学出版让,1981.

[63] 陈满祥. 对我国年径流地区分布规律的认识[J]. 水文 1986(2).

[64] 焦得生等. 中国水资源评价概述[J]. 水文. 1986(5).

[65] 严义顺上. 水文测验学[M]. 北京:水利电力出版让,1984.

[66] 水利电力部水利司主编. 水文测验手册[M]. 北京:水利电力出版让,1975.

［67］水利电力部水文局主编. 水文资料整编方法（流量部分）［M］. 北京：水利电力出版社，1985.

［68］［苏］热烈兹拿柯夫著. 水文测验仪器的研究［M］. 金泰来，译. 北京：水利出版社，1958.

［69］胡崇金. 遥感基础［M］. 成都：四川科学技术出版社，1984.

［70］赵人俊. 流域水文模拟［M］. 北京：水利电力出版社，1984.

［71］詹通江，叶守泽. 工程水文学［M］. 北京：水利电力出版社，1987.

［72］U. S. Department of Transportation，Federal Highway Administration. Tidal Hydrology，Hydraulics and Scour at Bridges［J］. Hydraulic Engineering Circular No. 25，2004.

［73］E M Wilson. Engineering Hydrology(4th Edition)［M］. Macmillan，1990.

［74］K Subramanya. Engineering Hydrology(3rd Edition)［M］. Mc Graw-Hill，2008.